JN047851

中公文庫

宇宙からの帰還

新版

立花　隆

中央公論新社

口絵　月面から見た地球
（写真提供・ＮＡＳＡ）

目次

本書に登場する主な宇宙飛行士

バズ・オルドリン（Buzz Aldrin）　1930〜
米ニュージャージー州生まれ。ジェミニ12号、アポロ11号に搭乗。

ジェリー・カー（Gerald P. Carr）　1932〜2020
米コロラド州生まれ。スカイラブ4号に搭乗。

ジーン・サーナン（Eugene A. Cernan）1934〜2017
米イリノイ州生まれ。ジェミニ9号、アポロ10号、17号に搭乗。

ドン・アイズリ（Donn F. Eisele）　1930〜87
米オハイオ州生まれ。アポロ7号に搭乗。

エド・ギブスン（Edward G. Gibson）　1936〜
米ニューヨーク州生まれ。スカイラブ4号に搭乗。

ジョン・グレン（John H. Glenn Jr.）　1921〜2016
米オハイオ州生まれ。マーキュリー6号に搭乗。

ジム・アーウィン（James B. Irwin）　1930〜91
米ペンシルヴァニア州生まれ。アポロ15号に搭乗。

エド・ミッチェル（Edgar D. Mitchell）　1930〜2016
米テキサス州生まれ。アポロ14号に搭乗。

ウォーリー・シラー（Walter M. Schirra Jr.）　1923〜2007
米ニュージャージー州生まれ。マーキュリー8号、ジェミニ6号、アポロ7号に搭乗。

ラッセル・シュワイカート（Russell L. Schweickart）　1935〜
米ニュージャージー州生まれ。アポロ9号に搭乗。

アル・シェパード（Alan B. Shepard Jr.）　1923〜98
米ニューハンプシャー州生まれ。マーキュリー3号、アポロ14号に搭乗。

ディーク・スレイトン（Donald K. Slayton）　1924〜93
米ウィスコンシン州生まれ。アポロ・ソユーズ計画に参加。

ジョン・スワイガート（John L. Swigert Jr.）　1931〜82
米コロラド州生まれ。アポロ13号に搭乗。

ポール・ワイツ（Paul J. Weitz）　1932〜2017
米ペンシルヴァニア州生まれ。スカイラブ2号に搭乗。

宇宙からの帰還　新版

宇宙からの帰還

第一章　上下・縦横・高低のない世界

これまでに宇宙を飛んだ経験がある人間は、アメリカのアストロノーツとソ連のコスモノーツ（同じ宇宙飛行士といっても、アメリカとソ連では用語がちがう。なお、ソ連のコスモノーツには、ロシア人のほかに東欧諸国、ベトナムなど友好国からの宇宙飛行士が若干名含まれている。アメリカのスペース・シャトルには、近いうちヨーロッパの宇宙飛行士が乗り組む予定になっている）を合わせても、百人をほんのちょっと越しただけしかいない（スペース・シャトル時代に入っても、この数は年に数人の割合でしか増えていかない）。百七十万年に及ぶ人類の歴史の中で、ただこれだけの人たちが、地球環境の外に出た経験を持つ。いや、正確にいえば、彼らも地球環境の外には出ていない。地球環境に固有の生命体である人間は、地球環境を離れては生きていくことができない。だから、宇宙飛行士たちも宇宙空間に乗り出すにあたって、地球環境を持参したのである。宇宙船と宇宙服の内部に地球環境を閉じ込めていったのである。地球が大きな宇宙船であるというアナロジーは正しいが、宇宙船は小さな地球であるというアナロジーも同様に正しい。

宇宙空間は真空である。真空の中では人間は生きていけない。第一、呼吸ができない。では、口に酸素マスクをあてて呼吸できるようにすれば生きていけるかというと、そうではない。人間には気圧が必要なのだ。気圧は地球の環境条件の中で気がつかれにくいが不可欠の条件の一つである。一定限度の気圧が不足していると、人間は一〇〇パーセントの酸素の中にいても呼吸できない。呼吸というのは、肺の中にある肺胞の膜を酸素が通過して血液の中に溶け込んでいく現象である。酸素に圧力がかかっていないと、酸素は肺胞膜を通過できなくなる。

高度一万メートルくらいまでの対流圏の中では、大気の組成はほぼ一定である。大気の二〇パーセントは酸素である。ただし、高くなるに従って、空気の密度は減少する。その分、酸素の絶対量は低下する。しかし、高所にいって人間が酸素不足の現象を起こすのはそのためではない。それはもっぱら、気圧低下によって、体内に吸収される酸素が減るからである。

高度五〇〇〇メートルで大気圧は約四〇〇ミリHg（地表では七六〇ミリHg）。このあたりから、人体には酸素不足の機能障害が起きはじめ、高度一万メートル、大気圧約二一〇ミリHgになると、意識を失い、死にいたる。大気圧がこれくらいに下がっても、酸素マスクから一〇〇パーセントの酸素を吸えば生きていける。大気は、八〇パーセントの窒素と二〇パーセントの酸素によって構成されている。大気圧のすべてが酸素の肺胞膜通過に役立っているわけではない。それに役立つのは大気圧の五分の一にすぎない酸素分圧である。だから、大気圧が下がったら、その分だけ吸気中の酸素濃度を高めることによって、酸素分圧を維持してやれば、地表と同じ量の酸素吸収を継続できるのである。だが、この対応策にも限度がある。高度二万メートル、大気圧約四〇ミリHgになったら、いくら一〇〇パーセントの酸素を吸っても、酸素マスクなしで高度一万メートルのところにいる場合より酸素分圧が低くなり、一〇〇パーセントの酸素の中にいてもそれを吸収できないために、人間は死にいたらざるをえないのである。

気圧がそこまで下がると、たとえ酸素吸収ができたとしても、人間はやはり死なざるをえない。気圧が約四八ミリHgまで下がると、体液が体温で沸騰点に達してしまうからである。高地にいき大気圧が下がると水の沸点が下がり、飯盒（はんごう）（これは一種の圧力鍋である）を用いないと、うまく御飯が炊けないことは誰でも知っている。気圧がどんどん下がると、液体の沸点がどんどん下がり、ついには体温でも体内の水分が沸騰しはじめるのである。沸騰とは、液体が気化しガスになることである。体内の水分が水蒸気になってしまうのだ。そして、人体は一見固体のように見えるが、実は、膜に包まれた液体といったほうが近い存在なのである。体内の血液、体液、細胞膜内の水分を合わせると、実に人体の七割は水分である。これが沸騰し、ガス化したらどうなるか。体内にガスが充満し、口、鼻などからガスが吹き出し、全身が風船玉のようにふくれ上がり、やがて破裂して死ぬ。

もし宇宙船の壁に穴が開いたら、あるいは船外活動中の宇宙飛行士の宇宙服が破けたら、これはいつでも起こりうることなのである。まだ、宇宙で死んだ宇宙飛行士はいない。これまでにアメリカでは八人の、ソ連では四人の宇宙飛行士が事故で死んでいるが、いずれも地球上で死んでいる（アメリカでは地上訓練中に三人、あとは交通事故死など。ソ連では帰還時の地上激突死一人と窒息死三人を出しているが、窒息死は大気圏再突入時の事故である。大気圏はむろん宇宙ではなく地球の一部である。この他、ソ連でも地上訓練中の事故死がかなりあるといわれるが未発表につき不明）。人間の宇宙空間活動が増えていけば、いずれは、宇宙で事故死する宇宙飛行士が出るだろう。そのとき宇宙飛行士の一番ポピュラーな死に方は、この体液沸騰による破裂死だろうともいわれるが、宇宙空間は恐るべき寒気が支配している。体液沸騰がはじまる以前に、すべてが凍りついてしまうかもしれない。

ともあれ人間の生命維持には気圧が不可欠なのである。だからアポロ宇宙船では約二六〇ミリHgの気圧が保たれて、一〇〇パーセントの酸素を宇宙飛行士に呼吸させるように設計されていた。これはだいたいエベレストの山上で酸素マスクを付けているのに近い状態である。もちろん、気圧をもっと上げて、酸素濃度を下げるということもできる（ソ連の宇宙船とアメリカでもスカイラブはそうしていた。以下、本書で〝宇宙船〟という場合、特に断りがなければもっぱらアポロ宇宙船についてである）。しかし、気圧を上げるためには、宇宙船の外被をそれだけ強化しなければならない。外被を強化するということは必然的にそれを重くする。それに、酸素濃度を下げた分だけ窒素を入れなければならないから、その分余計な荷物が増えることになる。いずれにしても「できるだけ軽く」という宇宙船設計の至上命令に反することになる。そこで、気圧を下げて酸素濃度を一〇〇パーセントにすることになったのである。そのため、一九六七年、アポロ１号宇宙船の訓練中に、船内で火災が起こり、あっという間に中にいた三人の宇宙飛行士が焼死するという悲劇が起きたのである。

　大気が果している機能は、酸素と気圧の供給だけではない。やはり地球上の生命に不可欠の機能として、熱の平準化作用がある。宇宙空間それ自体は生命にとってあまりに冷たすぎ、また、太陽輻射（ふくしゃ）はあまりに熱すぎる。どちらも人体がそれに直接さらされたら、即座に死ぬことは必定である。もし大気がなければ、昼は灼熱（しゃくねつ）地獄、夜は寒冷地獄となり、人間はとても生きていけない。実際、大気がない月ではその通りなのだ。月の表面温度は、太陽に直射された部分は最高一三〇度にも達するのに対して、裏側の日陰の部分は、最低零下一四〇度にもなるのである。それに対して地球は、昼は大気の熱吸収によって太陽輻射が和らげられ、夜は大気の保温効果によって宇宙空間の冷たさから守られている。だから、地球の上では人間が生きていくことができるのである。

アポロの月着陸も、この点に気を配って早朝の時間が選ばれた。月でも地球と同じように、早朝は温度が低く、太陽が昇るに従って暑くなっていく。

記憶がよい読者は、アポロ11号は月に二日間にわたって滞在したはずだし、その後の月探検はさらに長期にわたったはずだから、着陸は早朝でも、結局、灼熱地獄も寒冷地獄も避けられなかったのではないかと思われるかもしれない。実際、アポロ11号の月面滞在時間は二十一時間三十六分に及んだ。12号、14号になると、三十時間を越え（13号は着陸失敗）、15号は六十七時間弱、16号は七十一時間、17号は七十五時間と、ついに足かけ四日間にもわたる長期滞在を果している。しかし、これは実は地球時間で計測した滞在時間であって、月時間による滞在時間ではない。周知のように、月は自転しながら地球のまわりを公転し、その地球がまた自転しながら、太陽のまわりを公転している。詳細は中学校の理科の教科書にゆずるが、この複合回転系において、月が太陽との関係において一回転する時間（すなわち、月面上で、日の出——昼間——日没——夜間——日の出の一周期に要する時間。つまり月時間における一日）は、地球時間の二十七・三日間にあたる。逆にいえば、地球時間の一日は、月時間（月の一日を二十四時間とみなした時間）の五十三分弱にしかあたらない。つまり、アポロ11号は月時間では約四十七分しか滞在しなかったことになるし、最長滞在記録のアポロ17号でも月時間では二時間四十五分しか滞在していないことになる。

かくしていずれも月時間では早朝に着陸し、午前中の早い時間に帰還し、月面上の灼熱地獄を避けることができたのである。

こんなことを考えはじめると、時間という概念について考え直さざるをえなくなる。時間は、歴史的には地球から見た天体の周期的な運行をもとに単位が作られ、計測されてきた。やがて、ニュートンが絶対時間という概念を提出し、アインシュタインがそれを相対性原理で補正する。一方、計測技術が進歩するとともに、天体の運行は必ずしも安定していないということがわかり、時間の単位は、セシウム原子の発する電磁波の固有の周波数を用いて再定義されている。すなわち時間の基本単位である一秒はかつて、「一平均太陽日の八六、四〇〇分の一」と定義されていたが、これは毎日七十万分の一秒ずつ狂うので、次に、「グリニッジ時一九〇〇年一月〇日十二時における地球の公転の平均角速度をもって算出された一回帰年（春分から春分まで）の、三一、五五六、九二五・九七四七分の一」と再定義された。しかし、一九六七年になって、地球の自転、公転の不規則な変動による時間への影響を避けるため、「セシウム一三三原子の基底状態の二つの超微細準位（″F＝4、M＝0″と、″F＝3、M＝0″）の間の遷移に対応する電磁波放射の周期の九、一九二、六三一、七七〇倍」と定義し直された。

しかし、それにもかかわらず、より厳密な原子の振動をもとにした絶対的時間の進行と、より不正確な天体の運行をもとにした時間の進行との間に狂いが生じた場合には、前者を後者に合わせる形で時間の補正がおこなわれるのである。決して、後者を前者に合わせるわけではない。四年に一度「うるう日」を入れる補正は誰でも知っているが、より細かくは毎年年末に「うるう秒」を一秒入れる補正がおこなわれている。グリニッジ標準時の十二月三十一日午後十一時五十九分五十九秒と一月一日午前〇時〇分〇秒の間に、午後十一時五十九分六十秒という時間を挿入するのである。一九八〇年から八一年にかけては、地球の自転周期が少し速くなったため、この「うるう秒」を年末に入れることが半年延期されて六月三十日と七月一日の間に入れられた(こういう操作はパリにある国際時間委員会の指示のもとに国際時報局がおこなうことになっている)。

絶対時間の進行にピタリ一致している時計があるとすれば、それは地球時間の上では必ず狂うことになっているのである。つまり人間は、抽象的理論的に絶対時間の概念を受け入れてはいても、実生活の上においては、いつでも時間は地球から見た天体の運行にその基盤を置いてきたし、それはこれからも変らないだろう。そうでなければ、時間は実用的ではないからである(少なくも地球上では)。しかし、一旦(いったん)地球を離れると、地球時間の地球上における実用性は完全にその意味を失う。地球を離れれば、天体の運行は地球からの観測とはちがって見えるからである。そして、宇宙空間の中を動いていれば、天体の運行はその動き故(ゆえ)に時々刻々ちがって見えてくるのだから、そこに時間の基盤を置くことは意味をなさない。地球時間は宇宙では実用的ではないのである。

遠い将来において、人類の宇宙における活動がより広範囲に広がれば、宇宙標準時が設定され、地球標準時はそれから演繹されるローカルタイムとして定義されることになるかもしれない。そうなると、宇宙に出かけるときは、時計を宇宙標準時に合わせ、地球に帰ってきたら時差を調整してローカルタイムに合わせるというようなことがおこなわれるようになるだろう。その場合、宇宙標準時と地球標準時の間の時差は、グリニッジ標準時と各地のローカルタイムとの間の時差のように、常に一定というわけにはいかない。地球標準時は先に述べたように実用上の見地から、たとえそれが不安定、不規則なものであろうと、地球から見た天体の運行に一致するように年々修正を重ねていかざるをえないものである。だから、宇宙標準時と地球標準時の時差は、その修正の累積値となり、年々増加していくことになる。

さて、宇宙船上の時間と飛行管制センターの時間を合わせておくことは、きわめて大切である。宇宙船上のコンピュータは能力が必ずしも充分でないから、ヒューストンのスペース・センターの超大型コンピュータの支援なしには、宇宙船はうまく飛行できない。宇宙船が地球軌道を周回している場合には問題がないが、宇宙船が月の近くまでいくと、電波で指令を送っても、それが到達するまでに時間がかかる。地球から月までは三八万キロあり、それに対して、電波の速度は秒速三〇万キロである。指令が届くまでに一・二七秒かかる。月から地球に何かを問いかけて、その返事を貰うまでには、最低二・五秒以上かかるのである。アポロ11号の月着陸風景をテレビ中継で見ていた人は、ヒューストンと月着陸船とのやりとりが何とも歯がゆいほど間のびしたものだったことを記憶されているだろう。あれは電波の到達時間のためである。

宇宙船には推力を得るためのメインエンジンと姿勢制御のためのエンジンがある。姿勢制御エンジンには三種類あって、それぞれピッチ角、ロール角、ヨー角の三軸方向の角度を制御している。これらのエンジンを厳密にどこでどれだけふかすかが操縦の基本である。下手をすると（誤った姿勢でいるところに推力をかけたりすると）、宇宙のかなたに飛び去ってしまって、永遠に地球に帰れないということも起こりうる。宇宙船のどのエンジンをいつどれだけ噴射すれば正しい軌道をとることができるか。これは基本的にはコンピュータが計算してくれる。

宇宙船はその打ち上げから飛行の全行程にいたるまで、大要はコンピュータによって自動化されている。たとえば、打ち上げの秒読みがはじまって、それがゼロになったとき、誰かが発射ボタンを押すのではない。コンピュータが正確にゼロの時間をとらえて発射するのである。あの秒読みの声は、いわば、コンピュータの働きをモニターしている声にすぎないのであって、秒読みがはじまってからの主役はコンピュータである。

宇宙船上でのエンジン噴射も、宇宙飛行士がそのときにスイッチを入れるのでなく、船上のコンピュータに、いつ、何秒間噴射という指令を入れてやると、実際の操作はコンピュータが正確に指示された通りにおこなう（手動ではいつでもコンマ何秒かの誤差が避けられないが、コンピュータにはそれがない。そして宇宙船の操作は、後述するように、コンマ何秒の精度が要求される）。もちろん、コンピュータ操縦はいつでも手動操縦に切り換えることができ、それが必要とされることはしばしばある。コンピュータにはデータや指令を打ち込んでやる時間が必要だが、その時間的余裕がなく、時々刻々の観察にもとづいて、瞬時に判断を下し、即座に操作していかなければならないときには、手動操縦しなければならない。たとえば、月着陸のときである。予定の着陸地点に関して、事前の情報が充分でないから、いざ現場まできてみたら、着陸に不適当な地点（大きな岩があったり、傾斜地だったり）だったということが何度かある。そうなったら、頼りはパイロットの手動操縦の技量だけである。

アポロ11号の月着陸船の場合、月面上五〇〇フィートのところまでコンピュータ操縦で降下したところで、ニール・アームストロングは手動操縦に切り換えた。その判断は正しかった。コンピュータがあらかじめ選んでいた着陸地点は、大きな岩がゴロゴロしている場所で、クレーターもあり、とても着陸できるような場所ではなかったからである。そこを飛び越して向こう側の平坦地にたどりつくまでに大量の燃料を消費し、もともと千秒分の燃料があったのに、着陸したときには、あとわずか二十秒分の燃料を残すのみという危機的状況だった。——といっても、月から帰還するための再出発用の燃料は別である。

月着陸船は着陸用と再出発用と二つの別のシステムを持ち、それぞれ別のエンジンと別の燃料タンクを持っている。ただし、着陸用の姿勢制御システムは、月面から月軌道まで上がったとき、そこに待つ司令船とのドッキング操作にも用いられることになっている。つまり、着陸姿勢制御用にあてられた燃料を余計に使いすぎると、司令船とのドッキングができず、従って地球に帰れないということになるのである。だから、着陸用に割り当てられた分の燃料を使い果すと、自動的に再出発用上昇エンジンが火を吹いて、月軌道に戻る仕掛けになっていた。あと二十秒遅ければ、アポロ11号の月着陸は自動的に中止されるというところで、かろうじて成功したのである。

ロケットのエンジンは爆発的燃焼によって巨大な推力を出す仕掛けになっているから、その燃焼時間はごく短い。アポロ宇宙船を打ち上げた、三四〇〇トンの推力を持つサターンV型ロケットの初段部分は、トラックが三台横にならんで走れるほど巨大な直径を持ち、そこに六〇〇トン余のケロシン燃料と一四〇〇トン余の液体酸素がギッシリと詰め込まれているが、これをわずか百五十秒間で燃焼させてしまうのである。一秒間に一三・五トンである。これだけの燃料を一秒間のうちにエンジンに送り込まなければならないから、その燃料ポンプはディーゼル機関車三十台分の馬力を必要とする。

サターンVの打ち上げ時重量は約二九〇〇トン。これを持ち上げるだけで大変で、打ち

月の地平線上に浮かぶ地球とアポロ11号の月着陸船

上げ後最初の一秒は、推力三四〇〇トンのうち五〇〇トン分しか加速にまわらないから、人の歩く程度のスピードにしかならない。しかし、百五十秒の間に燃料の重量分が二〇〇〇トン軽くなり、重さはわずか三分の一になり、その間同じ推力が出されつづけるから、みるみるスピードアップして、百五十秒後には、時速八五〇〇キロに達してしまう。

二段目、三段目になると、これほどすさまじい推力はない。二段目が四五〇トン、三段目が一〇〇トンである。しかし、ロケットの自重も軽くなっているから、二段目は三百六十秒間の燃焼で時速二万四〇〇〇キロに、三段目はまず百六十五秒間の燃焼で時速二万八〇〇〇キロに、つづいて三百十秒間の燃焼で時速三万九〇〇〇キロにスピードアップしていく。人類史上最高速の乗物である。分単位の作動だけで、これだけの速度を得させるロケット・エンジンは、他のエンジンとちがって、その作動時間をコンマ以下の秒単位で厳密にコントロールしなければならない。まかりまちがえて、ほんの少し余計にエンジンが作動しても、あるいはほんの少し作動時間が足りなくても、目的の軌道に乗れないということが起こりうるのである。

宇宙飛行は、飛行のほとんどが慣性飛行である。要するに勢いで飛んでいくわけだから、エンジン点火時の姿勢と、燃焼のタイミングが死活的重要性を持つ。いつ、どういう姿勢を保ちながら、どれだけの間エンジンを燃焼させるか。これですべてが決まる。基本的にはコンピュータがその判断を下してくれるが、コンピュータに正しい判断を下させるためには、コンピュータに正しいデータを与えなければならない。いま、宇宙船がどこにいて、どこに向かって、どれだけの速度で進行しつつあるのか。これが最も基本的データである。コンピュータは打ち上げの時点から、速度と方位の変化と飛行時間を記録しているから、いま宇宙船はこの地点にいるはずだという答えを記録から計算することができる。しかし、これは必ずしもあてにならない。特に問題なのは、方位である。宇宙船には姿勢検出装置として、慣性安定台が積まれている。これは三つのジャイロスコープがそれぞれ軸が直交するように組み合わされたもので、この三つの軸と宇宙船の軸との間の角度を測ることによって、宇宙船の進行方向を知ろうとするものである。しかし、ジャイロスコープというのは、時間がたつに従って必ず狂いが出てくる。ジャイロスコープは、要するに高速で回転する独楽（こま）は他から力を与えないかぎり同じ方向を向いているという原理を利用して、ジンバルという機械的摩擦がほとんどない支持装置の中にジャイロをおさめたものである。摩擦がほとんどないといっても、あることはある。で、時間がたつと歳差運動（俗にいう独楽のミソすり運動）をはじめるなどして狂ってくる。初期のＩＣＢＭ（大陸間弾道ミサイル）はこの原理を利用した慣性誘導装置で目標に向かって飛ぶことになっていたが、この狂いのために命中精度は低かった。誤差が数キロメートル出た。アメリカからソ連まで飛ぶのに数キロの誤差があれば、地球から月まで飛ぶ間の誤差で、目標を外すだろうことは必定である。

　だからジャイロスコープは定期的に較正（こうせい）してやらなければならない。どうやって較正するかというと、宇宙飛行士の目測による位置測定によってである。船舶の航海士が六分儀で燈台（とうだい）や星を頼りに位置を測定するように、宇宙飛行士も六分儀を持参して、自分が宇宙空間のどこにいるかを測定するのである。宇宙飛行士は海図の代りに星図を持参している。その中にあらかじめ、燈台の代りをつとめる恒星が三十七指定されているから、そのうちの二つの星、一つの星と地球、一つの星と月などの角度を測定（百分の一度の精度が要求される）して、それをコンピュータにインプットすると、自動的にジャイロスコープの狂いが較正される仕掛けになっている。ここでも時間が重要な役割をつとめる。月に向かう宇宙船は、秒速一〇・九キロから一キロ（時々刻々変る）のスピードで進行しているから、観測に手間どっていると、ある星と地球の間の角度を測定してから、次にある星と月の間の角度を測定する間に、宇宙船の位置が何百キロも動いてしまうことになりかねない。だから、測定データはいつも測定時刻つきでインプットしなければならない。

速度はどうやって測定するのか。これは三つのジャイロスコープによる慣性安定台の上で、やはり直交する三軸上に置かれた加速度計があり、その加速度を積分することによって得られる。地上では速度の測定は、車輪があるものはその回転数によって、飛行機や船などは周囲の流体（空気、水など）の速度測定によってなされるが、宇宙船には車輪もないし、真空中を飛んでいるから周囲に流体もなく、結局、加速度から逆算するほかないのである。加速度計にもまた誤差はつきもので、これまた、宇宙飛行士の測定した位置の時間変化からわりだした速度によって、定期的に修正していかなければならない。これに、地上からのレーダー観測、ドップラー効果の解析などのデータが加えられ、宇宙船のコンピュータと管制センターのコンピュータが連携しながら、宇宙飛行のナビゲーションがなされていくのである。そのすべての過程で、精密な時間管理が必要とされる。宇宙船と管制センターの時計はピタリ一致していなければならない。

だが両者はどんな時間に時計を合わせておくのか。アメリカは広いから四つの標準時間があり、ロケットが打ち上げられるケープ・ケネディ（現ケープ・カナベラル）は東部標準時間、飛行管制センターがあるヒューストンは中部標準時間で、両者の間には一時間の時差がある。そして、ロケット打ち上げの管制はケープ・ケネディの管制センターがおこない、軌道に上がってからの管制はヒューストンに引きつがれる。どちらのローカルタイムを用いても不都合である。ではグリニッジ標準時でも使うのかというと、併用はするが（管制センターは世界中に点在する通信センターや、着水した宇宙船回収のために海洋上に展開している海軍の部隊とも連絡をとらなければならない）、もっぱら使われるのは、「打ち上げ後時間」という時間である。ロケットの打ち上げ前に、カウントダウンがはじまる。それがゼロになってロケットが発射された後、そのまま今度はプラスの方向にカウントアップがつづいているのである。誰も大声でそれを一秒ごとに読み上げているわけではないが、着水までこのカウントがつづくのである。ヒューストンの管制センターの正面スクリーン部には巨大なデジタル時計があって、この時間を刻一刻示しているし、宇宙船の操縦席のコンソールにも一番目立つところにやはりデジタル時計があって、同じ時を刻みつづけている。両者は打ち上げ前のカウントダウンの段階からコンピュータで同期させられている。

宇宙飛行のスケジュールはすべてこの「打ち上げ後時間」によってたてられ、コンピュータのプログラミングもこの時間によっている。当然、宇宙船と管制センターの間の指示、連絡もこの時間によっている。つまり、「打ち上げ後時間」は、一時的な便宜的宇宙標準時間として機能しているわけである。将来、宇宙活動が増加して、月単位、年単位の宇宙滞在がなされるようになったら、「打ち上げ後時間」は取り扱いに不便だし、また、打ち上げ数が多くなり、宇宙に同時に別のときに打ち上げられた宇宙船が複数存在するようになったら、複数の「打ち上げ後時間」が同時に存在することになり不都合が生じる。そうなると、便宜的宇宙標準時間では用がすまなくなり、恒久的宇宙標準時間を考えねばならなくなる。そのとき、宇宙標準時間の起点をどこに置くか、地球標準時間との時差をどうするかなどの問題に真剣に取り組む必要が生まれ、あらためて人間は地球の宇宙におけるローカル性を認識させられることになるだろう。

実際、地球はこの宇宙においてあまりにローカルな場所である。全宇宙には一千億の銀河系があり、我々の銀河系はその片隅の一つにすぎない。そして、我々の太陽は、我が銀河系を構成する一千億から二千億の恒星の片隅の一つにすぎない。そして我々の地球は、その太陽をめぐる九つの惑星の一つにしかすぎない。

人間はよくユニバーサル（宇宙的＝普遍的）という表現を使う。しかし、人間が最もユニバーサルであると思っている、ごくごく基礎的な概念ですら、この「時間」の例を見てもわかるように、真のユニバースに乗り出してみると、実は全く地球的ローカル性を帯びた概念であったことを発見せざるをえないのである。

百七十万年間、地球から一歩も出ることなく育ってしまった人類は、その意識の底の底まで、地球的ローカル性によって様式づけられてしまっているから、地球的ローカル性がユニバーサルであるといまでも大半の人は思い込んでいる。

人類史上はじめて地球を離れて、自分が宇宙内存在であることを身をもって体験した宇宙飛行士にとってすら、その意識の骨の髄まで滲み込んだ地球的ローカル性を脱することは容易なことではなかった。

ラッセル・シュワイカート

アポロ9号の宇宙飛行士であったラッセル・シュワイカートに会ったとき、彼はこんな話を披露した。

シュワイカートはあるとき、ボストンのテレビ局で、バックミンスター・フラーとの対談番組に出演した。フラーは、数学者にして建築家、思想家であり、そのすべての分野で世界的歴史的業績をあげ、欧米では〝現代のレオナルド・ダ・ヴィンチ〟と畏敬されている知的巨人だが、日本ではあまりに紹介のされ方が少ない（もっぱら建築家としてしか知られていない）人物である。ちなみに、いまではあまりにポピュラーな〝宇宙船地球号〟という概念は、彼がはじめて提出した概念である。

シュワイカートは番組の中で、自分の宇宙体験を語りながら、何度も「上」とか「下」という表現を使った。するとフラーは、

「あんたはまだまだ地球ショーヴィニスト（排他的狂信的愛国主義者）だね」

といって、からかったというのである。

「上」と「下」とは、地球空間においては、最も基礎的な概念の一つである。だが、宇宙空間においては、上も下も存在しないのである。「縦」と「横」という概念にしても同じことだ。宇宙空間には縦も横もない。

宇宙空間の無重力状態の中では、人間はポッカリ空間の中に浮いており、どの方向にも方向づけられていない。あるいは、宇宙船の中ではやはり床が下で、天井が上で、壁が横ではないかと思われるかもしれない。そう考える人は、宇宙船の設計技師にはなれない。宇宙船が地上に置かれているかぎり、床も天井もある。しかし、宇宙空間に出たら床も天井もすべての面が同等である。アポロ宇宙船のように小さな宇宙船を設計する場合には、この特徴があまり生きてこないが、スカイラブのように直径六・六メートル、高さ一七・八メートルという、ちょっとした円筒形ビルくらいの大きさの宇宙船になると、これが大

きな意味を持ってくる。

ワシントンのスミソニアン博物館にいくと、スカイラブがそのまま置いてあって内部見学できるから、それをのぞいていただくとすぐに納得できることだが、地上では高すぎて全く手が届かない壁面まで完全に利用されつくされている。宇宙空間に出れば、「高さ」は高さでなくなり、上下の方向づけがない単なる長さになるのである。宇宙空間では「近い」、「遠い」は意味を持つが、「高い」、「低い」は意味を持たない。人間は床に立つのではなく、空間に浮かぶのだから、どの壁面も均等に利用できるのである。そういう状況の中では、空間の広がりの感覚が全くちがってくると、宇宙飛行士たちは異口同音にいう。それはそうだろう。四畳半の立方体の部屋があったとする。これは地上ではあくまで床面積四・五畳の部屋でしかないが、宇宙空間ではすべての面が同時に床といってよいから、その六倍、二十七畳分の使い勝手があるのである。

スミソニアン博物館にはアポロ宇宙船も置いてある。それを見ると、その内部の狭さに驚く。三人の宇宙飛行士が椅子に坐ると、もうそれで一杯一杯という感じである。内部の自由空間は六立方メートル、一人当り二立方メートルで、これは小型車内の一人当り容積より小さいというが、正にそういう感じである。よくこんな狭いところに三人もの人間が押し込められて、一週間もの旅をつづけられたなと感心してしまう。しかし、宇宙飛行士に聞くと、その狭さを意識したことはないという。宇宙空間に出ると、空間に上下がなくなり、六倍の使い勝手が出てくるからである。地上で見るかぎり、一人が長々と横になって寝たら、他の人が寝る所がなくなるのではないかと思われるほど狭いのに、三人とも同時に長々と横になって寝ることができ、しかも、体が余分の空間に流れ出していかないように、ひもでどこかに体をつなぎとめておくことが必要だったというくらい、内部空間には余裕があったのである。

上下、縦横、高低――これら宇宙空間で意味を失う概念はすべて、地球の重力に抗して直立歩行をする人間が、地球上の重力空間内の方位づけに必要とした概念なのである。もし、宇宙空間内に生まれ、宇宙空間内で意識形成をした高等生物がいたとしたら、その生物にはこれらの概念を伝達することは不可能である。

方位概念と同時に、重い、軽いという概念も意味を失う。何しろ無重力空間なのだから、重さは一切ない。すべてが同等に重さゼロなのである。スカイラブからのテレビ中継では、宇宙飛行士たちが、宇宙空間でだけ可能な曲芸をいろいろと演じてみせた。そのビデオがいつでもスミソニアン博物館で見られる。巨大な鉄のかたまりを指一本で持ち上げてみせるとか、一人の宇宙飛行士の指の上にもう一人が立ち、その指の上にさらにもう一人が立ってみせるとかいった画面である。

宇宙飛行士たちは、地上の訓練で宇宙飛行のあらゆる側面を何百回もシミュレートしていくから、宇宙飛行のほとんどのプロセスが、「シミュレーションそっくりだ」と感じるという。しかし、無重力状態だけは、地球上でシミュレートすることがほとんどできない。無重力状態の訓練には二つの方法が用いられる。一つは高速のジェット機で弾道飛行をし、弾道の頂点から下降する過程で、機体が自由落下するのと同じスピードを保つほんの二十秒間くらいの間に無重力状態を味わうことである。——地球軌道をめぐる宇宙船の無重力状態というのは、理論的には、無限に自由落下をつづけているのと同じことなのだ。

もう一つの訓練方法は、水中で、浮力と体重がちょうど釣り合うだけの錘りをつけて動きまわることである。これは水中だから擬似的無重力体験にしかならないが、ジェット機の弾道飛行より簡単にできるので、訓練時間はこちらのほうがはるかに長い。

こうした訓練をいくら積み重ねてみても、宇宙空間のほんとの無重力状態ばかりは、実際に体験してみないと、全くわからないという。

「笑われるかもしれないが、四十歳を越した大人が、宇宙でスーパーマンごっこをして大喜びするんだ。宇宙では、ほんとにスーパーマンと同じように空を飛べるんだからね。あの格好をまねて飛ぶんだ。いくらやっても、あればかりはあきないね。別の言い方をすると、人間が宇宙空間に出るとスーパーマンになるということなんだ」

と、スカイラブ4号の船長をつとめたジェリー・カーはいう。四十歳を越した大人とは自分のことである。そのとき彼は四十一歳だったのである。

さて、ラッセル・シュワイカートと、バックミンスター・フラーの対談番組に話を戻すと、フラーは、「上」「下」という方位づけは地球上でしか有効でないという。宇宙で有効な方位づけは「内側に」「外側に」でしかないだろうという。そして、対談の合間に、即興の詩をサラサラと走り書きし、それを番組が終った後でシュワイカートに渡した。シュワイカートはそれをいまでも大切に持っているというが、次のような詩である。

Environment to each must be
“All that is excepting me.”
Universe in turn must be
“All that is including me.”
The only difference between environment and universe is me……
The observer, doer, thinker, lover, enjoyer

それぞれの人にとって環境とは、

「私を除いて存在する全て」

であるにちがいない。

それに対して宇宙は、

「私を含んで存在する全て」

であるにちがいない。
環境と宇宙の間のたった一つのちがいは、私……
見る人、為す人、考える人、愛する人、受ける人である私

この詩を何度も読み返して、シュワイカートは目を開かれた思いがしたという。彼がアポロ9号で宇宙体験をしたのは、一九六九年。フラーと対談したのは、その八年後の一九七七年である。この詩によって、自分の八年前の宇宙体験をより掘り下げることができるようになったのだという。自分自身の体験を自分がこれまであまりに狭くとらえていたことに気づいたという。

別に宇宙体験にかぎったことではないが、体験はすべて時間とともに成熟していくものである。とりわけそれが重要で劇的な体験であればあるほど、それを体験している正にその瞬間においては、体験の流れの中に身をゆだねる以外に時間的余裕も意識的余裕もないから、その体験の内的含意をつかむことができるのは、事後の反省と反芻を経てからになる。もちろん、それは覚醒した意識上での認識の話であって、潜在意識下では、その体験の瞬間から、何らかの変化がはじまっている。どんな体験でも体験者を少しは変えずにはおかない。とるに足りない体験はとるに足りないくらいに、小さな体験は小さく、大きな体験は大きくその人を変える。といっても体験の価値的大小は主観的判断だから、ある人

にはとるに足りない体験にすぎないものが別の人にはその生涯を変えるような大きな体験になるということも、またその逆もしばしばある。いずれにしろ、潜在意識下ではじまった変化が、当人が気づかずにはいられないくらい大きくなったときに、人はそれをもたらした体験の内的意味を解釈しようとして、意識的な反省をはじめる。それがどれだけ成功するかは、もっぱらその人の内省能力にかかわる問題だ。

世の中には、いかなる体験についても、手軽な解釈に便利な常套句が沢山用意されている。たいていの人は、そこで満足する。それに満足できない人は、自己認識を求めて内省の旅に出る。そして、一杯のお茶を飲んだときにふとよみがえった記憶からはじまって、残りの一生をかけて『失われし時を求めて』を書いたマルセル・プルーストのような人物も出る。

宇宙体験という、人類史上最も特異な体験を持った宇宙飛行士たちは、その体験によって、内的にどんな変化をこうむったのだろうか。人類が百七十万年間もなれ親しんできた地球環境の外にはじめて出るという特異な体験は、それがどれだけ体験者自身によって意識されたかはわからないが、体験者の意識構造に深い内的衝撃を与えずにはおかなかったはずである。

第二章　地球は宇宙のオアシス

　宇宙飛行士が帰還すると、直ちにNASA（アメリカ航空宇宙局）によって徹底的なデブリーフィングがおこなわれる。デブリーフィングとは飛行の過程で体験したあらゆることを、逐一詳細に、各分野の専門家が入れ代り立ち代りインタビューして、それに答える形で報告させることである。数日がかりの報告である。しかし、このデブリーフィングは、いかに徹底的なものとはいえ、あくまで技術的かつ科学的側面に限定されていて、心理的精神的側面からおこなわれたことはない。NASAは宇宙飛行士個人個人の心とか、意識とか、精神には関心がないのである。NASAはもっぱら技術者と科学者の集団である。ヒューストンの宇宙センターで、NASAの歴史をまとめる係に任ぜられている歴史学者、E・C・エゼル博士は会ったとき、

「ここで人文科学を専攻した人間は私一人しかいないはずだ」

といった。それくらいNASAは技術者中心社会なのである。そして、宇宙飛行士たちにしても、初期はすべて軍のテストパイロットの中から選ばれ、その後も、ジェット機のパイロット（軍、民間）、科学者の中から選ばれた技術系人間たちである。アポロ15号の

月着陸船パイロットであったジム・アーウィンのことばを借りれば、"nuts and bolts type"（ボルトとナット型、つまり、メカニカルなことにしか関心がない技術者タイプ）の人間集団だったのである。だから、仲間同士の間で、文科系インテリが好むような話題——思想とか文化とか政治経済とか——を口にすることは妙にはばかられる雰囲気があったという。

宇宙飛行士の間で、先に宇宙体験をした先輩たちが、まだそれを体験していない後輩たちに、訓練の一過程として正式に、あるいは日常的雑談の中で非公式に、しばしば自分たちの体験を聞かせる機会があった。しかし、そのときも、デブリーフィングにおけると同じように、話題の中心は技術的なものであって、あとはせいぜい即物的な宇宙からの眺めを、ファンタスティクとかビューティフルという程度の形容詞をつけて直接描写するという程度のものだった。その体験の中で、自分が何を感じとり、何を考えたかというような、内的経験にかかわることは、話すほうも話さなかったし、聞くほうもあえて尋ねようとはしなかったのである。

後に述べるように、彼らのうちの何人かはきわめて似通った内的経験を持っていたのである。そこで、取材するときに、誰それもそれと同じようなことを述べていた、というと、「ほう、そうだったのか。それはいまはじめて聞いた。こんなことは我々の間で話題にしたことはなかったのでね。でも、彼がそういうことを感じていたというのは、何となくわかるような気がする」

というような答えが返ってくるのが常だった。

C・P・スノーが『二つの文化』でつとに指摘しているように、現代文化の最大の特徴は、それが科学技術系の文化と、人文系の文化の二つに引き裂かれていることにある。どちらの文化の担い手たる知的エリートも、もう一つの文化に関しては、ごく少数の例外を除いては、大衆レベルの知識しか持っていないのである。NASAは技術系インテリのベスト・アンド・ブライテストを集めた集団ではあったが、彼らの間の人文系の文化に関する知識と関心といったら、

「まあ、せいぜいその辺のハイスクール卒業生の平均レベルといったところだろう。思想的に深みのある書物を読んだことがある人などというのは、きわめて少ない。特に宇宙飛行士はそうだ。彼らの大部分は軍人で、ウェストポイント（陸軍士官学校）またはアナポリス（海軍士官学校）の卒業生で、その後の学位も、軍に在籍したまま大学に通って取ったものだ。哲学書などは読む暇がない人生を送ってきた連中だ。知識はあるが、すべてプラクチカルな知識だ。もちろん、少数の例外はあるがね」

と、前出エゼル博士はいう。

宇宙飛行は宇宙飛行士にとってテクニカルな体験であると同時に内的体験でもあった。前者については、宇宙飛行士は充分すぎるほどそれについて語る機会を与えられたが、後

者についてはそうではなかった。たしかに、宇宙飛行を終えて帰還すると、たちまち新聞、テレビのレポーターに取り囲まれて〝感想〟を求められるのが常だったが、問うほうも答えるほうも、その場かぎりの表面的なやりとりで満足した。だが、機会が与えられたとしても、彼らに自分の内的体験を充分語ることができたかどうかは疑問である。自分の内面を表現するには特別の能力がいる。ジム・アーウィンは、宇宙で、自分に詩人や作家のような表現力があったらと望んだという。

何人かの宇宙飛行士はその体験記を本にした（ほとんどはゴーストライターの力を借りている）。ジム・アーウィンもその一人で、『夜を支配するために』（"To Rule The Night"）という著書を出版している。その中で、月に降り立った史上八人目の人間として、アペニン山脈ハドレイ丘の上にその第一歩をしるしたときのことを次のように書いている。

「梯子（はしご）を一歩一歩降り、最後の階段を降りて、足を下にのばして何かにふれたので、これが月面だと思って全体重をかけた。ところがそれは、月着陸船の接地脚部（円形をしていて自由に動く）だった。体重をかけたとたん、それがグルリと回転し、私は足をとられて、あわてて梯子段にしがみつかねばならなかった。だから、月着陸第一歩の私の感想は"Oh, my golly"（オヤ、マア）というものだった。何百万人もの人がテレビで見ているところで、私は危うく仰向（あおむ）けに引っくり返りそうになったのだ。ようやくのことで私は落ち着きを取り戻し、あたりを見まわしてから、こういった。"Oh, boy, it's beautiful up here! Reminds me of Sun Valley.”『やあ、こいつはきれいだ。サンバレー（有名なスキー場のある山）を思い出すよ』。実際、アペニン山脈は見覚えがあるように見えた。木がなくて、なだらかで、しかも、サンバレーにある山とそっくりの山があった。スキー場にぴったりのスロープだった」

あるいは、ニール・アームストロングにつづいて、史上二番目に月の上に立つ人間になったアポロ11号のバズ・オルドリンは、『地球への帰還』（“Return to Earth”）という本の中で次のように書いている。

「月面に降り立ったとき、私の気分は高揚していて、全身に鳥肌が立っていた。私はすぐに足元のあたりを見て、月の塵（ちり）の特性に著しく興味をそそられた。もし、地上の砂浜で砂を蹴れば、砂はさまざまの方向に飛び、ある砂粒は近くに、ある砂粒は遠くに落ちる。ところが、月の上では塵は、どの方向にも同じだけ飛び、しかもどの塵埃もほぼ同じ距離だけ飛んで落ちるのである。二番目に私がしたことは、ほんの少数の人にしかわからないように、人類史上ではじめてのある行為をすることだった。私の腎臓はあまり強くないほうだったのだが、それが苦境におちいっているという信号を私の頭に送ってきた。そこで、ニールは月に世界で最初の一歩をしるした男になったが、私は世界で最初に月面上でパンツの中に小便をもらす男となったのだ。もちろん、パンツの中には、採尿器が仕掛けられていた。しかし、それは何とも奇妙な感じだった。世界中の人たちがそのとき私を見ていたが、私以外の誰も、そのとき私がほんとは何をしているかわからなかったのだ（実はこれは正しくない。ヒューストンでは宇宙飛行士の生理状態をモニターしていたから、その係官にはオルドリンが小便をしたことはすぐわかったのである）」

宇宙飛行士たちが書いた著書を片端から読んでみたが、いずれもこんな調子で、宇宙体験のピークをなす部分ですら、そのときの自己の内面にかかわる記述はまるでなきに等しいのである。だいたい分量的に、宇宙体験そのものについての記述は意外に少ない。大半は宇宙飛行士になるまでの物語や、宇宙飛行士の生活のインサイド・ストーリーになってしまっている。しかし、行間には、自分の体験の大きさと意味をもっとうまく伝えたいのだが、それがうまく伝えられない苛立ちのようなものがにじみ出ている。書いているほうにも苛立ちがあるのだろうが、読むほうはもっと苛立つ。

マイク・コリンズ（アポロ11号）がいうように、

「もし詩人や哲学者を宇宙飛行士にしていたら、宇宙船は宇宙にたどりつけなかったろうし、たどりついたとしても、地球に帰還できなかったろう」

というのは、たしかに事実だ。

実際、実例があるのである。一九六二年にマーキュリー7号で、ジョン・グレンにつづいて地球軌道に乗った二人目（アメリカで）の宇宙飛行士になったスコット・カーペンタ

ーは、第一期生の中で唯一詩人の魂を持つ男といわれた。他の仲間から離れて、一人でギターを弾きながら歌を歌うのを好むような男だった。将来は、どこかきれいな浜辺がある無人島に一かかえの読みたい本を持っていき、日がな一日泳いだり、魚を釣ったり、本を読んだりして過ごすのが夢だと語るような男だった。その彼が宇宙空間に舞い上がったとき、彼はその美しさに夢中になってしまった。地球と宇宙ホタル（後述）の美しさに心を奪われ、眺めかつ写真を撮ることに熱中しているうちに、帰る時間がきてしまった（彼の飛行は地球を三周するだけだったから、約二百六十分で終りだった）のに、それを忘れて、大気圏再突入のための姿勢制御操作が少し遅れてしまったのである。宇宙飛行で最も微妙なのは、この大気圏再突入時の操作で、現在はコンピュータで自動化されているが、当時はマニュアルで操作しなければならなかった。そして、再突入時の角度が少しでも狂って浅すぎると、大気圏にはね飛ばされて、宇宙空間に永遠にさまよい出ることになるし、また少しでも深すぎると、カプセルが過熱して燃

スコット・カーペンター

え上がってしまうのだ。彼は遅れに気づいて、あわてて操作したために、予定よりはるかに深い角度で突っ込んでしまった。

メキシコの通信基地で、再突入時のカーペンターと交信しながらそれを見守っていた同僚のゴードン・クーパーは、カーペンターが焼け死んだと思って顔をおおって泣き出したほどだった。しかし、カーペンターは予定地点より五〇〇キロも離れたところに、無事に着水していた。しかし、あまりにも予定地点から外れていたために、その発見が遅れ、二十六分間は、カーペンターは死んだものと思われていたのである。しかし当のカーペンターは、救出用のヘリコプターが飛んできたとき、救命筏の上で、のんびり空を眺めており、ヘリコプターの音が瞑想を妨げたといって怒ったという。

この失敗とそれをもたらした彼のパーソナリティのために、カーペンターは同僚からはバカにされ、NASA当局からもにらまれ、他の同僚たちが次々と二度目、三度目の飛行に任ぜられたのに、彼だけはその後七年間もNASAに在籍しながら、ついに二度と飛ばせてもらえなかったのである。

その後彼は海軍に戻り、シーラブ計画に参加して、アストロノーツからアクワノーツに転換をはかり、深海滞在記録を作るなど、それなりの成功をおさめた。ところが、今度は潜水病にかかり、そこからも引退しなければならなくなった。海軍から引退して、海洋開発関係の会社を自分で興して経営をはじめたが、資金ぐりがうまくいかず、資金作りのために、テレビ・コマーシャルに出ることになった。シェブロンが新しい高性能ガソリンとして売り出したF310という製品のコマーシャルだったが、これに消費者団体が文句をつけた。値段が高いだけで性能は別によくないというのだ。そして、詐欺まがいの商法だとして三〇〇〇万ドルの損害賠償請求の訴訟が起こされた。当局が調べてみると、たしかに別に性能はよくなっていない。そこで、そのコマーシャルをしていたカーペンターも、「ビッグ・ビジネスに買われて、私利私欲のためにウソをついた男」のレッテルが貼られてしまった。この一件でカーペンターはすっかり世の中がいやになり、人との付き合いもあまりしないようになった。そして、ヒッピーまがいの長髪になって、ディスコに通い、興が乗ると自分でギターを弾きながら公衆の前で歌を歌い、そのかたわら生活のために小さな会社を経営するという生活をいまも送っている。

彼の場合はほんとの詩人ではなかったが、ほんとの詩人であれば、たしかに宇宙からの生還は期しがたい。そういう事情もあって、いってみれば、人類が宇宙体験をしたといっても、それは一つの文化の側からの体験であって、もう一つの文化の側からの体験は、まだ欠けているのである。いずれ、詩人でも哲学者でも、宇宙船の乗組員としてではなく、乗客として宇宙飛行できる日が来るだろうが、それまでは、宇宙飛行士の表現能力に欠陥はあるにしても、宇宙飛行士のことばを通してでなければ、宇宙体験の持つ意味を探れない。

実をいうと、一人の詩人も宇宙飛行士に採用されなかったが、詩人になった宇宙飛行士はいる。画家は宇宙飛行士にならなかったが、画家になった宇宙飛行士はいる。宗教家・思想家になった宇宙飛行士もいれば、政治家になった宇宙飛行士もいる。平和部隊に入った宇宙飛行士もいれば、環境問題に取り組みはじめた宇宙飛行士もいる。

シュワイカートのことばを借りれば、

「宇宙体験をすると、前と同じ人間ではありえない」

のである。宇宙飛行士の中では最も世俗的人間といわれるアル・シェパード（マーキュリー3号でアメリカ人初の宇宙体験。アポロ14号船長）ですら、

"I was a rotten s.o.b. (son of a bitch) before I left. Now I'm just a s.o.b."

「行く前は腐った畜生野郎だったが、いまはただの畜生野郎になった」

なることばを残している。

宇宙体験の内的インパクトは、何人かの宇宙飛行士の人生を根底から変えてしまうほど大きなものがあった。宇宙体験のどこが、なぜ、それほど大きなインパクトを与えたのか。宇宙体験は人間の意識をどう変えるのか。

そこのところを宇宙飛行士たちから直接聞いてみようと、一九八一年の八月から九月にかけてアメリカ各地をまわり、さまざまの生活を送っている元宇宙飛行士たち十二人に取材してきた結果をまとめたのがこのレポートである。

それを語る前に、もう少し宇宙と宇宙飛行について語っておかなければならない。そうでないと、お互いに話が通じなくなるからである。

はじめに地球を取りまく大気について述べたが、大気は、先に述べた以外にも、地球上の生命維持に枢要な機能を果している。たとえば、紫外線の吸収である。強い紫外線を受けると、生物は例外なく死ぬ。細胞の核酸が破壊されるからである。その紫外線のほとんどすべてが大気上層部のオゾンによって吸収されており、地表に届くのはごくわずかだ。そのわずかの紫外線を浴びても人間は軽い火傷をしてしまう（日焼けというのは軽い火傷なのだ）。それくらい紫外線は生命に本来危険なものである。

太陽は地球上の生物にとっては恵みの神であり、太陽エネルギーによってすべての生命は存続しているといってもよい。しかし、紫外線の例を見てもわかるように、太陽それ自体は、生命にとっては死の神でもある。紫外線以上に恐ろしいのは太陽風である。これは太陽から吹き出してくるプラズマ流（高エネルギーの素粒子の流れ）で、秒速五〇〇キロ、温度一〇万度、というものである。太陽は巨大な核融合炉であるが、放射線遮蔽装置などないから、その炉からプラズマが吹き出してきてしまうのである。この太陽風は、地球磁場がはね返しているために、地表には届かない。そのため人間は長いことその存在を知らず、理論的にその存在が推定されたのが一九五八年、マリナー2号によってその存在が現実に確認されたのはやっと一九六二年になってからのことである。

ともかく、それ自体としては、生命にとって死の神である太陽を、恵みの神に変えているのが、地球環境なのである。死の空間である宇宙空間を生命の空間に変えているのは、地球環境なのである。その地球環境の主役をつとめているのは、大気と水である。大気は地球を二〇キロの厚みで包んで保護している（実際にはその上層にもごく希薄な大気が広がっている）。二〇キロというと、大変な厚みではあるが、地球の大きさに比較するとほんの薄い膜のようなものである。地球の直径は一万三〇〇〇キロある。これを一千万分の一に縮小してみると、ちょうど運動会で大玉転がしに使う大玉くらいの大きさになる。その上に厚さ二ミリの膜を張りつければ、それが大気の層だ。水の層になると、もっと薄い。地球上の水を全部集めて、これを均等な厚さにして地球全体に広げてみると、わずかに、一・六キロの厚みにしかならない。地球を大玉の大きさにすると、わずか〇・一六ミリの薄膜である。この二つの薄膜の間に、地球上のすべての生命が存在しているのである。

人類史上はじめて宇宙空間に出た人間であるソ連のユーリ・ガガーリンの最初の感想が、

「地球は青かった」

であることを多くの人が記憶しているだろう。そして、宇宙飛行士たちが宇宙空間から撮ったカラー写真によって、地球が青い天体であることは、いまや子供でも知っている。宇宙飛行士たちにいわせると、その青さが、地球をたとえようもなく美しく見せるのだというう。後にも述べるように、その美しさが、宇宙飛行士たちに最も大きなショックを与えるのである。

天体としての地球の美しさは、我々も写真で知っているつもりである。しかし、彼らにいわせると、写真では、あの美しさは絶対に伝わらないという。それはともかく、その地球の青さは、大気と水が作り出したものである。水の青さはわかるとして、大気が青く見えるのは、大気が青色の波長の光を散乱する性格を持つためである。だから、地上から晴れた空を見上げると青く見えるのと同じように、宇宙空間から地球を見ても大気圏が青く見えるのである。つまり地球の青さとは、水圏と気圏から構成される生命圏（バイオスフィア）の持つ青さなのだ。宇宙飛行士たちが地球の美しさをあまりにも強烈に感じたのは、地球が見かけ上美しいというだけでなく、その最も美しく見える部分に自分が所属するバイオスフィアがあるのだという無意識のうちの認識が大きく働いていたようである。

「地球は宇宙のオアシスだ」

といったのはジーン・サーナン（ジェミニ9号、アポロ10号、17号）だが、このことばには、宇宙空間という生命の沙漠を旅した宇宙飛行士の心情がよくあらわれている。宇宙空間には生命のかけらもなく、生命が存在するのは、自分たちがいる宇宙船と、何十万キロもかなたに小さく見える青い地球だけなのだ。ここあそこにしか生命はなく、両者を取りまくすべては死の空間という状態に置かれてみれば、自分と地球を結ぶ、切っても切れない生命という紐帯（ちゅうたい）の大切さを認識せずにはいられない。地球の生命にとっては自分の生命は無に等しいかもしれない。しかし、自分の生命にとっては、地球の生命は唯一のより所なのである。そこに帰還できなければ、自分たちは死ぬ以外にない。宇宙飛行士たちの置かれている基本的な条件はいつもここにある。

カーペンターが再突入の姿勢制御に失敗し、一時その生命を危ぶまれたことを除けば、マーキュリー、ジェミニ、アポロとつづく宇宙飛行が次々に成功をおさめ、宇宙がいかに死に近い空間であるかを、人々がすっかり忘れかけていたときに、アポロ13号の事故が起きた。

この事故を追ってみると、宇宙環境の厳しさが実によくわかる。

一九七〇年四月十一日、ジム・ラベルを船長とし、フレッド・ヘイズ、ジョン・スワイガートをパイロットとするアポロ13号は月に向かって打ち上げられた。打ち上げ後約五十六時間経過したとき、すでに宇宙船は地球から三二万キロ離れ、月にあと六万キロの地点まできていた。ヒューストン時間、夜の九時〇八分、宇宙船から事故の第一報が入った。

「ヒューストン、こちらで問題が起きた」

「こちらヒューストン、何だって、もう一度いってくれ」

「問題が起きた。メインBバスで電圧低下が起きている」

宇宙船のエネルギー源は燃料電池である。燃料電池というのは、水素と酸素を化合させて水を作るときに発生する電気を取り出す装置である。水を電気分解して、水素と酸素にする実験は誰でも中学校でやった経験があるはずだが、あのプロセスを逆に進行させるのが燃料電池である。燃料電池を使えば、副産物として水ができるから、飲料水を持参する必要がない。燃料電池は宇宙船に連結された支援船（サービス・モデュール）に三つ置かれている。そこから宇宙船に電気を供給するためにつながれている線が、メインAバスとメインBバスの二本の線なのだ。電圧が低下すると、宇宙船のあらゆる機能が低下ないしストップする。電圧低下は、程度いかんによって宇宙船の命取りになる危険な事態である。事態は急速に悪化した。

ジム・ラベル

「実をいうと、電圧低下にともなって大きなバンという音が聞こえた。それとともに、注意ランプと警告ランプが同時についた。窓の外には何かガス状のものが見える。いまやメインBバスは電圧ゼロだ。メインAバスの電圧も低下しはじめた。宇宙船が妙な具合に動きはじめて、姿勢制御が難かしい。ピッチとロールが止まらない」

「燃料電池1をメインAに、燃料電池3

をメインBにつなぎかえてみてはどうだ」

「それはすでにやってみた。燃料電池1も3も電圧ゼロになっている。まだ、こちらの通信が聞こえるか」

「まだ聞こえる。つづけてくれ」

「酸素タンク2が気圧ゼロになった。酸素タンク1の気圧も下がっている。いま二〇〇ポンドだが下がりつづけている」

後にわかったことだが、事故の原因は、酸素タンクが破裂したことだった。なぜ破裂したのかについては、隕石（いんせき）の衝突、バルブの欠損、液体酸素内に不純物が入っていたなどいろいろの原因が当時考えられたが、その後数ヵ月にわたる調査の末、酸素タンク2のヒーターの自動温度調節装置に設計通りの部品が使われていなかったために、ヒーターが過熱し、それによって酸素タンクが爆発したものと判断された。

宇宙飛行士が窓の外に見たガスは、タンクから漏れた酸素ガスだった。そして、酸素ガスの噴出が一種のロケット・エンジンとして作用し、宇宙船の姿勢を乱したのである。はじめは何が故障して電圧低下が起きたのかわからない。回路か、燃料電池か、それとも酸素か。そこで、接続をいろいろ変えてみて、故障個所をつきとめようとしたのである。しかし、酸素タンクの気圧が急激に下がったことで原因は明らかになった。最悪の事態だった。回路や燃料電池であれば、予備のものに切り換えることでなんとか苦境をしのぐことができる（燃料電池は三個ある）。しかし、酸素タンクが二つともダメになったら、完全にお手上げだった。地上の訓練では、宇宙飛行士たちがいかなる事態に遭遇してもそれを切り抜けることができるように、想定しうるあらゆる事故のシミュレーション訓練を何百時間となくおこなってきた。

燃料電池が二つダメになるなどという事故は、もちろん訓練ずみだった。しかし、酸素タンクが二つともダメになって、電気がなくなり、呼吸用の酸素もなくなるなどという事態は、「想定しうるあらゆる事故」の範疇（はんちゅう）には入っていなかった。それは考えられない事態だった。しかし、考えられない事態が現に起きているのだった。酸素タンクの通常の気圧は九三〇ポンドである。それが一つはゼロ、もう一つは二〇〇ポンドに下がってしまったのだ。宇宙船の主要な計器の読みは、テレメーターによってヒューストンでも同時に知ることができた。

「酸素タンクの気圧低下、こちらでも確認した」

「まだ下がると思うか」

「ゆっくりした低下がつづき、ゼロになると思われる」

いまや宇宙船の全機能は、気圧低下がつづく酸素タンク1がかろうじて動かしている燃料電池2の出力によって支えられているのだった。電池の出力が下がれば、通信途絶の心配があった。この緊急事態は地上からのバックアップなしには切り抜けることができない。

通信が途絶えたら、そのバックアップを受けられなくなるのだ。宇宙船からヒューストンに呼びかけるたびに、

「まだ聞こえるか」

「まだ聞こえている」

のやりとりがくり返された。

夜中にもかかわらず、ヒューストンでは、関係スタッフが総動員された。マサチューセッツ工科大学（MIT）では三十人の学者、技術者がコンピュータに取りついた。アポロ宇宙船のすべての航法に関するコンピュータ・プログラムはここで作られていたからである。その手直しは彼らにしかできない。月着陸船を作ったグラマン社の工場でも、司令船と支援船を作ったロックウェル社の工場でも、技術者全員が配備についた。

事故発生から一時間経過したところで、司令船の電気はあと十五分しかもたないことが判明した。それは呼吸用の酸素もあと十五分しかもたないということである。地球へ帰還するのに最低三日はかかるという地点で、あと十五分しかないのである。考えうる唯一の応急策はただ一つしかなかった。

「月着陸船を救命ボートにするほかなさそうだ。そちらに移動して、動力を入れてくれ」

「こちらもそれしか手がないと思って、すでにジムとフレッドはそちらに移動した」

このとき、アポロ13号の司令船の頭は月着陸船に接続し、お尻は支援船に接続するとい

う形で飛行していた。支援船には、ロケット・エンジン、燃料、燃料電池が積まれている。月への往復の宇宙飛行の全過程、地球に戻り大気圏に再突入する直前まで宇宙船は支援船の力によって飛行し、司令船はこれをコントロールするだけである。司令船が支援船の力を借りずに独自の宇宙飛行をするのは、支援船を切り離してから再突入にいたるほんの短い期間だけである。だから司令船にはエンジンも姿勢制御用の小さなエンジンしかついていない。燃料電池もない。支援船から離れてからの電源はバッテリーに頼る。司令船と支援船とは一体のものとして設計されており、司令船の単独飛行は、短時間の再突入時以外は全く不可能なのだ。

一方、月着陸船は単独のシステムとして設計されている。月軌道で司令船から離れ、月面で活動してからまた月軌道に戻ってくるまでの間、それに乗り組む二人の宇宙飛行士は、月着陸船を頼りに生きなければならないから、それに充分な酸素（重量にして五〇ポンド）、電源（バッテリー）、水が独自にそなえてあった。アポロ13号の場合、それは約六十時間もつように設計されていた。それを利用して生きのびようというのである。もちろん月着陸は中止であるから、それを使ってしまうことはさしつかえない。しかし、このままいけば、地球に戻るのに、九十時間かかることが予測された。二人で六十時間しかもたない酸素、電気、水を三人で九十時間ももたせることができるかどうか。しかし、躊躇（ちゅうちょ）している暇はなかった。支援船の酸素と電気はあと十五分しかもたないのだから、他の選択はないのだ。とりあえずそれで生きのびて、あとの問題はあとで考えるほかなかった。

まず、月着陸船の全システムを始動させる必要がある。司令船の電気が切れる前にそれをやらなければアウトである。普通の月着陸の場合には、まず前日に予行演習として全システムを始動させ、三時間かけてチェックする。さらに当日も、飛行の三時間以上前から始動点検をおこなうのだ。それと同じことを、予行演習なしにわずか十五分でおこなわなければならない。

とりわけ緊急を要したのは、慣性誘導装置のデータを月着陸船に移すことだった。前に述べたように、そのデータなしには、宇宙船がどこをどう飛んでいるかわからなくなるのだ。そしてそれがわからなければ、ヒューストンからの支援もできなくなる。六分儀による天体観測に頼ろうとしても、比較的大きな窓が五つもある司令船とちがって、月着陸船には小さな窓が二つしかない。観測目標の天体を視野に入れるためには、姿勢制御エンジンを動かして、船体を回転させなければならない。それを何度もやっていたら、もともと少ししかない姿勢制御エンジン用の燃料を使い果すことは目に見えていた。さらに問題だったのは、タンクから噴出した酸素ガスが、慣性の法則によって宇宙船を包むようにして宇宙船とともに飛びつづけていることだった。そのため、窓の外はモヤがかかったようで、星がよく見えなかったのである。見えても、それとともに、タンクの爆発時にとびちった微細な金属片が沢山その辺を飛んでおり、それが光ってモヤの中では星と見分けがつかない状態にあった。

データの移行を完了する前に、司令船の電源が切れて、データが消えてしまっては大変である。スワイガートは万全を期して、司令船の再突入時用のバッテリーのスイッチを入れて、慣性誘導装置を生かしつづけた。それ以外のものは、月着陸船が始動するに従って次々にスイッチを切っていった。

「司令船の予備酸素タンクをシステムから分離せよ」

という指令がまっさきに出ていた。司令船には、支援船の酸素供給システムに連結されている予備のタンクがあった。これは、司令船の電力消費が一時的に急激に増加した場合に支援船の燃料電池システムをバックアップする、何らかの理由で司令船内の酸素圧が急激に低下した場合にそれを自動的に補給する、再突入時に支援船が切り離されてから着水するまでの酸素を供給するなどの目的をかね持っていた。この予備タンクの酸素は重量にしてわずか八ポンドしかなかった（それに対して爆発したタンクには各三二〇ポンドもあった）。これを早く分離しないと、自動的に支援船の失われた酸素のバックアップにまわって、再突入時用の酸素がなくなってしまう恐れがあったのである。

この間地上では、総力をあげて、宇宙船を一刻も早く地球に戻すための方策が練られていた。帰路をスピードアップしなければ、宇宙船は戻っても、中の宇宙飛行士は酸素欠乏で死んでしまう恐れがあった。

月まで、まだ六万キロもある地点である。そこで宇宙船を止めて、直ちに帰路につくという考えもある。しかし、そのためには、相当量の逆噴射をして制動をかけ、船体を反転させ、また相当の噴射をして推力を得なければならない。支援船のロケット・エンジンが正常に機能してくれるなら、これも技術的に可能だった。しかし、支援船のどこがどう故障したのかわかっていない現状で、エンジンを噴射することはあまりに危険だった。何が起こるかわからない。燃料タンクが爆発するとか、エンジンのコントロールがきかないとか、とんでもない方向に推力が働いて、地球への帰還が不可能な軌道に宇宙船を乗せてしまうとか、取り返しのつかないことが起こる恐れが強かった。

使うことが可能なエンジンは、月着陸船のエンジンだけだった。月着陸船には、月軌道から月面に下降するときと、月面から月軌道に上がって司令船にドッキングするときに使われるエンジンと燃料が積んであった。このエンジンで、月着陸船、司令船、支援船がつながったままの宇宙船全体を地球軌道まで戻さなければならないのである。このエンジンの能力からいって、宇宙船をそこで止めて逆転して帰るということはできない相談だった。唯一可能なのは、月へまず向かい、月の向こう側をまわってくるという手だった。遠まわりのようだが、これが一番燃料消費が少ない。なぜなら、月へ飛行中の宇宙船は、ブーメランのように自然に地球に戻る軌道に乗っているからである。

前に述べたように、宇宙飛行の大部分は慣性飛行である。すでに宇宙船は月を経由して地球に戻る軌道に基本的には乗っているのだから、月着陸船の弱いエンジンしかなくても地球へ帰ること自体は難かしいことではない。問題は時間との闘いである。宇宙飛行士が生きている間に戻れるかどうかである。

もう一つの問題は、いま宇宙船が乗っている軌道にあった。月に向かう軌道にはいろいろある。アポロ11号までは、自由帰還軌道（フリー・リターン）をとっていた。

これはいってみれば、地球をめぐる人工衛星の軌道をどんどん細長く伸ばしていって、その端が月の向こう側に及んだときの軌道なのだ。人工衛星の軌道は、スピードをあげるとどんどん遠地点が遠い長円形になり、秒速一〇・九キロ（時速約四万キロ）のときに、ちょうど月に達する（もっとスピードをあげていくと、長円軌道ではなくなり、放物線軌道になり、さらには双曲線軌道になり、地球には永遠に戻ってこなくなる）。これは地球周回軌道の一種だから、放っておいても、宇宙船は地球まで戻ってくるのである。途中で万一の事故があっても、そのままにしていれば、地球まで戻ることは戻るのである。

自由帰還軌道に乗って、月まで達したところで、ちょっとスピードを落としてやると、今度は宇宙船は地球には戻らず、月のまわりをめぐる人工衛星となる。そこから月着陸船が分離して下降するというのが月着陸の手順になっていた。

ところが、アポロ12号からは、混成（ハイブリッド）軌道に宇宙船を乗せるようになっていた。これは、地球を出るときは自由帰還軌道に乗り、月への飛行途上で、あらかじめ月周回軌道に宇宙船が乗りやすいような軌道に軌道修正をおこなうのである。こうすると、燃料が大幅に節約されるほかに、目的地に正確な着陸ができるようになるという利点があった。

アポロ13号もこの方式をとり、すでに事故の前日に軌道修正をおこなっていた。従って、このままいくと、月をまわって、地球の方角に戻ることは戻っても、地球から四〇〇キロ離れた方角に飛び去ってしまうことになる。地球へ帰るためには、もう一度自由帰還軌道への軌道修正をおこなわなければならない。さらに、月と地球の間のように、長距離を飛行する場合には、どんなに精密に計算してエンジン噴射をしても、必ず狂いが出るから、途中で正しい軌道に戻すための軌道修正をおこなわなければならない。この二つの軌道修正を計算に入れた上で、さらに燃料に余裕があれば、それをスピードアップのために噴射する。それをどこでどのようにおこなえば、地球へ最短時間で帰れるか。これが解かなければならぬ問題だった。

NASAでもMITでも、コンピュータが総動員されて、あらゆる可能性が追求された。支援船はもはや無用の長物となったのだから、これを切り離せば、大幅な加速が可能だという案も出された。しかしこの案は、司令船関係の技術者から、危険性が大きいとはねられた。

地球に帰還できるのは司令船だけである。月着陸船も支援船も、再突入時に起きる大気との摩擦熱に耐えきれずに燃えつきてしまう。司令船だけは三〇〇〇度にも達するその摩擦熱に耐えられるように、底部に熱遮蔽装置が取りつけてある。これは厚さ七センチに及ぶ一種の樹脂で、これが熱によって気化し燃え上がるときに潜熱を奪うことによって、司令船を熱から保護するのである。大気圏に入ると、司令船は文字通り火の玉となって燃え上がりながら下降していく。そのとき司令船の窓はオレンジ色を基調に七色に変る火焔で一杯になり、宇宙飛行中最も美しい光景の一つになるという。

問題はこの樹脂にあった。通常の宇宙飛行中はこの面が支援船に接続しているため、終始宇宙空間に対し保護されている。これを、この段階で支援船というカバーを外し、長期間宇宙空間にさらした場合どうなるかについては、そんなことは予想されていなかったため、何もデータがないのである。しかし、考えられる危険性が二つあった。宇宙空間は紫外線がきわめて強い。そして樹脂は紫外線によって変性しやすいのである。もう一つの危険性は熱である。太陽光線を受けると、一〇〇度以上の熱になる。その熱を長時間受けつづけている間に、樹脂が少しずつ気化していったら、再突入時に充分な厚みが残らないことになる可能性がある。どちらの場合も、再突入時に宇宙飛行士が焼死する危険があるわけだ。従ってこの案は捨てられた。

コンピュータがたてたプランは、すべて直ちに仲間の宇宙飛行士がシミュレーターに乗ってそれを実行に移す手順を研究し、シミュレートした結果をコンピュータにフィードバックして検証した。通常のフライトプランは長時間の試行錯誤をくり返しながら練り上げられたもので、どんな操作についても完璧なマニュアルができあがっているのだが、今回は、誰もいままで考えたことがなかった操作手順のためのチェックリストを数時間のうちに作り上げねばならないのだった。

さまざまの案が検討されている間に、宇宙船のほうでは、あせりだしていた。電気も酸素も水も倹約しないともたないのに、軌道修正をすますまでは、月着陸船のシステムをフル回転させておかねばならない。

「我々としては、軌道修正とスピードアップを同時に早期におこなって、早いとこ、月着陸船のシステムをパワーダウンさせたいんだ。月をまわってからスピードアップというのでは、時間がかかりすぎる」

宇宙船側の要求を入れて、ここで可能なかぎりエンジンを一挙に噴射させてしまえば、約六十時間で地球への帰還が可能になる。しかし、この案は二つの理由からのけられた。第一に、万が一その後も大幅な軌道修正が必要になったときに、そのための燃料が充分残っていないという事態になる恐れがある。第二に、その場合は着水地点が南インド洋になるが、現在太平洋に展開している回収部隊が、そこにその時間までに急行できない。

結局、ヒューストンは次のようなプランをとった。

「このままでは電気装置の冷却用水が危機的状況になる。そこで、六十一時間目（打ち上げ後。以下同じ）に、三十・七秒間エンジンを噴射してくれ。それから月をまわったところで、七十九時間目に四分三十秒噴射する。その段階以降の電力使用量を毎時一七アンペアに抑えれば、電気も水も酸素も地球帰還まで充分にもつ」

「それしか方法がなければ、それでいこう」

ヒューストンから、必要な操作をおこなうための、長い長いチェックリストが読み上げられた。まずエンジン噴射の前に微妙かつ厳密な姿勢制御が必要である。エンジン噴射も、二回目に例をとれば、一〇パーセント・スロットルで五秒間、次に四〇パーセント・スロットルで二十一秒間、次にフルバーストで三分五十八秒間というように厳密に決められている。ヒューストンから、こうしてくれとプランを示されれば、あとは宇宙船側で適当に手順を考えてそのプラン通り動かせるというほど宇宙船は単純な機械ではない。地上のスタッフがコンピュータを使って案出した、何十ステップもの最適手順をチェックリストの形で伝えてもらうことが必要なのだ。

チェックリストに従って、二度にわたるエンジン噴射はとどこおりなくおこなわれ、宇宙船は百四十二時間目に南太平洋に着水する予定の軌道に乗った。約十時間スピードアップできたことになる。しかし、それでも電気がもつかどうかギリギリである。通信、生命維持装置など、不可欠の装置を除いて、次々に電気が切られた。一七アンペアといったら一般家庭なみの電力消費しかできない。その影響を一番受けたのが室内の温度維持装置である。温度はみるみる氷点に近いところまで下がった。それ以上下げると、休止状態に置かれているシステムが凍結して、再突入時に再び始動させようと思っても動かなくなる恐れが出るギリギリのところまで温度が下げられた。

宇宙飛行士たちは、それから地球に帰還するまで寒さにこごえつづけなければならなかった。その寒さは、大気圏再突入の火焰に包まれたあと着水してからも、カプセルの中では人の吐く息が白くなったほどである。その寒さの中では睡眠をとろうと思っても寝つけない。全員が睡眠不足におちいった。そのため、最も大事な再突入時には、覚醒剤を服用しなければならなかった。

次に問題が起きたのは、炭酸ガスの問題だった。地球環境では植物が酸素の供給と炭酸ガスの処理を同時にしてくれるが、宇宙船の中では、これは別々のシステムになっている。炭酸ガスは、換気孔のところに水酸化リチウムのカートリッジを付けて吸着するのである。ところが、月着陸船の水酸化リチウム・カートリッジは五十時間しかもたないように設計されていた。放っておくと、いくら一〇〇パーセントの酸素を供給しても、炭酸ガスが増えた分だけ、酸素分圧が減って、酸素不足現象を起こす。このままでは、酸素も電気も水も足りたのに、炭酸ガスのために地球に生還できなかったということになりかねない。

司令船には司令船用の水酸化リチウム・カートリッジがある。こちらはもちろん、地球に戻るまでもつように設計されている。しかし、それだけに、サイズがまるでちがう。司令船の換気孔からカートリッジを抜いてきて、こちらの換気孔にはめるというわけにはいかないのだ。大きさだけでなく、カートリッジの差し込み部分の形状が全くちがうのだ。

この問題もまたヒューストンからの支援で解決された。月着陸船内にあるありあわせの材料を使って、月着陸船の換気孔と、司令船のカートリッジを接合させるアダプターを作る方法を考え出したのだ。使った材料は、いらなくなったチェックリストとか、汚物処理用のポリ袋とか、不用のホースとか、接着テープとか、ほんとにありあわせのものだった。これまた地上で何度も試作してみて、最良の手順を見つけ出し、それを無線でステップ・バイ・ステップで伝えながら、同じものを作らせたのである。

軌道修正の余力がないために、軌道を少しでも狂わせるような行為は一切避けられた。たとえば、不用になったヘリウムガスを放出しなければならないことがあった。そのとき、地上のコンピュータで精密な計算をして、全方位に均等に放出し、軌道に影響を与えないような方法がとられた。宇宙船から何かを放出すると、必ずその反動で反対方向に力を受けるからである。それで困ったのは小便である。

普通宇宙船で小便をするときは、漏斗状の受け器にペニスを突っ込んで、そのまま船外に小便を放出する。船内の気圧が高く船外は真空だから、小便は船外に吸引される。宇宙服を着用している場合には、この小便器は使えないので、採尿袋を使用する。これはペニスの先に、逆流防止バルブが付いたコンドーム状のゴムの袋をはめる仕掛けになっている。小便が少しでも漏れ出ると、それが無重力状態の中で船内のあちこちを浮遊する。そんな袋はペニスのサイズ（太さ）によって、大中小の三種類があった。ところが、宇宙飛行士の間でも、ペニスの短小コンプレックスが強くあり、みな適正サイズより一つ上のサイズを選びたがった。そのため、小便を空中に漏らしてしまった宇宙飛行士が少なからずいたということである。採尿袋の小便は、医学検査用のサンプルとして持ち帰ることが指示されていない場合は、後で小便器から船外に放出する。

船外に放出された小便は一瞬のうちに凍結し、無数の氷滴になって散乱し、宇宙船の周囲をただよう。

「宇宙船からの眺めの中で、最も美しい眺めの一つが、日暮れ時の小便だ。一回の小便で、一千万個くらいの微小な氷の結晶ができる。それが太陽の光を受けてキラキラ七色に輝き、えもいわれず美しい。信じがたいほど美しい」

とシュワイカートはいう。彼のみならず、すべての宇宙飛行士がその美しさを指摘している。実は、これが前出カーペンターが美しさにみとれて時間を忘れてしまったという〝宇宙ホタル〟なのだ。宇宙ホタルの最初の発見者は、アメリカではじめて地球周回飛行をおこなったジョン・グレンである。

「何かホタルのようなものが、無数に宇宙船の窓のあたりを飛びかっている」

とグレンが宇宙から報告してきたとき、地上の人々は耳を疑った。ホタルのようなものが宇宙空間にいるわけがないからである。微小隕石（いんせき）ならそんなに光るわけがないし、第一数量的にそんなに存在しない。目の錯覚ではないかと思われたが、グレンが強くその存在を主張するので、〝宇宙ホタル〟と名付けられ、未知の宇宙現象であるとされた。その正体が小便であることがわかるのは、何回もの宇宙飛行を経てからのことである。

話がとんだが、この小便放出もまた、その反作用として軌道に影響を与える。そこで、小便は一切放出しないことにした。はじめは採尿袋に、それが足りなくなると、利用可能なありとあらゆる袋を利用して小便を貯め込んだという。採尿袋以外の袋にはバルブが付いていないから、おそらく相当量の小便を空中に浮遊させる結果になったに相違ない。船内の空気を汚物で汚染した例としては、アポロ7号の乗組員全員が「宇宙酔い」（宇宙飛行中、船酔いのように吐き気をもよおしてくる。かかる人とかからない人がいる）になり、汚物入れを口にあてるのが間に合わずにゲロを空中に飛散させてしまったということがあるが、それに劣らずひどい状態だったろう。

それだけ細心の注意を払っても、やはり軌道は少し狂っていた。月から地球へ向かって、ほぼ中ほどまで来た段階で、このままいくと、約一六〇キロばかり再突入回廊からずれて、地球までたどりついても、また宇宙空間にはね返されて太陽の方角に向かってしまうということがコンピュータで軌道計算した結果わかったのである。再突入回廊というのは、前に述べたように、再突入にあたって、それより浅い角度では宇宙空間にはね返され、それより深い角度では焼死してしまうという、生還可能な再突入角度の狭い範囲をいう。角度にして、それはわずか二度である。

月くらい離れたところから、ロケットを噴射して、途中で軌道修正なしに地球の再突入回廊にピタリ入れるためには、ロケット噴射時の姿勢制御を秒単位の角度でおこない、速度調整を時速一〇キロ単位でおこなわなければならないが、そんなことは、現在の技術ではどんなことをしても無理なのである。一六〇キロ程度の狂いなら、むしろ少ないほうである。これは百五時間十八分目に十五秒間エンジン噴射することで無事に解決された。

あとは一路地球へ向かってである。

「地球へ近づくに従って、地球は急行列車がこちらに向かってくるように迫ってきた」

とスワイガートはいう。

事故が起きた直後には、前に述べた理由で、地球に帰るためにまず地球から遠ざからねばならなかった。

「忙しく作業をしながら、ときどき窓の外をちらりと見ると、地球がどんどん小さくなっていく。小さいがそれはあまりに美しく、あまりにいとおしいものだった。もしかしたら、あそこに帰れないかもしれないと思うと、胸がしめつけられるように痛んだ」

月をまわると、今度は地球の姿が刻一刻大きくなっていく。月のあたりから見ると、地球はバスケットボールくらいの大きさに見えるという（後述するように、人によって大きさの表現はいろいろであるが）。地球は直径で月の四倍くらいの大きさである。だから、見かけ上の面積的大きさでは、月の十六倍と思ってよい。月の十六倍というと、相当の大きさに感じられるはずなのに、地球から月を眺めるのとちがって、無限の漆黒の宇宙空間の広がりの中でそれを見ると、いかにも小さく見えるという。

地球の姿は加速度的に大きくなっていく。というのは、地球の引力にひかれて、宇宙船のスピードがどんどん上がっていくからだ。

逆に月に向かうときには、地球の引力にひかれてどんどんスピードが落ちていく。月に向かって出発するときには時速四万キロ近いスピードだったのに、アポロ13号が事故を起こした地球から三二万キロの地点では、すでに時速三二〇〇キロくらいに落ちていた。月から戻るときにはこれとは逆の割合で地球に近づくに従って速度が上がっていき、地球軌道にたどりつくときには、出発時と同じ時速四万キロになる。だから、地球に近づくときには、ほんとうに地球はみるみる大きくなる。

地球に二万五〇〇〇キロの地点で、地球はほぼ三〇度の視角で見える。それから四十分前後で地球に七〇〇〇キロくらいの地点に近づくと、地球はほぼ視角九〇度で見える。ほとんど視野一杯に地球が広がって見える。それから数分間で、もう地球の全体像は首をめぐらせないととらえられなくなる。「地球が急行列車のように近づいてくる」という表現はまさにピタリなのだ。これだけのスピードで、直径一万三〇〇〇キロの巨大な目標の目の前まで一気に近づいていくという経験は、宇宙飛行士にしか持てない。

ともかく、こうしてアポロ13号の宇宙飛行士たちは、無事に地球にたどりついた。しかし、彼らは疲労困憊の極に達していて、救出されたときは、ほとんど口もきけないありさまだった。船長のジム・ラベルの地球帰還の最初の感想はこうだった。

"We do not realize what we have on earth untill we leave it."（地球を離れてみないと、我々が地球で持っているものが何であるのか、ほんとのところはよくわからないものだ）

ラベルが宇宙で死地におちいるという特別の経験を持った宇宙飛行士だから、こういう認識を持ったというのではない。安全無事に宇宙飛行を終えて帰ってきた宇宙飛行士たちにしても、聞いてみると、例外なく、地球に対する認識が驚くほどふくらんだというのである。それは単に、地球環境がいかに人間の生命維持に不可欠かがわかった、といった単純な感想ではない。地球と人間のトータルなかかわりに関する認識とでもいったらよいだろうか。具体的には、また先にいって述べることにするが、全人類が現にその上に乗っており、すべての営みをそこで現に展開しつつある地球を、目の前に、一つのトータルなものとして見た経験がある人間だけが持ちうる認識とでもいったらよいだろうか。

神との邂逅

第一章　伝道者になったアーウィン

宇宙飛行士たちの宇宙における認識拡張体験の話をくり返し聞いているうちに、私は、宇宙飛行士とは、「神の眼」を持った人間なのだということに思いあたった。

人類史の長さを尺度にしていうと、ほんのつい最近まで、人類はその宗教のいかんにかかわらず、神（宗教によって名前はちがうが）が天の上にいて、人間の営みを見ているのだと思っていた。それも、物理的に見ているのだと思っていたのである（神の行為を抽象化して考えるようになったのは、つい最近のことだ）。天はいつも神の座であった。西洋近世以前の絵画には、天にいて、地上を見下している神の姿をいくらも見ることができる。現代人はそれを比喩的表現と解釈するかもしれないが、当時は描く人も見る人もそれが現実描写であると思っていたのである。

ダンテの『神曲』の天国篇の中で、ダンテはベアトリーチェに手をひかれて、第一天からはじまり、天の階層を次々に昇り、ついに至高の天である第十天（神の座であり天国でもある）まで引き上げられる。現代人は、宗教的な人でも、神の座とか天国というものが、物理的に我々の頭の上にある天のずっと上のほうに、物理的存在としてあるのだと思っている人はほとんどいない。しかし、ダンテの当時はそうではなかった。それはあくまで物理的なものとして信じられていたのである。だから、『神曲』においては、天の階層を上昇するごとに、まるで地球から離れて飛行をつづける宇宙飛行士の目に映るように、だんだん地球が小さく見えていくのである。

「私は振り向いて七つの天球のはるかかなたに
この地球を見たのだが、その見るも小さな、
あわれなさまには思わず口もとがほころんだ」（平川祐弘訳）

第八天まで昇ったときに、地球がどう見えたかを、ダンテはこう書いている。

ダンテの時代には、生ある人間には想像力の中でしかできなかった天への物理的上昇を、宇宙飛行士たちは現代において可能にした。そして、最初に天を周回したユーリ・ガガーリンは、こう述べた。

「天には神はいなかった。あたりを一所懸命ぐるぐる見まわしてみたがやはり神は見当たらなかった」

ガガーリンのこのセリフはアメリカ人大衆に大変なショックを与えた。アメリカでは、ガガーリンのセリフとして、「地球は青かった」より、このセリフを記憶している人のほうが多いくらいだ。アメリカはキリスト教国であり、大半はクリスチャンである。だから、アメリカ人同士が「お前の宗教は何だ」と聞くとき、それは仏教かキリスト教かイスラム教かを聞いているのではなく、キリスト教の教派を聞いているのである。書類に「宗教」を書き込ませる欄があったら、そこに「キリスト教」などと書き込むバカはいない。教派を書くのだ。それもキリスト教何々派などとは書かない。キリスト教であることは前提されているのだ。

そういうアメリカ人にとって、ガガーリンのセリフは、第一に神への冒瀆であった。第二に、無神論コミュニズムのアメリカ・キリスト教文化に対する優越性を誇る挑発的言辞であった。アメリカはこの挑発にカッとなったのである。アメリカがソ連との宇宙飛行競争に熱をあげた背景には、大国同士の国威発揚競争もさることながら、こういう一面もあったのである。アメリカは、ソ連との競争に勝つことで、キリスト教文化の無神論文化に対する優越性を示さねばならなかった。

その競争の代表選手である宇宙飛行士たちは、典型的アメリカ人でなければならなかった。ウォルター・カニンガム（アポロ7号）の書いた回想録のタイトルは、"The All American Boys"というのだが、正に、オール・アメリカン・ボーイズというのにふさわしい連中が宇宙飛行士に選ばれたのである。いまでこそ、社会の変化に合わせて、黒人、女性、少数民族が宇宙飛行士に意識的に選抜されている。いまの社会情勢ではそういう人々に入ってもらわないと真のアメリカの代表とはみなされないから、NASAが積極的に勧誘してまわったのである。しかし、初期の宇宙飛行士（つまり、現にすでに宇宙を飛んだ人々）たちが選ばれた一九五〇年代後半から一九六〇年代前半にかけては、そういう人々を除外しなければ、オール・アメリカン・ボーイズにはならなかったのである。だから、黒人も、女性も、少数民族も、一人も入っていない。NASAのスタッフにはそういう人々もいたが、国民的英雄として脚光を浴びるのは宇宙飛行士たちだ。

彼らはもちろん、教派はとりどりだとしても、全員当然クリスチャンのはずだった。

「アメリカの大衆は（そしてNASAも）、キリスト教の堅固な信仰を持っていない宇宙飛行士を空に打ち上げることにいい顔をしないだろう。何しろ、宇宙飛行士たちは天高く、いわば、神さまのオフィスの近くにいくわけだから」

と、カニンガムはいう。ところが、実はかくいうカニンガム自身は、信仰を持っていなかった。ハイスクール時代に信仰を捨て、不可知論者になったという。カニンガムは一九六三年に選抜された第三期生である。第三期生の中にもう一人、信仰を持たない男がいた。前出シュワイカートである。シュワイカートは、大学に入るときは、牧師になるつもりでいたのに、大学で勉強するうちに信仰を捨てたという。第一期生の七人、第二期生の九人は全員よきクリスチャンだったが、第三期生十四人の中に二人の異端がまじっていたわけである。

この当時、宇宙飛行士は選抜された段階から全員が国民的英雄となった（何しろ第三期生はアポロ計画の中心になる予定だった）。最終合格者が発表になると、全員で華々しい記者会見を受けるのだった。

記者会見の前に、NASAの広報係から事前のレクチャーがあった。だいたいこんな質問があると予想されるが、そのうち、こういう質問には、この点に気をつけて答えてくれ、といったことを注意されるのだ。彼があげた予想される質問項目に、「宗教」があった。一人一人聞かれるだろうというのだ。あわてたのはカニンガムとシュワイカートである。レクチャーが終ったところで、広報係のところにそっといって（二人ともそのときまで、お互いに同じ状況にあるということは知らなかった）、実は自分は、信仰心を持っていないのだが、どうしたらいいだろうと相談した。二人とも、アメリカ人の大衆感情を知っていたからである。すると広報係は、

「それじゃ、〝うちの家族の宗教は〟とかいってごまかしたらどうかね」

と示唆した。本人はともかく、家族までいけば無宗教ということはないに決まっているという前提である（実際それはそうだった）。

で、記者会見になり、シュワイカートは宗教を問われると、

"I have no preference."(特にこれという好みはありません)と答えた。これは実に巧みな答えである。シュワイカートは、「宗教に対する好み」という意味でこういったのだが、聞くほうは「教派に対する好み」という意味に解釈する(いろんな教派を転々とする人は結構いる)からである。もちろんシュワイカートはそう解釈されることを狙って、自分の良心と大衆の期待の双方を裏切らぬように、ことばを選んだわけである。

カニンガムも巧みにごまかした。

「母と妹はルーテル派ですが、ぼくはいろんな教派の教会にいきました」

これもそのこと自体はウソではなかった。結局、二人とも無宗教で開き直るということはしなかったわけだ。せっかく、あこがれの宇宙飛行士になったところで、大衆の反感をかって将来をだいなしにしたくなかったからである。こういうアメリカの宇宙飛行士たちが、神の座である天空に昇ったとき、神とのかかわりにおいてどういう内的インパクトを受けただろうか。

この点に関して、最も有名なのがジム・アーウィン(アポロ15号)の例である。彼は宇宙飛行前は、人なみの church-goer(教会にいくだけの人)ではあったが、とりわけ信仰心が強いわけではなかったという。ところが、宇宙から帰ると、宇宙で、とりわけ月面上で、神の臨在を感じたとして、NASAをやめて、伝道者になってしまったのである。現在、コロラド・スプリングスに、High Flight Foundation という宗教財団を作り、世界中を駆けめぐって、説教行脚をつづける毎日である。

ジム・アーウィンに、宇宙で何が起きたのだろうか。

ジム・アーウィン

ジム・アーウィンは、一九七一年七月、アポロ15号で、アペニン山脈のふもとの谷、ハドレイ・リルに着陸。三日間にわたって、一七マイルにも及ぶ地域を探検。一七五ポンドの資料を持ち帰った。その中で一番有名なものは、〝ジェネシス・ロック〟（創世記の岩）と呼ばれる、白色結晶質の灰長石のサンプルである。灰長石は斜長石の一種で、組成的には、珪酸アルミニウムにカルシウムが結合した塩基性の鉱物で、非常に変化しやすいために、地上では発見されることが稀であり、謎の鉱物といわれている。
月の岩石が大部分玄武岩であることは無人探測によってすでに知られており、月探検の前から、地質学者たちは、さまざまのデータをもとに、月面上で発見されるであろう岩石、鉱物を予測していた。しかし、灰長石が発見されるだろうと予測した人は誰もいなかった。だから、アポロ11号が「静かの海」から持ち帰った月の石の中に、灰長石斑糲岩が発見されたとき、学者たちはみなびっくりした。そして、その灰長石はもともと海にあったものではなく、高地からきたものであろうと推測し、高地の探検が待たれていたのである。

灰長石の存在は、月がその創成期に溶融状態にあり、それが冷却していく過程で重い鉱物は下に沈み、軽い鉱物が上に浮く形で、分留しながら結晶化していったことを示すものと解釈された。ということは、月は、中心部に重金属から成るコアがあり、その外側により軽いマントル層があり、その上に地殻が乗っているという、地球と基本的には同じ構造をしているだろうことを推測させた。実際、それは後に、月面上に置かれた地震計の観測によって確認された。そういう生成過程にあって、灰長石は一番上に浮かぶものの一つである。しかし、風化に弱いため、地球上では発見されることが稀なのである。ところが、月の上では、空気がないから風がないし、水もない。従って風化が起こらず、灰長石が豊かに保存されたのである。

ところで、この灰長石が〝ジェネシス・ロック〟と呼ばれる所以は、分析の結果、この石が四十六億年前のものであることが判明したことにある。

地球はいつできたのか。太陽系はいつできたのか。正確には誰も答えられないが、いまのところ、地質学的分析、隕石(いんせき)の分析などから、四十六億年前と推定されている。しかし、地球には風化作用があるため、地球創成期のものと目される岩石はまだ発見されておらず、これまで地球上で発見された一番古い岩石は、三十四億年前のものだった。だから、地球を含めて太陽系の天体が四十六億年前に一度にできあがったという説は仮説の域にとどまっていたのである。しかし、月で四十六億年前の岩石が発見されたことから、いまではこの仮説がおそらく最も正しいだろうと広く支持されるようになった。一度に太陽系の天体ができたということは、その点において、聖書のジェネシス（創世記）の天地創造の神話に合致する。そこで、この岩が〝ジェネシス・ロック〟と呼ばれることになったわけである。

ちなみに、月で発見された四十六億年前の岩石のサンプルは、アーウィンが発見した〝ジェネシス・ロック〟だけではない。他にも沢山あるが、これが見た目が最も美しく、きれいな結晶質をしており、形もよいので、〝ジェネシス・ロック〟として有名になった。ほんものはヒューストンの博物館にあるが、アーウィンは、その形状、色はもとより、質感、重量感までそっくり特殊プラスチックで模造したモデルを作って、それをいつも持っている。アーウィンは、自分がその石を発見できたのは、神の導きによってであったと思っている。〝ジェネシス・ロック〟のモデルを手にしながら（それはちょうど手の上に乗る大きさである）、アーウィンは、それを発見したときのことをこう語る。

「それは、月に着いて三日目だった。その日の仕事は、岩石の採集だった。基地から出発して、月面探検車（ルナ・ローバー）で、山岳部に向かった。我々は出発前から、地質学者に、高地にいって、明るい色の岩石を中心的に採集するようにいわれていた。ご存じのように、月の石はたいてい玄武岩で黒い色をしている。そうではない岩石を探すのが目的だった。

ラフ・ロードの山道を登っていくと、突然、視界が開けて、ハドレイ・デルタ山が目の前にそびえ立つ高地に出た。その山の大きさ。まるでヒマラヤ山脈のようだった（アペニン山脈の山々は、四、五千メートルの高さがある）。その山のスロープに、巨大なクレーターが幾つか口を開いているのが見えた。そのうちの一つ、スパー・クレーターのところまでいって、車を止めた。そしてあたりを見まわしたときに、すぐにこの石が目に入った。そのあたりは、我々の目的とする岩石採集にピタリの場所であることがすぐにわかった。白い岩石、薄緑色の岩石、茶色の岩石などなど、黒くない岩石がそこらじゅうにあった。しかし、その中で、この石は他のどの石ともちがっていた。これほど目立つ石はなかった。

この石は、まるで台座の上に乗っているかのように、もう一つの石の上に、乗っていたのだ。台座の石は、ほこりまみれの汚い石だったが、ちょうど、腕をさしのべたような形をしていた。そして、さしのべられた腕の先の部分に、この石が、この石だけはほこりもかぶらずに、ちょこんと乗っていた。まるで、〝私はここにいます。さあ取ってください〟と、その石が我々に語りかけているように見えた。そばにいってみると、結晶が何本か平行に長く走っていて、縞(しま)状になっていることがわかった。それを取り上げると、太陽の光を受けて、手の中でキラキラ輝き、何ともいえず美しかった。そして、これが地質学者たちが求めていた石であることがすぐにわかった。

私には、その石がそこにそうしてあったこと自体が、神の啓示と思われた。それを地球に持ち帰り、それが分析の結果、〝ジェネシス・ロック〟と命名されたとき、それが神の啓示であったこと、神が私に地球に持ち帰らせるために、そこに置いておいてくださったものであることを確信した。だから、私も地球に帰ってきたときに、ちょうどその石が私に向かって語りかけたように、神に対して、〝私はここにいます。さあ取ってください。取ってあなたのために用いてください〟といったのだ」

ジム・アーウィン（1981年取材当時）

私がアーウィンに会ったのは、コロラド・スプリングスの町はずれの共同ビルの中にある、〝High Flight Foundation〟のオフィスにおいてだった。アーウィンは月から帰った翌年、NASAから引退して、この財団を設立した。それ以来約十年間、ひたすらキリスト教の伝道をつづけている。"High Flight"という名前は、第二次大戦で戦死したカナダ人の飛行機乗りの詩人、ジョン・ギリスピー・マギーの詩の題名から取られた。

その詩は、空を飛ぶ喜びをつづり、やがて、burning blue（灼けるような青）の中を、高く、高く飛翔をつづけるさまをうたい、次のように結ばれている。

And, while with silent, lifting mind I've trod
The high untrespassed sanctity of space,
Put out my hand and touched the face of God.

そして、静かな高揚した心をもって、
人がまだ足を踏み入れたことのない高みの宇宙の聖域に入ったとき、
私は、手をさしのべて、神の顔にさわった。

この詩は、まるでアーウィン自身の体験をそのままつづったもののように思われたのだという。彼もまた、宇宙の聖域で神の顔に手をふれたのだという。

彼は宇宙で、月で、神がすぐそこに臨在していることを実感して（「ふり向けば、すぐそこにいるのではないかと思われるくらい、神は近くにいた」という）回心し、もともと洗礼を受けたクリスチャンではあったが、月から帰ると、もう一度洗礼を受け直し、自分の残りの人生を神に捧げることを誓ったのである。

彼はこの体験を、はじめはごく身近の人を除いてはほとんど人に語らなかった。しかし、乞われて、まず自分の教会で語り、聴衆に深い感銘を与えた。その評判を聞いて、他の教会からも、話をしてくれと頼まれるようになり、やがて、毎週日曜日にはどこかの教会で自分の体験を語るようになった。

日を追って、評判が大きくなり、ついに、月から帰って三ヵ月目の七一年十月には、ヒューストンのアストロドーム（世界初の屋内野球場）で、五万人の聴衆を集めて大集会が開かれるところまでいった。この大集会のあとは、評判が全国に広がり、毎日毎日、山のようにスピーチの依頼が殺到した。はじめは、NASAに勤務したまま、週末だけを利用してその依頼に応じていた（レンタルのセスナ機を利用して、全国を飛びまわった）。しかし、それではとても間に合わず、ついに退職して、職業的伝道者として、自分の体験を語り、神の福音を説きつづけて今日にいたっているのである。この財団は、アーウィンの伝道活動を支えるために作られたもので、もっぱら、彼のスピーチに対する謝礼金と、献金、寄金で運営されている。

十年後の今日も、毎日のように講演依頼があり、毎年平均して、三、四百回（一日に二ヵ所まわるときがある）は伝道集会をもってきたという。アメリカ各地をまわるだけでなく、よばれれば世界のどこにでもいき、訪問した国をあげたらかぞえきれないくらいである。最近、韓国を訪問した際には、総計二百万人の聴衆に話をしたという（韓国はアジア諸国の中では例外的にキリスト教が盛んな国で、人口の一六パーセント、六百万人以上がクリスチャンであるといわれる。それにしても二百万人という数字はちょっとオーバーだと思ったが、写真を見せてもらうと、なるほど想像を絶する大集会で、日本で開かれたどんな大集会でも、これだけ人が集まっている写真は見たことがない。五十万人以下でないことだけは絶対に確かである。ともかくこれは、アーウィンにとっても生涯最大の集会だったという）。実は、彼は一九七二年に日本にもきたことがあるのだが、バプティストの教会や学校をまわっただけで、あまり一般には知られずに終っている。

会って話してみると、気取りもてらいもなく、実に気持よく話せる人である。宇宙飛行士時代の写真を見ると、ちょっと甘さがある顔をしているが、いまはやせ細って、目だけが輝き、修道僧のような雰囲気をただよわせている。話をしているうちに、昼食時になって、「今日は何にしますか」と、秘書がメニューのようなものをさし出すと、「今日はそうだな、オレンジを一つと、バナナを二本と……」といいだしたので、びっくりした。そのメニューのようなものは、近くのスーパーの果物と野菜の品目表だったのだ。彼は菜食主義者になったのである。

さて、彼のここにいたるまでの遍歴を少し追ってみることにしよう。

ジム・アーウィンは一九三〇年五月十七日にペンシルヴァニア州のピッツバーグに生まれた。製鉄産業の中心地である。父はアイルランド系の移民で、カーネギー博物館のスチーム・ボイラー工をしていた。社会的階層としては、下層に属する。

そのころ、アイルランド系の移民の多くはアーウィンの父のように、社会の下積みの層をなしていた。彼は一生を通じて、スチーム・ボイラー工といった、つまらぬ仕事ばかりに従事し、そのどれにも満足することができず、そのため、後に見るように、職業も住所も転々と変えていくのである。収入も充分ではなかった。だから、小学校に入るか入らないかのころから、アーウィンは家計を助けるために働きに出た。収入の半分は家計に入れた。最初の仕事として記憶しているのは、近くにフィリピンからココナッツを輸入している業者がいたので、そこからココナッツを卸（おろ）してもらい、それを荷車に積んで、近くの家を一軒一軒訪問販売してまわるという仕事だった。街角に立って雑誌を売る仕事をしたこともある。

アーウィンの父は寒さが苦手だった。ピッツバーグの寒さにいつも不満をもらし、フロリダに住むことを夢見ていた。そして、一九四一年の夏、アーウィンが十一歳のとき、一家をあげてフロリダ州のニューポート・リチーに移住した。だが、引越してはみたものの、どうにも職が見つからない。結局、父親だけピッツバーグにまた舞い戻って、従前の職につき、フロリダの一家に仕送りするということになった。出稼ぎのちょうど逆のケースである。幸いなことに、この年の十二月、太平洋戦争がはじまり、アメリカは第二次大戦に全面的に参戦することになった。フロリダ州一帯に次々と空軍基地が作られ、基地ブームになった。

アーウィンの父はオルランド（フロリダ州北部、ケープ・ケネディのすぐ近くの町）の基地に職を得ることができたので、そこに一家をあげて引越すことになった。アーウィンは、ここでは、オルランド・バーゲン・ハウスという、黒人街にある衣料品安売り店で売り子のアルバイトをした。土曜日などは朝の八時から、夜の九時、十時まで働いた。

三年もしないうちに、アーウィンの父は再び仕事にいや気がさして、今度はオレゴン州のローズバーグに引越した。そこで見つけた職は精神病院の看護人。患者に食事をさせたり、風呂に入れたり身のまわりの世話をしたりという仕事だったが、これまたほんの数カ月でいや気がさした。そこで今度はアーウィンの通っていた中学校の小使いさんになった。アーウィンは毎日学校が終ると、父を手伝って体育館のモップ掃除をしたりした。しばらくして雨季に入ると、「オレゴン州は雨が降りすぎる」という理由で、再び移住を決意。今度はユタ州のソールトレイク・シティに引越した。父の新しい職はユタ州立大学の鉛管工だった。アーウィンは近くの金持の家の雑用係ボーイ（庭掃除、使い走りなど）として雇われた。やがて、その家で、なかなかよく働く少年だと見込まれて、その家が経営していた大きな靴店の店員に雇われることになる。

この間、むろん、学校にも通っている。学業成績は、小学校のときは全科目ともダメだったが、中学校に入ったあたりから少しずつよくなり、高校卒業前二年間はオールAだったという。しかし、働くのと勉強に精一杯で、スポーツも、クラブ活動も、デートもする暇がなかった。特に女の子に関しては、アーウィンが小学生のころから、父親がくり返し、「女というのはみんな男から金をしぼりとることばかり考えていて、おまけにみんな恐ろしい伝染病持ちなんだぞ」と語ってきかせ、それを信じ込まされていたので、ほとんど接触がなかった。唯一の例外は高校三年のときに、クリスマス・パーティーに同級生の女の子をさそって、別れるときにおやすみなさいのキスを頬にしたことだという。

高校を出るにあたって、アーウィンが進学を希望したのは、ウェストポイント（陸軍士官学校）である。ここなら日本の防衛大学校と同様に、学費がいらないばかりか給料まで貰える。ウェストポイントに入るには、一般競争試験によるか、推薦入学かである。推薦入学のほうは、各州の上院議員が推薦権を持っている。上院議員のところには、推薦依頼が殺到するから、そこでふるいわけの試験がおこなわれる。

アーウィンはその試験でちょっとしくじったため、ウェストポイントは無理だが、より志願者が少ないアナポリス（海軍士官学校）へなら推薦してやろうと上院議員からいわれる。それをうけてアナポリスに入学したが、在学中に海軍にいや気がさす。海軍の気風になじまなかったことと、練習航海に何度か出るうち、「人生の大半を海の上で送るより、もう少しましなことが人生にはあるのではないかという気がした」のである。そこで、一九五一年にアナポリスを卒業すると、空軍に入ることにした。空軍は一九四九年に創設されたばかりで（それ以前は、戦前の日本軍と同じように、陸軍航空隊と海軍航空隊があるだけで、空軍というものはなかった）、ウェストポイント、アナポリスそれぞれの卒業生のうち希望者を空軍に移籍させて、空軍士官を養成しようとしていたのである。

ここではじめてアーウィンは自分の天職を発見する。それは、空を飛ぶことである。はじめは飛行訓練にあまり気乗りがせず、どちらかというと不真面目な訓練生だったのだが、はじめて単独飛行を許され、一人で練習機T6を駆って空に舞い上がったとき、

「何ともいえない喜びを感じた。自分が純粋に一人きりで空の上にいて、他には誰もいない。自分一人だけの、全くの自由な世界。そこには完璧な安らぎがあった。心は安らいでいたが、精神は高揚していた。そしてその安らぎと高揚の中で、自分が真底からの孤独者であることを自覚した」

という。

それからしばらくは、ひたすら飛ぶことに熱中した。テキサス州ボンド基地、リース基地、アリゾナ州ユマ基地、ジョージア州ムーディ基地と、基地を転々としながら、ひたす

ら飛びつづけた。同僚の誰かに故障があれば、すぐに代りをかって出て、飛ぶチャンスさえあればいつでも飛んだ。月平均百時間以上は飛んだ。そして誰よりも大胆に飛んだ。やがて飛行機が離陸する姿を見るだけで、基地内の誰もが、あれはアーウィンだ、と知るようになる。アーウィンの機はどの機よりも急角度に上昇していったからである。

アーウィンは誰よりも速く、誰よりも高く飛ぶことを望んだ。彼はまさしく、トム・ウルフのいうテストパイロットになるための〝ライト・スタッフ〟の持主だった。誰よりも速く、誰よりも高く飛ぶことを望む飛行機乗りは、必然的にテストパイロットをめざすことになる。当時アーウィンが乗っていたのは、F89（朝鮮戦争で主役をつとめた戦闘機）だった。ある日、アーウィンがいたムーディ基地に、見たこともない最新鋭のジェット機が飛んできた。それはまだテスト飛行中だったF102とF104である。その飛行機とそれから降り立ったテストパイロットの姿とに魅せられて、アーウィンは即座にテストパイロットを志した。

テストパイロットになるためには、カリフォルニアのエドワーズ空軍基地（スペース・シャトル1号機が着陸した基地。開発中の新鋭機のテストのための基地。空軍のテストパイロットはほとんどここにいる）にある、テストパイロット学校を出なければならない。そして、そこに入るためには、学位があると有利だった。初期のテストパイロットは、操縦の腕さえあればなれたが、新しく開発される飛行機がどんどん技術的に高度なものになっていくに従って、テストパイロットにも、腕だけでなく頭が要求されるようになったのだ。そこでアーウィンは、まずミシガン大学の大学院の航空工学科に入る。そこで、航空力学、航空航法、航空機構造学、誘導ミサイル、電子工学、微積分などのコースをとり、二年後には航空航法と計器工学でマスターの学位を取得する。

アメリカでは、士官学校は大学に相当し、士官学校の卒業生は学士の学位を持つ。そして、より上級の学問を修める意志があり、それ相応の学力があれば、いつでも軍籍のまま大学院に進学することができ、その間学費が支給されるのはもちろん、現役の士官と変らぬ給与が支給される。ただし、食い逃げを防止するため、進学したら在学期間の二倍の年数は軍人として服役しつづけなければならないことになっている。つまり、修士課程をとったアーウィンの場合は、卒業後四年間は退役できないということである。

アメリカの大学は日本の大学とちがって、政治や産業と密接にリンクしていて、政学協同、産学協同が成立していることはよく知られているが、同時に軍学協同も同じように高レベルで成立している。誘導ミサイルなどの軍事工学のコースは、大学のコースとはいえ、事実上、軍の、軍による、軍のためのコースであり、学生はほとんどすべてが軍人なのである。この軍学協同を背景に、現代の戦略が要求する大量の技術将校が供給されているわけである。

ミシガン大学の航空工学科には、後にやはり宇宙飛行士になる、エド・ホワイト、ジム・マクディヴィドが次の年に入ってきた。二人とも、アーウィンと同じように修学中の空軍士官だった。この二人は、アーウィンより先に宇宙飛行士になる。

アーウィンがミシガン大学に入学したのは五五年、卒業したのは五七年である。ソ連が世界最初の人工衛星スプートニク1号を打ち上げたのは、アーウィンがミシガン大学を卒業した年、一九五七年十月のことである。この事件はアメリカに大きなショックを与えた。科学技術のあらゆる分野で世界の先頭をきっているつもりだったのに、宇宙技術ではソ連に追い越されてしまったのである。そして、人工衛星を打ち上げるということは、それを可能にした巨大ロケットの生産技術とその制御技術をソ連が持っていることを示していた。すでに軍事的には、弾道ミサイル開発の米ソ競争の時代がはじまっていた。この分野でアメリカは絶対的な技術優位を持つものと誰もが信じていた。ところが、人工衛星打ち上げの成功は、とりもなおさず、より強力で、より精密なミサイルをソ連が手中にしていることを示すものだった。

アメリカ大陸の上を一時間半おきに電波を発しながら飛んでいる重量八六キロのスプートニクは、もしそれが核爆弾だったらという恐怖をアメリカ人大衆に与えた。さらにその一カ月後、ソ連はライカ犬を乗せたスプートニク2号の打ち上げに成功した。今度は重量が五〇〇キロもあった。アメリカにも、すでに二年前から、人工衛星の打ち上げ計画があった。しかし打ち上げ予定は五八年であり、その重量は十数キロ程度のものだった。ロケットの推力ひとつとっても、ソ連に技術的に立ち遅れていることは明白だった。アメリカは総力をあげてソ連に追いつこうとした。しかし、あせったあまり、充分な準備もなしに人工衛星打ち上げに走った結果、無残な失敗をとげる。ソ連のスプートニク2号が打ち上げられた三日後、ケープ・カナベラル（一九六三年から七三年の十年間だけケープ・ケネディと改名）から打ち上げられたバンガード・ロケットは、発射後二秒で墜落し、爆発、炎上してしまったのである。アメリカがはじめて人工衛星打ち上げに成功するのは、翌年一月末、ジュピター・ロケットによるエクスプローラー1号によってだった。しかしその重量は一四キロ、スプートニク2号のわずか三十六分の一だった。

アメリカは何とか宇宙でソ連を出し抜きたいと考え、次に月の無人探測計画をたてた。一九五八年八月、はじめて月に向けてロケットが打ち出されたが、これまた爆発炎上。つづいて、十月パイオニア1号を皮切りに、十一月2号、十二月3号とたてつづけに月ロケットを打ち上げたが、いずれも推力不足などの理由で、途中までいったところで、地球の引力にひかれて逆もどりしてしまった。そして、この計画でもソ連に先を越されてしまう。一九五九年一月、ソ連が最初に打ち上げた月ロケット、ルナ1号は月から七五〇〇キロ離れたところを通過して、人類史上初の人工惑星となった。それにつづいて、三月アメリカのエクスプローラー4号がようやく成功したが、これは月から五万九〇〇〇キロも離れたところを通過していっただけだった。誘導技術がまだまだ未完成だったのである。それに対して、ソ連のルナ3号は月面に到達し、同国の紋章を刻んだペナントを月面上に残した。つづくルナ4号は、月の裏側をまわって、写真撮影とその電送に成功、これによって人類ははじめて月の裏側を見ることができた。アメリカがこれと同等の技術水準に達するには、一九六四年のレンジャー6号、7号を待たなければならなかった。

次にアメリカは、何とかソ連よりも早く人間を宇宙空間に打ち上げたいと考えた。そのためにたてられたのが、マーキュリー計画である。はじめは地球を周回しない弾道飛行を何度かおこない、それに成功すれば、有人人工衛星船を打ち上げ、地球軌道に乗せるはずであった。しかし、この計画でも失敗がつづいた。無人の実験段階で、ロケットが爆発したり、飛ばなかったり、飛んでも軌道が狂って人工的に爆破しなければならなかったりと、事故が続出した。その間に、一九六一年四月、ソ連はヴォストーク1号でガガーリンに地球を一周させ、人類最初の宇宙飛行という栄誉をまたしても手にした。翌五月、アメリカはマーキュリー計画の予定をくり上げ、アル・シェパードに十五分間の弾道飛行をさせて、何とか面目を保ったが、ソ連は八月のヴォストーク2号で地球を十七周してみせた。衛星船の重さもアメリカは一トン強であるのに、ソ連は五トン弱もあった。

宇宙計画では何をやってもソ連に負けるという経験がつづいたことが、アメリカ人のプライドを深く傷つけ、トラウマとして残った。だからこそ、アメリカで最初に地球を周回したジョン・グレンはリンドバーグ以来のアメリカの英雄として歓呼の声で迎えられ、それが彼に政治的野心（一九八二年現在上院議員。民主党の大統領候補）を起こさせるのである。

また、だからこそ、ケネディ大統領が、一九六〇年代のうちに月に最初の人間を送り込んでみせると宣言したとき、それは国民的支持を受けたのである。

アメリカの有人宇宙飛行計画は、次の順序で進行した（スペース・シャトル以前）。

マーキュリー計画　（一九六一～六三）
ジェミニ計画　（一九六五～六六）
アポロ計画　（一九六八～七二）
スカイラブ計画　（一九七三～七四）
アポロ・ソユーズ計画（一九七五）

マーキュリーは一人乗りで、計六回六人、ジェミニは二人乗りで計十回二十人、アポロは三人乗りで計十一回三十三人、スカイラブも三人乗りで計三回九人、アポロ・ソユーズは一回きりのソ連の宇宙船とのドッキング飛行で計三人、延べにして七十一人（二人で何回も飛んだ人がいるから実数は四十三人）が宇宙を飛んだ。

これらの宇宙飛行計画のための宇宙飛行士の選抜は一九五九年にはじまった。マーキュリー計画のために選抜された第一期生から、スペース・シャトルのために選抜された第八期生まで、合計百八人がこれまで（一九八二年現在）宇宙飛行士に任命されているが、そのうち実際の宇宙飛行体験があるのは、一九六六年に選ばれた第五期生までである。ジム・アーウィンはこの第五期生の一人である。各年次の人数と選抜時期は次の通りである。

第一期生　七人　一九五九年
第二期生　九人　一九六二年
第三期生　十四人　一九六三年
第四期生　六人　一九六五年
第五期生　十九人　一九六六年

つまり、第一期生はまだ有人宇宙飛行など一般には考えられていなかった時期（それまでに宇宙を飛んだ生物はソ連のライカ犬だけだった）に選ばれ、第二期生、第三期生は、マーキュリー計画が現に進行しつつあり、アル・シェパード、ジョン・グレンが国民的英雄になるのを目の前にしている時期に選ばれた。第四期生、第五期生は、ジェミニ計画が次々に成功をおさめ、アメリカの宇宙計画が完全に軌道に乗り、どうやら、ケネディが宣言した通り一九六〇年代に月探検が実現しそうだという情勢の中で選抜されたわけである。

このうち、第一期生だけは特別の選ばれ方をした。最初ＮＡＳＡでは、心身の健康と大学卒程度の科学的知識を持つことだけを条件として、一般から公募しようとした。しかし、時の大統領アイゼンハワーがこれに反対した。宇宙飛行士は軍人の中から選抜し、その選抜過程は秘密にすべしと指示したのである。その指示に従って、一〇〇パーセント上からの選抜という方法がとられた。まず対象者をテストパイロットに限った。軍の各テストパイロット学校の最近十年間の卒業生すべてのファイルが引き出され、年齢三十九歳以下、身長五フィート一〇インチ以下（マーキュリー宇宙船は小さかったので、これ以上身長があると乗れなかった）、飛行時間千五百時間以上、理工系の学士以上の学歴といった基本的条件を満たす者、五百八人がまず選抜された。これをさらに厳正な書類審査で百十人にしぼった。

次にこれらの者の軍歴と病歴の詳細な書類を取り寄せて、六十九人にしぼった。これらの人々にある日、理由も告げず、ただ軍の極秘命令としてワシントンの国防総省に出頭することが命じられた。そして面接試験がおこなわれ、三十二人にしぼられた。この人々に対して、徹底的な身体検査、心理テスト、ストレス・テスト、肉体能力テストがおこなわれ、成績上位者七人が残されたのである。

第二期生以降は、一般公募になった。しかし、応募資格が厳しかったので、倍率は三十倍から五十倍にとどまった。第二期生から年齢制限は三十四歳に引き下げられたが、身長は六フィート以下にゆるめられた（ジェミニ以後の宇宙船は大きくなった）。また、テストパイロットという条件がついたのも、第二期生までで、以後は取り払われた。飛行時間も第三期生以降は千時間に切り下げられた。ただ、第三期生以降は学歴に対する審査がより厳しくなり、第三期生十四人のうち、修士が七人、博士が一人いる。

これらのうち、第四期生だけは特別で、宇宙船のパイロットではなく、ミッション・スペシャリストとしての科学者が募集された。従って、ジェット機の操縦経験は要求されなかったが、理工系の博士号を持つ程度の学識が要求された。このときばかりは、競争率が百五十倍にも及んだ。

さて、ジム・アーウィンがミシガン大学を出た一九五七年においては、宇宙飛行士などというものは、まだこの世に存在していなかった。彼はただテストパイロットになりたかったがために、エドワーズ空軍基地のテストパイロット学校に入学を申し込んだ。しかし、これは空軍当局によってはねつけられた。軍の規定では、つづけて二つの学校で修学することは禁じられているというのである（翌年からこの規定が変ったために、ミシガン大学で後輩だった、ジム・マクディヴィドとエド・ホワイトが先にテストパイロット学校に入学することになってしまう。この二人は後に宇宙飛行士第二期生に選抜される）。

空軍に戻ったアーウィンは、オハイオ州のライトパターソン基地に配属され、GAR9という、開発中の新型ミサイルのプロジェクト・オフィサーに任命される。ミシガン大学で勉強した誘導ミサイル学を役立てろというわけだ。このミサイルは核弾頭つきで、ノース・アメリカンで開発中のF108に装着予定のものだった。この任務のため、アーウィンは基地にいるよりも、カリフォルニアのノース・アメリカン、ハワード・ヒューズ（ミサイルの主契約者）、ニューメキシコの原子力委員会特別兵器センター、コロラド・スプリングスの防空司令部といったところをもっぱらまわって過ごすことになった。このミサイルは、一発で敵機の一編隊全部を潰滅させられるように構想されたもので、トップ・シークレットの仕事だった。

この任務を終えたところで、一九六〇年春、やっとあこがれのテストパイロット学校に入学した。その同期生十五人のうちに、宇宙飛行士第二期生になるフランク・ボーマンと、第三期生になるマイク・コリンズがいた。そしてインストラクターには、やはり第二期生になるトム・スタッフォードがいた。

ここを卒業して彼に与えられた任務が、再びトップ・シークレットの任務だった。この当時空軍はＹＦ１２Ａという、最新鋭の迎撃機を秘密裡に開発中だった。速度においても、高度においても、最高の飛行機になるはずだった。事実一九六四年にアーウィンは完成したこの飛行機を駆って、速度と高度の世界記録を樹立している。ＹＦ１２Ａを開発中だということは空軍内部でも機密に属していたから、表向き彼の任務は、まだＧＡＲ９ミサイルの開発に従事しているということになっていた。そして、そのためと称して、カリフォルニアに飛び、ハワード・ヒューズの工場に通っていたが、実はその工場にいくとすぐ裏口から出て、今度はロッキードの工場に向かうのだった。

その工場では、Ｕ2型機を操縦していてソ連の上空で撃墜され、後にスパイ交換でアメリカに帰国したゲーリー・パワーズをコンサルタントとして、Ｕ2型機を作ったと同じ製作スタッフが、YF12Aを作っているところだったのだ。こういう特殊任務をさずけられたところから見ても、彼が空軍技術将校として、またテストパイロットとして、トップランクにあったことは疑いない。だから、一九六二年の宇宙飛行士第二期生募集のときに応募することさえできていれば、まちがいなく彼も選抜されていたろう。

しかし、その前の年、アーウィンは墜落事故を起こし、五カ月間の入院生活を送り、一時は二度と空を飛べないだろうと医者に宣告されていたのである。

アーウィンは、YF12Aの開発に従事している間、これまでのように空を飛ぶ機会が多くなかったので、欲求不満を感じていた。そこで、週末になると近くの飛行機操縦教習所で、インストラクターの仕事をアルバイトにやっていた。その日の生徒は、四十歳になる写真現像店のおやじだった。もうとっくに単独飛行をしてもいいだけの時間の教習を受けているのだが、どうも試験が近づくと固くなりすぎて失敗する。そこで、準単独飛行ということで、アーウィンは後部の席に移り、口頭で指示を与えるだけという訓練をやってみることにした。ところが三〇〇フィートの高さで、キリもみ状態におちいり、修正する暇もないうちに、まっさかさまに墜落してしまったのである。

アーウィンはこわれた機体にはさまれ、両脚が複雑骨折し、骨が肉を突き破って外に飛び出した。あごも複雑骨折、頭は脳震盪（のうしんとう）、おまけに、事故前二十四時間の記憶を完全に失ってしまうというほどの重傷を負った。一時は医者もひどいほうの右脚は切断しなければならないと考えたほどだった。結局切らないですむにはすんだのだが、傷が治ってから、右脚と左脚の長さが少しちがうようになってしまった。

一時はアーウィン自身、もはやパイロットとしての未来はないから、弁護士にでもなろうかと考えて、法律学の通信教育をとりはじめたという。しかし、空を飛びたいという希求もだしがたく、入院中に萎縮してしまった肉体の再鍛錬につとめて、十四カ月後に空に復帰した。空軍の規定によると、脳震盪を起こした場合、まず一年間は空を飛ぶことが禁じられ、その上で、脳波や脳のレントゲン写真を撮って、精密検査をする。アーウィンの場合、脳波もレントゲン写真も、事故前のものと比較して変化なしと認められ、はじめて飛ぶことを許されたのである。

一九六二年、空軍の宇宙航空研究パイロット学校に入る。この学校は、テストパイロット学校が発展したもので、宇宙飛行士になるための予備校的性格も持っていた。国民的英雄である宇宙飛行士を自分のところから少しでも多く出そうと、空軍は海軍と競っていた（第一期生は、空軍三人に対し、海軍三人、海兵隊一人。第二期生は、空軍四人、海軍三人、民間人二人）。さらに、近い将来、宇宙をNASAまかせにしないで、空軍自身が独自に進出しなければならないと考え、独自の宇宙飛行士養成をはじめていたことから、この学校が作られたのである。ここで訓練中に、アーウィンはもう一度死の一歩手前までいく体験をする。F104で九万フィートまで上昇し、そのまま機体を慣性飛行させて無重力状態を四十秒間体験するという、宇宙飛行士がやらされるのと同じ訓練をしているときに、機がキリもみを起こし、まっさかさまに墜落しはじめたのである。あらゆる手をつくしたが、いかにしても機を立て直すことができない。九万フィートから三〇〇〇フィートまで一直線に落下したところで、最後の手段として、何かの助けになるかもしれないと思って、離陸用のフラップを下ろしたところ、それがなぜかうまく働いて、機体が立ち直り、地面に激突するのをまぬがれたのである。

一九六三年、NASAの宇宙飛行士第三期生の募集に応募したが、最終選考ではねられる。落ちた理由は公表されないが、脳震盪を起こした事故から、まだ時間が充分にたっていないことが理由だったろうと自分では解釈した。このとき、すでに三十三歳。年齢制限の三十四歳まであと一年というところである。来年しかチャンスはないと思っていたら、次の第四期生は科学者しか募集しなかった。

ガッカリしたアーウィンは、パイロット学校卒業後、コロラド・スプリングスの防空司令部に赴任する。コロラド・スプリングスの防空司令部というのは、ソ連のミサイル、あるいは航空機による攻撃をいちはやく探知し、それに応戦するための司令部で、いかなる核攻撃にも耐えられるように、岩山深くくり抜かれた中に設営され、世界中のレーダー基地からの情報が刻一刻巨大なスクリーンに投影される仕掛けになっている。ここに、ソ連のミサイル攻撃に反撃する許可を大統領から直接得るための直通電話があることは有名である。この防空司令部は、統合参謀本部に直属する特別コマンド（全部で四つあり、他には戦略空軍など）で、アーウィンは、ここですでに完成していたYF12A（F12という名になった）による迎撃部隊作りの責任者に任じられた。空軍の中でも最エリートコースに乗っていたといってよいだろう。

それから半年後の、一九六六年、NASAが宇宙飛行士の第五期生を募集することを知った。すでにアーウィンは三十六歳。もう年齢制限でダメかと思っていたら、今度は、年齢制限が三十六歳に引き上げられていたのである。これがほんとに最後のチャンスと思って応募した。防空司令部では、いままで一人も配下から宇宙飛行士が出ていないこともあって、司令長官自らが、アーウィンのために秘かな運動を展開。空軍の司令長官クラスのほとんどから、アーウィンのための推薦状を取りつけた。その運動のかいもあってか、アーウィンは、年齢制限ぎりぎりで、宇宙飛行士第五期生に選抜され、宿願を果すことができた。

第二章　宇宙飛行士の家庭生活

それから五年間の訓練を経て、一九七一年、四十一歳でアポロ15号に乗り組むことになるのだが、ここでその前に、彼の精神生活の歴史のほうをふり返ってみよう。アーウィンが宇宙飛行の後で、伝道者になったことについて、

「いや、あいつはもともと宗教的な男で、別に宇宙飛行をして人間が変ったわけじゃない。宇宙飛行なんかしなくても、いずれああなったんだよ」

という人が、宇宙飛行士の仲間にはいる。

しかし、アーウィン自身にいわせると、そうではない。

「私はたしかに教会には行っていた。しかし、宇宙飛行士仲間の中で信仰が篤いほうだったかというとそうではない。教会に日曜日にいくだけで、それ以外には教会の活動に手をかすわけでもなかったし、自分の信仰を人に告白することもなかった。私より信仰が篤い宇宙飛行士はいくらもいた。

ピッツバーグにいるころ、私の家はルーテル派の教会に属していた。母は強い信仰心の持主だった。子供たちは毎晩寝る前にベッドのそばで、母と一緒に祈りを捧げさせられたものだ。教会までは五マイルもあったが、冬の雪の日でも、その五マイルの道を歩いてまで教会にいかされたことをよく覚えている。母にくらべると、父はあまり信仰を持っていなかった。日曜日には家族を車で教会に連れていってくれたが、入口で我々をおろすと、自分は教会には入らず、車の中で礼拝が終るまで待っていた。父は、自分は独立独歩の人間で、信仰なんか必要ないと思っていたようだ。

十一歳のときにフロリダに移ってから、私が通っていた小学校の校長先生がメソディスト派の牧師だったので、その教会にいくようになった。そのころ、ある日、母と弟と一緒に夜の散歩に出かけた。その途中に、小さな教会があって、そこでたまたまリバイバル（信仰復興運動）の集会をやっていた。そこに何の気なしに入ってみた。そして、その集会に参加しているうちに、いまもってなぜそんなにも感動したのかはよくわからないが、涙が出るほど感動した。何か魂がゆり動かされるような気がした。そして、集会の終りに、説教師が、『イエス・キリストを自分の救い主として受け入れようと決意なさった方は、立って前に出てきてください』といったとき、私は思わず立ち上がって、他の人々と一緒に前に歩み出ていた。

それはその夜かぎりのできごとだった。その教会にはそれから二度といかなかったし、自分の教会でも、急に熱心な信者になったというわけではない。それから間もなくオルランドに引越し、そこでは、学校の歴史の先生が、プレスビテリアン（長老派）の教会でバイブル・クラスの指導をしていたので、そこの教会にいくことになった。その後、ソールトレイク・シティに移ってからも、教会はプレスビテリアンだった。その間ずっと、信仰的には同じようなものだった。要するに、いいかげんな信者だったのだ。結局、十一歳の夜から三十年間、月にいって帰ってくるまで、私は信仰告白をしたことがない。

いま思い返すと、十一歳のあの夜が、私とイエス・キリストとの最初の出会いだったのだろう。しかし、その夜たどりついた地点から、私はその夜以来はるか遠くへどんどん漂い流されつづけていったのだ。とりわけ、空を飛ぶことを学んでからはそうだった。空を飛ぶ快感に、私は身も心も奪われていった。誰よりも高く、誰よりも速く飛びたい、それが私の人生の全目的となった。そして、月へ飛ぶことは、その目的の頂点にあった。月ロケットより高速の乗物はなかったし、月はこれまで人類が到達できた最高の高度だ。

聖書には、この世のすべてを獲得しようとも、汝の魂を失うことになったら、何の意味があろうか、とある。しかし、この世のすべてを獲得できるなら、自分の魂を悪魔に売り渡してもいいという、ファウスト的な心境になることが人間にはある。私の場合がそれだった。月の高みまで達するために、私はいかなる犠牲もいとわなかった。そしてまさに全人生を賭けた目的であるその高みに達したところで、私はその目的のために捨て去っていた神に再び出会ったのだ。私は、神が私のために、あまりにも見事な筋書きを用意しておいてくれたのだとしか思えない」

ここで、キリスト教の教派がいろいろ出てきたので、今後のためにも、若干の解説を加えておく。

アメリカには、あらゆる国から移民が流れ込んできたため、キリスト教のあらゆる教派がある。それだけでなく、アメリカで生まれた教派が沢山あるため、世界一教派が入り組んでいる。政府統計で信者五万人以上の教派教団だけで八十三ある。

キリスト教の歴史の長いヨーロッパでは、どこの国でも、その国の国教的立場の教派があり（たとえば、南欧とフランスはカトリック、ドイツと北欧はルーテル派、イギリスは聖公会など）、それ以外の教派の信者はごく少数である。そうした国では、国のすみずみまで、その国教的教派の教会があり、それぞれの教会が教区を持って、いわば地域別の管理がなされているから、一般に住む場所が決まれば、所属する教会が決まる。しかし、アメリカではあらゆる教派が入り乱れて伝道活動をしているし、また、どの教派も国のすみずみまで教会を置けるほどには大きくないから（アメリカには全部で三十五万ほどの教会があるが、一番多いメソディストで四万弱、二番目の南部バプティストで三万五千。万単位の教会を持つ教派は他にかぞえるほどしかなく、あとは数千、数百といった単位になる）、特に新しい土地に引越した場合など、アーウィンのように教派を変えることは珍しくない。

信者数の統計はあるが、これは各教派が申告する信者数によっているから、あまりあてにはならない。一般に水増し傾向があるし、また、教派によって、どういう人間をもって信者とかぞえるかの定義がちがうからである。統計上ではカトリックが信者数約五千万で一番多いことになっているが、カトリックの場合は、洗礼を授けた者をすべて信者にかぞえ、かつ、プロテスタントが否定する幼児洗礼をおこなっているから、赤ん坊まで信者の数に入っている。

一般には、大ざっぱな表現だが、アメリカ人の六割がクリスチャンで、その六割がプロテスタント、そして、プロテスタントの六割は、〝メインライン〟と呼ばれる主流派の教派に属しているといわれる。メインラインに属するのは、メソディスト、バプティスト、プレスビテリアン（長老派）、コングリゲーショナル（会衆派、組合教会）、それにエピスコパリアン（聖公会）、ルーテル派などである。

よく、アメリカのエリートの条件として、WASPでなければならないことがあげられ、WASPのPはプロテスタントのPであると説明される。しかし、WASPのPはプロテスタントであれば何でもよいのかというと、そうではなく、メインラインのプロテスタントであることが必要なのである。

カトリックのケネディが大統領になったとき、WASP以外の大統領が生まれたと驚きの声があがったが、カーターが大統領になったときも、同様に驚かれた。カーターはプロテスタントだったが、メインラインにはかぞえられない南部バプティストだったからである。アメリカのバプティストは、南北戦争のときに、奴隷解放に対する対応などをめぐって、南北に分裂し、それ以来、南部バプティストとバプティスト（はじめは北部バプティストと名乗っていたが、その後北部を取ってしまった）は全く別の教派として発展をとげている。

後にアーウィンは南部バプティストになるので、もう少しこの教派について説明しておくと、南部バプティストは、現在アメリカのプロテスタント教派の中で、最も多くの信者を持ち、最も活動的で、最も豊富な資金力を持つ。もはや布教地域は南部にだけに限定されてはいないが、南部から南西部にかけては、圧倒的な強さを誇っている。

南部バプティストの教義はきわめて保守的で、聖書に書いてあることはすべて字義通り真実であるとするファンダメンタリストである。他の教派が、現代の科学的知識と矛盾しないように、聖書のある部分（たとえば天地創造を伝える創世記など）は神話や、たとえ話であるとして合理化をはかろうとするのに対して、頑固に反対している。従って、もちろん進化論などは信じないから、（人間はアダムとイブの後裔であって、猿の後裔ではないと信じている）南部バプティストが強い地域の学校では進化論は教えない。マリアの処女懐胎、キリストの復活、再臨などの教義も、多くの教派が捨てているが、南部バプティストは文字通り信じている。道徳律もすべて聖書からひきだしてくるから、これまた保守的で、あらゆる意味での性解放に反対だし、目下問題の男女同権憲法修正案（ＥＲＡ）にも断固として反対している。

この南部バプティストは、もともと南部のプア・ホワイトを基盤に発展した教派であって、その後の発展も、社会的には下層の都市住民が中心であるから、決してエリートの宗教ではない。アメリカでは教派と社会的階層とがわかちがたく結びついている。だから、南部バプティストから大統領が生まれたことがアメリカ人には驚きだったのである。

これに対して、メインラインがなぜメインラインたりえたかというと、移民の国アメリカでは、早く移民した者ほど早く成功し、社会の上層部を占めていったからである。イギリスの植民地であった時代、植民地を支配する側としてやってきたのはイギリス国教徒（エピスコパリアン）だった。同じイギリス人で、初期移民となったのは、母国のイギリスで国教会に反対して迫害されたピューリタンたちで、彼らの教派はコングリゲーショナルだった。同じイギリスで、やはり国教会反対派だった、プレスビテリアンもほとんど時をおかずにやってきた。バプティストはヨーロッパ各地に起源があるが、やはり新天地における宗教の自由を求めてやってくるということで、独立戦争当時、コングリゲーショナル、エピスコパリアン、バプティスト、プレスビテリアンが、この順に勢力の強い四大教派として成立していた。

メソディストは十九世紀に入って急激に発展する。この教派は、イギリスのジョン・ウェスレーが十八世紀半ばにおこしたものである。ウェスレーはもともと、国教会の牧師だったが、三十五歳のときに突然霊感を受けて、大衆伝道の旅に出る。そして、屋内であろうと屋外であろうと、いたるところで人を集めては説教し、悔い改めよ、イエス・キリストを受け入れよ、ほんとうの信仰を持てと説いてまわる。それから五十年かけて、二五万マイル（毎年五〇〇〇マイル以上）を歩き、一生を説教の旅に費した人である。

宗教はキリスト教にかぎらず、その創立期には熱が入った信仰を獲得するが、やがて教派が大きくなり教団の官僚的組織ができたりすると、日常的ないいかげんな信仰の上に教団も安住することになる。そこにやがて、ほんとの信仰はこんないいかげんなものではないと説く人があらわれて、信仰復興運動を起こす。これがリバイバル運動である。日本でいえば、親鸞がやったのが浄土宗のリバイバル運動、日蓮がやったのが法華宗のリバイバル運動と考えてよいだろう。強烈なリバイバル運動は、その結果として新しい教派を生む。ウェスレーの場合もそうで、それがメソディストになった。これがアメリカに渡り、その熱心な信奉者がアメリカ各地で伝道集会を開きリバイバル運動を展開したので、十九世紀中頃までには、プロテスタント最大の教派となった。リバイバル運動は何もメソディストにだけ独特のものではない。アメリカでは、各教派で今日にいたるまでくり返しおこなわれており、それが、アメリカ・プロテスタントの活力となっている。アーウィンが十一歳のときに参加したのは、後に述べるが南部バプティストのリバイバル集会だった。

メソディストがアメリカで発展した十九世紀中頃、ドイツ、北欧から大量の移民がやってきて、中西部を中心にルーテル派が強固な勢力をきずいた。こうして、十九世紀中に、メインラインは確立したのである。

さて、これらの教派の教義のちがいまで述べる余裕はないが、プロテスタント諸派はこれが同じキリスト教かと思われるほど、それぞれに教義が対立しあっている。しかし、アンチ・カトリックという点においては、全プロテスタントは一致している。そのためアーウィンには困ったことが起きた。

一九五二年、アーウィンがテキサスのリース基地に赴任したとき、その基地にいた大尉の娘で、まだ十八歳の高校生のメアリーと知り合い、一目ぼれする。ところがこの家は敬虔なカトリック信者だった。アーウィンは本人も家もアンチ・カトリックでこりかたまっている。カトリックの娘と結婚するなど許しがたいことである。アーウィンはメアリーに何とかカトリックの信仰を捨てて、プロテスタントになって結婚してくれと迫るが、彼女はどうしても信仰を捨てられないという。そんなことは父が許さないだろうという。

結局、二年がかりで、カトリックをやめて結婚しろと口説きつづけ、ついに彼女に信仰より結婚を選ばせる。二人はプロテスタントの教会で結婚式をあげるが、結婚後は二人ともどの教派の教会にもいかなかった。しかし、それから一年ばかりたったとき、メアリーは一人でカトリック教会にいきミサに参列し、それをアーウィンに告げる。アーウィンは許せないと怒り、そんなことをするなら実家に帰れというと、メアリーは「そう、そうしろというのならそうするわ」と、さっさと荷物をまとめて実家に帰ってしまう。このできごとにメアリーの父が憤激し、アーウィンを絶対許さないという。結局、そのまま二人は離婚ということになってしまった。アーウィン二十四歳のときのことである。

次にアーウィンが出会ったのは、やはりメアリーという名の女の子で、アーウィンがGAR9のミサイル開発の仕事をしているころだった。今度のメアリーはカトリックではなく、セブンスデー・アドベンチスト(安息日再臨派)のやはり熱心な信者の家の娘だった。

この信徒はアメリカで五十万人くらいしかいないが、ファンダメンタリスト中のファンダメンタリストといわれるくらい、聖書を文字通りに信じている非常に強固な信者の集団である。彼らは、日曜日を安息日とするのは、聖書にてらして誤りだとして、ユダヤ教徒と同じように、金曜の日没から土曜の日没までを安息日として固く守る。安息日を固く守るということはその日は安息し何もしないということである。土曜日の午前中は教会にいき、午後は昼寝をして暮らす。この間火を使ってはいけないから、冷たいものを食べる。また、日常生活において、酒、タバコ、コーヒー、紅茶は飲まないし、肉もなるべく食わない。収入の十分の一は教会に寄付する。また、アドベンチストの名の通り、キリストの再臨を特に強く信じている。その日が来ると、黙示録に書かれてある通り、キリストが生身の肉体を持った姿で、この地上に再臨し、そのとき死者がよみがえり、それから至福の一千年紀がはじまると信じている。しかも、その日は間近であると信じている。その日の到来は、キリスト教の伝道が世界中にどれだけいきわたるかによってちがうということになっており、そのため海外伝道にきわめて熱を入れ、日本にも沢山の教会を持っている。

こういう教義にくらべると、アーウィンがいっていたプレスビテリアンなどの教義ははるかに現代風に合理化されている。しかし、現代風の合理化は、ファンダメンタリストの目から見ると、堕落である。今回はアーウィンの側は、彼女の信仰に容喙(ようかい)せず、とにかく結婚することを承諾させ、新婚旅行の手はずまでととのえた。そこまできたところで、メアリーが突然、やっぱり結婚はできないといいだしたのである。問いただしてみると、家族の反対だった。アーウィンは彼女の信仰に正面きって反対を唱えなかったし、彼女の家族と一緒にセブンスデー・アドベンチストの教会の礼拝に出席したりもしていたのだが、土曜の午後を昼寝して暮らすという慣習をめぐって、いつも彼女と衝突していたのである。アーウィンにとっては、それは日常生活の慣習の問題だったが、彼女とその家族にとっては、それは信仰の問題だった。ああいう信仰に欠けた人間には娘をやるわけにはいかないということになったらしい。

結局、アーウィンは、なにもかも予約ずみの新婚旅行を全部パーにするのももったいないと思って、一人でマイアミにいって、休暇を楽しんでくる。そして、彼女ともこれっきりだと思っていたところ、数ヵ月後に彼女から手紙が届く。「あなたなしの人生には耐えられない」とある。結局二人はよりを戻し、お互いにお互いの信仰を尊重する、そして子供が生まれたら、女の子は母親の教会に、男の子は父親の教会に導くということで合意に達し、めでたく結婚する。アーウィン三十歳のときのことである。

「それでも私は、メアリーが土曜日の午後昼寝をしているのに不満でぶつぶついっていた。それから間もなく、あの恐ろしい墜落事故が起きた。あの事故が、神から離れていた私をもう一度神の近くに引き寄せた。意識が戻ったとき、そして、自分がもしかしたら再起不能かもしれないと知ったとき、私はそれまですっかり忘れていた神に呼びかけていた。

〝主よ、なぜ私をこんな目に遭わせたのですか。これまで私を成功させ、輝かしい経歴を与えたのは、こうして私を叩きのめすためだったのですか。なぜですか。なぜこんなことが起きたのですか。私があなたに忠実ではなかったからですか〟

たしかに私は神に忠実ではなかった。私の生活は自分中心主義だった。自分のことしか眼中になかった。そして、人生を急ぎすぎていた。

病院のベッドの中で、両脚ともギプスで身動きすることもならず、孤独と絶望を噛みしめながら、私ははじめて自分の人生を反省する時間を持った。夜、尿意をもよおして、看護婦を呼んでも来てくれず、仕方なく小便をもらし、その中に朝までつかっていることが何度かあった。骨折した顎は針金でつられ、食物といったら、ストローで飲める流動食だけだった。そして、途方もない激痛が絶え間なく襲った。私は呻きながら、ひたすら神に癒しを祈りつづけた。その祈りがかなえられたのか、奇蹟的に私の身体はもとに戻った。

病床にいる間はかくも神に近づきながら、癒されてみると、私が熱中したのは、魂の鍛錬ではなく、萎縮した肉体の鍛錬だった。鉄のブーツをはいて脚の筋肉の回復につとめたり、毎日ジムに通って体操をしたりした。そして肉体の回復とともに、再び空を飛ぶ情熱にとらわれ、宇宙飛行士になる夢を追い、またも神から遠ざかりはじめた。それどころか、時とすると宗教に対する懐疑心さえ持つようになっていった。妻のメアリーとも、入院している間は、彼女の献身的な看護に感謝の気持で一杯で、二人でさまざまのことを話し合う時間もたっぷりあり、夫婦の間の愛情という点では、結婚以来最も充実した期間だった。しかし、仕事に復帰するにつれ、またも私は家庭をないがしろにし、メアリーの気持を汲み取らず、夫婦間のいさかいをしょっちゅう起こすようになった。特に宇宙飛行士になってからはそうだった」

宇宙飛行士は家庭をかえりみる暇がない。まず勉強が大変である。天文学、航空工学、航空力学、ロケット推進、コンピュータ、通信工学、数学、地理、高層大気圏物理学、宇宙空間物理学、環境制御、医学、気象学、誘導制御、宇宙航法、地質学、岩石学、鉱物学などなど、それぞれの課目を何十時間も学ばされるのである。それぞれの課目をトップクラスの学者が、セミナー形式で教える。たとえば、バン・アレン帯については、その発見者であるバン・アレン博士自身がきて教えるというようなこともあった。

地球を周回するジェミニ計画の場合は、地理を徹底的に学ばされ、それに百六十時間も費された。アポロ計画の場合は、岩石と鉱物について、徹底的に勉強させられ、一コース五十八時間のレッスンが六コースつづき、アメリカ大陸各地にいってのフィールドワークもおこなわれた。

あるいは、変ったところでは、サバイバルのトレーニングもおこなわれた。場合によっては、宇宙船が予定地点に着水できないで、ジャングルの中や、沙漠に落ちるかもしれない。そのとき救出部隊が到着するまで生きのびるための訓練である。ジャングルでどうやって食べられる物を見つけるか、各種の危険にどう対応するかなどを学んで、実際にパナマのジャングルにいって、サバイバルの実習をやらされた。沙漠でも実習をやらされた。

一般的な学習が終ると、今度は、一人一人宇宙飛行の技術課題をふりあてられて、その専門家になることが要求される。たとえば、ある人はコンピュータの専門家に、ある人は宇宙服の専門家に、ある人は慣性誘導装置と宇宙航法の専門家にという具合である。これを何度かくり返して、それぞれに複数の分野の専門的知識を学ぶ。宇宙飛行士の一人一人が、宇宙船と宇宙飛行のすべてについて専門的知識を持つことはとても不可能なのだ。だから、それぞれちがう専門知識を持つ人を組み合わせてクルーを構成するのである。そうした専門知識は、すでにできあがった知識としてあるものではない。宇宙計画を支える、全米各地の何千人という技術者、科学者の手によって現に開発途上の知識である。従って、それが現に開発されている現場にいって、科学者、技術者と協同作業でその開発にあたることがすなわち学習になる。コンピュータを学ぶものはIBMに、宇宙航法を学ぶものはマサチューセッツのMITにいかねばならない。宇宙服の本体はデラウェアの会社が作っているが、それに付ける酸素供給装置は、コネティカットの会社が作っているという具合に、宇宙計画の細部はすべて全米各地に散在するさまざまの企業、研究所、大学で開発中であったから、宇宙飛行士はそこを飛びまわらなければならない。

さらに、肉体的な訓練がある。たとえば、打ち上げ時には四Gの加速度に耐えなければならないが、それに耐える訓練をするためには、ペンシルヴァニアの海軍航空医学加速度研究所の巨大な遠心装置の中に入らなければならなかった。無重力状態の訓練のためには、空軍のC135輸送機に乗せてもらって何度も弾道飛行をしなければならない。一回の飛行でほんの数十秒しか無重力状態を味わえないから、何度もくり返す必要がある。擬似的無重力状態訓練法としては、ちょうど浮力がゼロになるように錘(おも)りをつけて水中を動きまわるという方法もある。この訓練のためのプールはボルチモアにあるという具合に、訓練でも各地を動きまわらねばならない。また、NASAは宇宙計画に対して国民的支持を得るためのPRに力を入れていた。各地で宇宙飛行士をゲストによんで宇宙計画のPR集会を無数に開いた。そのためにも全米各地を動きまわらねばならない。とにかく、宇宙飛行士は様々な目的で、いつでも全米各地を動きまわっていなければならないのである。そのために、各宇宙飛行士には、自家用機として、T38ジェット練習機が与えられていた。これで、いつでも好きなときに全米のどこにでもいけたのである。

こういう生活であるから、なかなか家に帰れない。帰ったとしても、疲れきっていて家族の相手をしている暇がない。帰ったら寝る、起きたら出かけるという生活である。日本のモーレツサラリーマンの中にはこれと同じようなタイプの家庭生活を送っている人が少なくないが、アメリカでは稀である。アメリカ人女性はこういう家庭生活に慣れていないから、家庭崩壊の原因になる。宇宙体験のある四十一人（現存者。スペース・シャトルを除く。以下同じ）の宇宙飛行士のうち、結局、七人が離婚している。家庭生活も含めて、模範的なアメリカ人たるべく選ばれた宇宙飛行士の中で、これだけ高率の離婚があったというのは、驚くべきことだ。

アーウィンの場合も、何度か離婚直前までいった。宇宙飛行士の奥さんたちは、しょっちゅうティー・パーティーで集まっては、共通の悩みを語り合ったり愚痴をこぼし合ったりして、それが欲求不満のはけ口になっていたのだが、メアリーは極度に内向的な性格であったため、そうしたパーティーに一度も出なかった。おまけに、ヒューストンにきてみたら、そこにはセブンスデー・アドベンチストの教会がなくて、仕方なくメソディストの教会にいっているということも、不満だった。

一九六七年、メアリーの弟が山の転落事故で死んだ。メアリーは、これは自分が教会を離れたせいで神が下した罰だと受け取った。そして、二〇マイル離れた町に小さなセブンスデー・アドベンチストの教会があるのを見つけ出してきて、毎週土曜日そこに礼拝にいくようになった。

いよいよアポロ計画がスタートし一層忙しくなる時期に、また妻の土曜日の昼寝がはじまったのである。アーウィンはそれに苛立ち当たりちらし、夫婦の間は険悪になった。これではいけないと思って、夫婦二人きりでアカプルコで一週間の休暇をとることを計画した。ゆっくり落ち着いて話し合い、二人の間の愛情と信頼関係を回復しようとしたのである。しかし、アカプルコに着いたその晩、これからディナーというときに、ヒューストンから電話が入った。子供たちを預かってくれていた人からである。三人の子供が近くの建築中の家のところで遊んでいたら、板壁が倒れてその下敷きになり、三人とも病院にかつぎこまれたというのである。二人は大したことがなかったが、一人は頭蓋骨にヒビが入った。和解の旅として計画したものが、こんな事故で中断させられたことは、何か不吉だった。

一九六八年、アーウィンはアポロ10号のサポート・クルーに任命された。アポロでは、正式のクルーと同時に、バックアップ・クルー、サポート・クルーが任命される。バックアップ・クルーは正式クルーに事故があればいつでも代れるように、正式クルーと同じ訓練を受ける。そして、バックアップ・クルーに選ばれれば、三、四号後の正式クルーに選ばれることが恒例となっていた。それに対して、サポート・クルーは、その名の通り、正式クルーを支援するだけで、正式クルーとバックアップ・クルーが任務以外のことに一切わずらわされないですむように、あらゆる用事を引き受け準備万端ととのえる役だった。

アポロ10号のトム・スタッフォードは宇宙飛行士としては第二期生だから大先輩だったが、アナポリスでは一級下だった。そして、バックアップ・クルーには、自分と同じ第五期生のエド・ミッチェルとスチュ・ルーサとが入っていた。同期生のサポートをさせられるとは、いささか不満だった。しかしアーウィンは、この機会を利用して、もともと自分の専門分野の一つであった月着陸船（LM）の誰にも負けない専門家になろうとした。ケープ・ケネディの組立工場で、グラマン社の技術者と毎日油まみれになって働いた。

宇宙飛行士は一般に現場の技術者を見下していて、相談にのったり指示を下したりはしても、現場で工具を握って技術者と一緒に働くという例はほとんどなかった。しかし、アーウィンはこの仕事を通じて、こと月着陸船に関しては隅から隅まであらゆることを知っているという自信をつけた。その甲斐あって、この仕事が終るとすぐに、アポロ12号のバックアップ・クルーの船長に任命されたデイブ・スコットがやってきて、腕の立つLMマンがほしいんだが、やってくれまいかと頼まれることになった。これでもう、月へのパスポートを手にしたようなものである。実際、それから月へいくことを前提とした地質学のフィールドワークが集中的におこなわれる。月面に地質学的に近いと思われる場所にいって、徹底的にしごかれるのである。

アポロ11号までは、とにかく人間が月にいって無事に帰ってくることが最大の目的だった。しかし、それ以後は、月の科学的調査、研究が主目的となる。月面滞在時間も、11号はわずか二十一時間三十六分で一日に満たなかったが、それ以後は、

12号　三十一時間三十一分
14号　三十三時間三十一分

15号　六十六時間五十五分
16号　七十一時間二分
17号　七十五時間

と、どんどん長期滞在するようになり、運ぶ機材や、月の上でおこなわねばならぬ実験計画も増えていく。マスコミの報道量は11号の成功以来、次第に小さくなったが、成果は、後のものほど大きかった。特に15号以後は、ルナ・ローバーという月面探検車を持参して、それまでの徒歩による探検とは比較にならない広大な地域を調査してまわっている。アポロ11号の宇宙飛行士が、月着陸船からわずか六〇メートルの距離までしか離れられなかったのに対して、ルナ・ローバーに乗ったアーウィンたちは一〇キロも離れたところまでいくことができた。アポロ17号にいたっては、全行程九〇キロを越える探検行をしている。

正式クルー、バックアップ・クルーに選ばれると、打ち上げ、宇宙飛行、月着陸、帰還の全過程のシミュレーション訓練が何回も何回もくり返しおこなわれる。月着陸など特に重要な部分はゆうに百回以上はくり返される。打ち上げ訓練のシミュレーターは、本番そっくりの轟音（ごうおん）や震動を出すし、月着陸船のシミュレーターの窓には、ちゃんと本番と同じような光景が見えるようになっている。着陸地点が決まると、地上観測から得られたデータをもとに、精密なレリーフ模型が作られ、操縦装置と連動してテレビ・カメラがそれを映していく仕掛けになっているのだ。シミュレーション訓練は、全部で三千時間にも及ぶという。だから宇宙飛行士たちは、本番になっても、これはシミュレーションそっくりだと思うのが常だという。

こういう次第だから、アポロ12号のバックアップ・クルーに選ばれてからのアーウィンは前にもまして忙しくなり、家を離れていることが多くなった。一九六九年末、いよいよ待望の正式クルーに選ばれてからは一層そうだった。アポロ15号では、前に述べたルナ・ローバーが初使用されることになっていたから、その訓練もあらたに加わった。月の上では、重力が地球の六分の一しかない。従って、ほんもののルナ・ローバーに地上で乗っても、訓練にならないし、第一そんなことをしたら壊れてしまう。

月の上では、それに乗る人間の体重も、あらゆる積載物も重さが六分の一しかないから、ルナ・ローバーは極端に華奢(きゃしゃ)に作られているのだ。そこで、地上訓練用には、これがルナ・ローバーの月の上の乗り心地に近いだろうと思われるものを、特別設計で作ったのである。ほんもののルナ・ローバーは、ボーイング社が一台八〇〇万ドルかけて四台作ったが、地上訓練用のほうはGMが作り、その費用は一台一〇〇万ドルかかった。一〇〇万ドルかけても、やはり一Gの世界で六分の一Gの世界をシミュレートするのは無理で、乗り心地は全くちがったという。地上ではモタモタとしか走らず心配だったのが、月の上では、空を飛ぶように走ったという。実際、重力が少ないから、ちょっとした凸凹でバウンドすると、ほんとにルナ・ローバーは空を飛んでしまうのである。

こうしてアーウィンは、一九七一年七月の打ち上げまで、月飛行の準備に全精力を注ぎ込んでいたのだが、その間、家庭の事情は悪化する一方だった。もう離婚するほかない、という話が妻との間で何度も持ち上がった。打ち上げ七ヵ月前のある晩には、それじゃ明日の朝起きたら離婚しようというところまでいったこともあるという。

ある日メアリーは、離婚すべき理由と離婚すべきでない理由とを、思いつくかぎり二枚の紙にわけて書き出してみたところ、離婚すべき理由のほうはたちまち紙が一杯になるほど長いリストを書き出すことができたが、離婚すべきでない理由のほうはたった二つしか考えつかなかったという。こんな話を聞かされるたびに、アーウィンはカッとなって怒り狂う。亭主がその人生を賭けてきた大目的をいま実現させようというときに、女房たるもの家庭をしっかり守って、精神的に全面的にバックアップすべきではないか、と。このあたりアーウィンは日本男性的家庭観の持主なのである。しかし、奥さんのほうは、そういう家庭観を受け入れない。とどのつまりは口論、離婚話、そして子供が泣き出すことでその場がとりつくろわれるということのくり返しだった。アーウィンはこんなことなら、もうアポロ15号の任務も返上し、宇宙飛行士もやめてしまおうかと考えたことが何度もあったという。

しかし、打ち上げの三、四ヵ月前から変化があらわれた。その変化は、アーウィンが教会を変えたあたりから生まれた。それまで、メソディストの教会にいっていたのを、南部バプティストの教会に変えたのである。メインラインの教派からファンダメンタリストの教派に大転換したのである。教派はちがうが、同じファンダメンタリストになったということで、奥さんの気持も少し和らいだものらしい。この背景に二つのできごとがあった。この時期ずっと、アーウィンはケープ・ケネディに泊り込みで、ヒューストンには週末に帰るだけという生活がつづいていた。

ある日、ふと思いたって、ケープ・ケネディからさほど遠くない、自分が少年時代を過ごしたニューポート・リチーの町をたずねてみた。十一歳の少年のときに涙を流して信仰告白したあの小さな教会はいまも残っているだろうかと思って探しにいったのである。いってみると、昔のままにその教会は残っていた。そして、自分の記憶の中では、それはコングリゲーショナルの教会だとばかり思っていたのに、いってみると南部バプティストの教会であったことを発見した。

もう一つのできごとは、地質学のフィールドワークに、ハワイのマウナ・ロア山にいったときのことだ。アーウィンは夜、急に病気になる。そのとき、夜中にもかかわらず、町を走りまわって医者を探し出してくれたり、付きっきりで看病してくれたのが、宇宙飛行士仲間のビル・ポーグとジャック・ルースマだった。この二人は、宇宙飛行士には名目だけのクリスチャンが多いのに、ほんものの信仰を持っている人間として、かねてからアーウィンが一目おいていた人々だった。この二人が属していたのが、ヒューストンの宇宙センター近くにある南部バプティストの教会だったのである。少年時代の記憶がよみがえったことと、この二人の親切が身にしみたことがあって、彼はその教会の礼拝に列席してみた。そして、そこの牧師の説教に感激して、そのまま教会を変えてしまったのである。

七一年七月二十六日、アポロ15号に乗って月に向かって旅立つとき、それが単なる宇宙飛行ではなく、精神的な旅になるだろうとは、夢にも考えていなかったとアーウィンはいう。技術的準備で頭が一杯で、出発前に、技術的なこと以外、何一つ考える余裕がなく、宇宙体験への心理的準備、精神的準備をととのえる心のゆとりは全くなかったという。これはアーウィンだけでなく、他の宇宙飛行士たちも共通して述べていることだ。出発の直前まで宇宙飛行士たちは技術的チェックに追いまくられるのである。意識的には何の準備もなかったかもしれないが、おそらく、この教会を変えたことが、潜在意識の上では心の準備になったのではないだろうか。月から帰ってきたとき、アーウィンは、強固なファンダメンタリストの信仰を持って帰ってくるのである。

先にも述べたように、メインラインの教派では、理神論的傾向が強く、聖書に書かれていることを何から何まで信じているわけではない。いや、それどころでなく、実をいうと、神の存在すら信じていない信徒が沢山いるのだ。アメリカ人のキリスト教信仰は、日本人が一般にこれがキリスト教と想像しているような信仰とはかなりかけ離れているのである。

こんな調査がある。

「あなたは神の存在を信じますか」

「あなたはイエスは神の子であると信じますか」

という、いわばキリスト教の根本教義中の根本教義を各教派の信徒に質問して統計をとったところ、メインラインでは最大の教派であるメソディストの場合、神の存在を信ずる者六〇パーセント、イエスを神の子と信じる者五四パーセントしかなかったのである。

信徒といっても、いいかげんな信仰しか持たない単なるチャーチ・ゴーアー（教会にいくだけの人）を含んだ調査だからだろうと思われるかもしれない。しかし、そうではない。実は同じ質問を、牧師、教会教職者たちにぶつけた調査がある。こちらは教派別の調査ではなく、神学的立場から、ファンダメンタリスト、コンサーバティブ、ネオ・オーソドックス、リベラルの四つに分類して統計がとられているが、メソディストはほとんどがリベラルであるから、その数字を見てみると、神の存在を信じる者四六パーセント、イエスを神の子と信じる者三一パーセントという驚くべき結果が出ている。信徒より、牧師、教会教職者たちのほうが、より神の存在を信じていないのである。それに対して、南部バプティストはどうか。これは実に見事に、九九パーセントの人が神の存在も、イエスの神性も信じている。牧師をとっても同じである。ファンダメンタリストの九九パーセントがやはりその両方を信じている。

アーウィンの場合、それまでの生涯の大部分をメインラインの教会を転々としたにもかかわらず、その間に涙を流すほどの感動を与えられたのは、たった一度だけ入った南部バプティストのリバイバル集会においてであったということ、また、ヒューストンの南部バプティストの教会の礼拝に出たら、たちまちそれが気に入って教派を変えてしまったということからみて、もともと心の奥深くどこかにファンダメンタリスト的精神構造を秘めていたといえるのではあるまいか。

第三章　神秘体験と切手事件

ともかく、こういう精神状況の中で、アーウィンは月に向かって打ち上げられていった。打ち上げ当日は、準備段階より、むしろ、ゆとりがあった。午前四時三十分に起床。まず医務室にいって、裸になり、入念な身体検査を受ける。ここで少しでも病気の徴候が発見されたりしたら、すぐにバックアップ・クルーと交代が命ぜられる。同行のクルーは、船長が第三期生のデイブ・スコット。すでにジェミニ8号、アポロ9号の経験を持つベテランである。空軍准将の息子でウェストポイント出身。MITで二つの修士号を取得している。司令船パイロットのアル・ウォーデンは、アーウィンと同じ第五期生でこれが初飛行。ウェストポイント出身。ミシガン大学修士。

身体検査がすむと、ステーキとスクランブルド・エッグの朝食をとり、宇宙服着付室に向かう。ここで、もう一度裸になって身体検査を受ける。次に、裸の胸、横腹などに、合計四つの、バイオ・メディカル・センサーを貼りつける。これによって、脈、血圧、呼吸など身体のあらゆる状態が四六時中モニターされ、その信号の変化をヒューストンのスペース・センターで専任の医師が見守りつづけるわけだ。

ペニスに採尿器をはめ、宇宙服用下着を身につけてから、宇宙服を着る。ここから一〇〇パーセントの酸素を吸いはじめる。少なくとも出発三時間前から一〇〇パーセントの酸素を呼吸し、血液中に溶け込んでいる窒素を全部追い出してしまうことが必要なのだ。宇宙船に乗り込んで気圧が下がったときに、窒素が残っていると、それが気化して血液中に気泡が生じるからである。とりあえず、酸素を吸いつづけることしかやることがないので、そのままベッドに横になる。この間アーウィンはトロトロ眠っていたという。

六時半に、ロケット発射台に向かう。エレベーターで、三六〇フィートの高さまで登り、司令船の中に入る。もう一度すべてを再点検した上で、七時にハッチが閉まる。この時から、九時の打ち上げまでの二時間、宇宙飛行士は何もすることがない。ロケットの上で、脚を上にあげたまま仰向けに寝ているだけなのである。打ち上げる側はてんてこまいの忙しさだが、打ち上げられる側は何もすることがないのだ。そのうちに小便がしたくなる。もう三時間も小便をしていないのだ。赤ん坊がおむつを取り換えられるときのような姿勢で小便をするのは容易なことではない。しかし、こういう姿勢で小便をすることも、宇宙飛行士の訓練の中には入っているので、さしたる困難もなく小便をする。気が楽になって、またしばらく眠り込む。ここまでくると、緊張したり、興奮したりは、意外にしないものだという。

九時、ロケットが点火され、火を吹きはじめる。外では、火焰と煙にロケットが包まれ大爆発が起きたかのように、すさまじい轟音がとどろきわたるが、ロケットの内部は意外に静かだし、外は何も見えない。打ち上げ時には、司令船の窓はふさがれているのである。実はロケットの最上部に、もう一つの小さなロケットが付いている。打ち上げ時にもし何らかの事故が起きて、宇宙飛行士が脱出しなければ危険だということになった場合、このロケットが火を噴き、司令船の部分だけをメイン・ロケットから引きはがして、それをかかえたまま別の方向に飛び、パラシュートで降下するという仕掛けになっている。この非常時用ロケットが点火すると、その火焰がちょうど司令船の窓に吹きつけることになる。そこで、非常時用ロケットが万が一必要になるかもしれない間だけは、司令船の窓は保護板でおおわれているのである。だから、高度一万五〇〇〇フィートに達し、保護板が外されるまでは、宇宙飛行士は何も見ることができない。

打ち上げ時の宇宙飛行士は、飛行機が離陸するときのように、刻一刻地上から離れていくさまを見られるわけではないのだ。高度一万五〇〇〇フィートに達し、保護板が外されても、ロケットはまだ猛烈な速度で上昇中で、宇宙飛行士たちは前と同じ姿勢のまま、四Gの加速度で座席に押しつけられている。だから、窓から見えるのは、上空だけである。ロケットが地球軌道に乗り、姿勢を水平方向に変えるまでは、宇宙飛行士に見えるのは、空だけなのだ。その空が濃紺から青黒くなり、さらに黒さを増していく。と間もなく、ロケットは地球軌道に乗り、眼下に地球を見ることができる。つまり、宇宙飛行士たちは、途中のプロセスを一切抜きにして、突然、地球軌道上から地球を見るのである。ほんの十数分前までは地上にいたというのに、もう宇宙から地球を見ているのである。このプロセス抜きの視点の変化が、宇宙体験を独特なものにする一つの要素である。

軌道からの地球の眺めは、なんとも素晴しいが、アポロ宇宙船の場合、それを見ている暇はない。地球をほんの二周もしないうちに、今度は、月へ向けて出発しなければならないのだ。宇宙飛行士たちは、ストラップを外し、ヘルメットを外し、無重力状態の中で、目まぐるしく働かなければならない。何も考えたり、感じたりしている余裕はない。ヒューストンの指示を受けながら、動きまわるだけで精一杯なのだ。

ある程度気持に余裕をもって、窓から地球の姿を見ることができたのは、月に向かう軌道に乗り、様々な作業をすませ、入念な点検をすませてからだったという。発射後四時間ほどを経過し、もう地球からは一万キロ以上離れていた。窓から地球を見ると、それはもう一つの球体に見えた。暗黒の宇宙を背景に、太陽の光を受けて、まん丸に輝いて見えた

（地球は完全な球ではなく少し楕円がかっているはずなのだが、まん丸に見えたという）。これは満月ではなく、満地球（full-earth）だと思った。巨大な地球儀を見るように、大陸や島を一つ一つ見分けることができた。それから三日間、月へ向かって旅をつづける間に、地球は次第に小さくなっていく。

月への飛行をつづけている間、自分たちが猛スピードで飛んでいるという実感は全くない。それはそうなのである。月への飛行は慣性飛行だから、宇宙船の内部は慣性空間であり、その内部にいる人間にとっては、慣性空間は静止空間と同じことなのである。地球上の人間が、誰も地球が猛スピードで動いていることを実感しないのと同じことなのだ。窓の外で、どんどん小さくなっていく地球だけが、自分たちが飛びつづけているのだということを宇宙飛行士たちに示していた。

宇宙から見た地球

さて、この先、宇宙飛行のディテイルをあまり詳しく述べている余裕はないので、特に大事な点だけにふれておく。

面白いのは、アーウィンが、宇宙に出てから頭の働きがものすごくよくなったような気がすると述べていることだ。同じことを指摘した宇宙飛行士は他にもいた。アーウィンの宇宙船では、クルーの三人ともそのことを実感した。頭の中が明晰そのものといった感じになり、精神能力が拡充した感じになる。感じだけではない。宇宙船の操作にしても、地上での訓練の何倍も効率的にやることができた。何を考えても、すぐにピンとくる。クレール・ヴォアイヤンス（透視能力。ＥＳＰ能力の一つ）とは、こういう状態をいうのではないかと思うくらいだったという。後に述べるように、アポロ14号のエド・ミッチェルの場合は、この体験が特別強力で、自分はほんとうにＥＳＰ能力を持ったのだといい、月から帰ってからＥＳＰ研究に熱中し、そのための研究所すら設立してしまうのである。

アーウィンは、この頭脳の明晰化、精神能力の拡充は、一〇〇パーセントの酸素を吸いつづけたために、脳細胞が平常の状態より活性化したためではないかと考えている。空気が悪いところでは頭の働きが鈍るのと、ちょうど逆の現象が起きたのではないかというわけだ。

もう一つ注目すべきことは、打ち上げ後二日目におこなわれた、"Visual Light Flash Phenomenon Experiment"（可視閃光現象実験）である。これは、アポロ11号のバズ・オルドリンがはじめて報告した、"flicker-flash phenomenon"（チカチカピカピカ現象）にはじまる。宇宙飛行士が地球に帰還すると、デブリーフィングがおこなわれるということは前に述べた。

　オルドリンは、自分のデブリーフィング中に、宇宙飛行中に、ピカッと一瞬間だけ光る閃光を夜間に何度か見たと報告した。それを聞いたNASAの係官は、さして気にとめるふうでもなかった。視覚系で起きた何らかの生理的現象と考えたか、一種の幻覚と考えたか、とにかく問題にするにあたらないと考えたらしい。しかし、オルドリンは、これはどう説明してよいかわからない気味が悪い現象だが、とにかく研究に値する大切な現象であると考えて、自分から、もう一度詳細な報告を申し出た。それによると、はじめにそれを見たのは、月へ向かう途上で過ごした三晩のうちの二晩目だった。

　宇宙船では本来夜も昼もないから、夜は人工的に作られる。宇宙飛行をしている間、ヒューストン時間に合わせて活動することになっているから、ヒューストン時間で夜になると、窓のシールドをひき、船内燈を消して、ヒューストンとの通信連絡も休みにして眠りに入るわけである。小さな常夜燈以外、ほぼ暗闇になる。

　その中で、ピカッという光を見た。それはちょうど、よくマンガの中で登場人物が誰かに頭を殴られると、目から星が飛び出したような絵が描かれるが、ああいう感じで何かが光ったという感じだった。ピカッと光ってそれっきりだったので、最初は気にもとめなかった。次に見たとき、ピカッという光が、一瞬だが尾をひいた。そして、しばらくすると、今度は二連発で、ピカッ、ピカッときた。気にはなったが、月到着が目前だったので、そのことはいつの間にかすっかり忘れてしまった。そして、月探検からの帰途、またそれを見たのである。そして、往路にもそれを見たことを思い出して、同僚のアームストロングとコリンズに昨日の夜、何かピカッと光るものを見なかったかとたずねた。二人ともポカンとして、何のことかわからない様子だった。その晩、オルドリンはすぐには眠らないで、目をじっと開いたまま、例の光があらわれるのを待った。しばらくすると、予想通り、同じ光があらわれた。翌朝、またアームストロングとコリンズに、昨日の夜何か見なかったかとたずねてみた。コリンズは首をふったが、アームストロングは沢山見たと答えた。

オルドリンは、これはおそらく、何らかの素粒子が宇宙船の外被を貫いて飛び込んできて、船内の空気をイオン化したものだろうと考えた。もしそうなら、太陽風（太陽から吹き出す高エネルギーの素粒子の流れ）と関係があるのかもしれない。太陽風なら、光の方向と太陽の位置に何らかの関係があるのではないか。そう考えて（オルドリンはMITで博士号を取った人間で、何でもすぐに理論的に考える）、次の晩は、太陽の位置と光の方向の相関関係を研究してやろうと思った。またも光はあらわれたが、オルドリンの仮説に合うようなことは観察されなかった。

結局、原因は不明だが、錯覚ではなく客観的に存在する現象であることは確かだろうということになった。アポロ11号以前に月にいった宇宙飛行士を調べてみると、そんなものは全然見たことがないという人と、見たことがあるという人と、はっきり二大別できた。

当然、次に飛ぶアポロ12号の宇宙飛行士たちは、この現象に興味を持って出かけていった。帰ってきた彼らは三人が三人とも見たと報告した。そして、驚くべきことには、目をつぶったままでも、それを見ることができたと報告したのである。そして、目をつぶっていながら、その光を、いまのは右の目で見たとか、いまのは左の目で見たとか区別することができたというのだ。

そうしてみると、最も有力な仮説は、船内に飛び込んできた素粒子が、さらにヘルメットを通過し、頭蓋骨を通過し、視神経につながる脳細胞に刺激を与えたか、あるいは網膜の細胞を直接刺激したかのいずれかだろうということである。あるいは、宇宙空間を飛んできた素粒子が、直接、頭蓋骨の中まで通過するのではなく、その途中でぶつかった物質（船体とかヘルメットとか空気とか）中の素粒子を叩き出して、それが通過したのかもしれない。いずれにしろ、何らかの高エネルギー素粒子が原因としか考えられないが、詳細はわからないということになった。

いずれにしろ、この仮説が正しいとすると、脳細胞、あるいは網膜の細胞がその素粒子によって破壊されるか、あるいは、破壊とまではいかなくても何らかの損傷をこうむっている危険性があるわけである。学者の中には、そのうち、もっと長期間にわたる宇宙飛行がおこなわれた場合、失明する危険性もあるのではないかという人も出てきた。また、考えてみると、この現象は、たまたま脳内を通過した素粒子が視神経につらなる脳細胞にぶつかったときにだけ起きた現象であり、もしその素粒子が視神経とは無関係の脳細胞にぶつかっただけで通過していけば、本人には何の自覚症状も起こさないことになる。そして、脳細胞数の比率からいけば、そちらのほうがはるかに数が多いから、脳細胞の破壊は、ピカピカを感ずるよりはるかに多い頻度で起きているのかもしれないのである。

後に述べるように、バズ・オルドリンは、宇宙飛行から帰った後、精神に異常をきたし、精神病院に入ることになる。そのとき彼が最も心配したのは、このことだった。もしかしたら、彼の場合だけ、素粒子の当たり所が悪くて、非常に重要な脳細胞が破壊され、そのために精神に異常をきたしたのではないかと考えたのだ。そのことを精神科の医者にいうと、確率としては非常に低いが(脳細胞は百億もある)、可能性は否定できないから調べる必要があるだろうといわれた。しかし、現実問題として、一個や二個の脳細胞が異常をきたしたかどうかは、調べようにも調べる方法がないのである。そのうち、他の治療法が効を奏しはじめたので、このことは忘れられてしまった。

ともかく、この現象の解明と、その脳ないし視神経系に対する影響の有無を調べることは、NASAにとっても重要な課題だった。そこで、それを調べるための実験がアーウィンたちに、課されたのである。今度は夜の時間になるのを待たず、夜と同じような状態にして、さらにその上、目かくしをして、閃光があらわれるのを待ち、それを詳細に記録することである。アーウィンたちは、三人とも閃光を見た。そのうち強烈なものは、写真のフラッシュをたかれたかと思うくらい強かったし、また、三人が同時に同じ（と思われる）閃光を見たこともあったという。アーウィンたちは、出発前に精密な眼底写真を撮っていた。帰還後にもう一度眼底写真を撮って、両者をくらべてみようということだったが、この調査からは何の成果もあらわれなかった。

結局、今日にいたるまで、この現象についてはさまざまな研究がおこなわれたが、ほんとのところは何もわかっていないのである。宇宙には、まだまだ未解明の謎が多いということの一つの証左である。

さて、アーウィンたちが月へ向かって飛行をつづける中で、二つの事故が起きた。一つは、月着陸船の計器の一つのガラスが、何らかの衝撃で割れてしまったことである。計器の機能自体には障害がなかったが、割れたガラスが問題だった。地上なら落ちたガラスを掃除すればすむことだが、宇宙では、微小な細片に砕けちったガラスは落下せずに、そこらじゅうをただよっているのである。大きな破片はともかく、微小なものは、うっかりしていると空気と一緒に吸い込んで肺を傷つけたり、目の中に飛び込まれたりということになりかねない。そして、空中いたるところ、浮遊している細片を掃除する作業は、困難をきわめる。唯一の方法は、接着テープを裏返しに手にまきつけて、それでガラス片をくっつけるしかないのだった。それから二日間にわたって、三人は暇さえあれば、その作業を丹念につづけた。

次に起きた事故は、水の塩素消毒装置から水漏れが起きたことだ。早速ヒューストンに報告すると、

「一分間に何滴くらいの漏れなのかね」

と聞いてきた。NASAの人間ですら、宇宙が無重力状態であることは充分心得ているつもりでありながら、こういう予期せぬことが起こると、つい、地球の感覚になってしまうのである。宇宙では水が漏れても滴になってしたたり落ちるわけではない。水漏れが起きた場所に水があらわれたかと思うと、それがボール状にどんどんふくらんで大きくなっていくだけなのだ。

「滴なんてもんじゃない。大きなボールなんだ。一分間に一オンスの割でふくらんでいくボールだよ」

というのが、宇宙船側の答えだった。水は宇宙では貴重品だから、水漏れは深刻な事故である。たちまちヒューストンでは専門家が集まって対策を検討した。そして、こういう指示が下された。

「道具箱を出して、道具ナンバー3と、道具Wを取り出せ。ナンバー3をWのラチェット歯車に取りつけよ。次にそれを塩素注入口の六角形の穴に突っ込み、しっかり押しつけながら、四分の一回転させせろ」

この通りにすると、水漏れはピタリと止まった。宇宙船側では、何が原因かも、どうすれば修理できるかもわからなかったのに、ヒューストンでは、そのどちらも解明できたのである。それくらい宇宙飛行は、地上でよく管理されているのである。

ともかく、どちらの事故も大した事故ではなく、ついに四日目の朝、宇宙船は月のところまで到着し月軌道に乗った。夜の側（太陽が当たっていない側）から月に近づいたので、はじめは、何か暗闇の中に巨大な黒いものがヌーとあらわれてきたという印象だった。夜の側から昼の側にまわりこんだとたん、目の前に、驚くばかりの輝きをもって月の姿があらわれた。月には大気がないから、地球では夜と昼の間にある薄明の部分がない。夜の闇と昼の輝きが、クッキリと一線でわかれるのである。

月の色は鉛色だった。これがほんものの月とは思えなかった。まるで粘土細工で作ったみたいだ、とアーウィンは思った。だが、さらに進むと、月の色は次々に変っていった。鉛色をしているのは月の朝の部分だけだった。やがてそれは褐色になり、黄褐色になり、真昼の部分、つまり太陽光線を真上から受けている部分では、ほとんど白色に光って見えるのだった。そしてまた今度は逆に色調を落として夜の部分に入っていく。その中で、山や、海や、クレーターや、谷が驚くべく巨大なパノラマをくり広げていく。月は地球よりはるかに小さいのに、一つ一つの造作が大きいのである。クレーターの大きなものは、日本列島を横にまたぐくらい大きいし、富士山より大きな山はいくらもある。グランドキャニオンより大きな谷もある。

そして、そこには生命のかけらも観察することができない。生命の色である青も緑もない。色は、前に述べた色だけである。何の動きもない。動くものが一切ないのだ。大気がないから風すらない。全くの無言、静謐(せいひつ)である（音があっても宇宙船内から聞くことはできないに決まっているが、見ただけで無音であることがわかったという）。生命という観点からは全くの無である。完璧な不毛としかいいようがない。人を身ぶるいさせるほど荒涼索漠(さくばく)としている。しかし、それにもかかわらず、人を打ちのめすような荘厳さ、美しさがあった。アーウィンは、口もきけずにその光景に見入っていた。そして、ここには神がいると感じた。月の上に神がいるというのではない。ここ、、には神がいると感じたのだ。自分のすぐそばに神の存在を感じたのである。正しく、手をのばせば神の顔に手をふれることができるだろうと思われるくらい近くにそれを感じたのだという。

アーウィンとスコットは、月着陸船に乗り移り、いよいよ月面に降下を開始した。船長はスコット、アーウィンはパイロットである。降下中、スコットはアーウィンに窓から外を見るなと命じた。コンピュータの操作と計器の読みに全神経を集中しろという。アーウィンは命じられた通りにした。そして、自分にこういいきかせつづけていた。

「ジム、お前はほんとは月に降りつつあるわけじゃない。これはシミュレーションなんだ」

実際、窓から外を見なければ、それはシミュレーションと何ら変るところはなかった。高度計の読みがどんどんゼロに近づいていく。すると突然、計器盤の上のランプが点燈する。月着陸船の脚の先端から出ている感知針が月面に接触したという合図である。「接地」と叫ぶと、スコットが素早くエンジンのスイッチを切った。ドスンという衝撃とともに、着陸が完了する。

デイブ・スコット

月面上に第一歩をしるしたときのことはすでに述べたので、その後の主たる月面での活動を簡単に記しておく。

月面で何をするかは、すでに分きざみのスケジュールができていた。それがすべて、宇宙服の袖口にくくり付けられたチェックリストに記されている。それをくりながら、次から次へ仕事を片づけていくわけである。

最初の仕事はルナ・ローバー（月面探検車）のテスト走行である。万一故障したときにそなえて、歩いて帰ることができる範囲内を走りまわってみる。それが終ると、様々の実験観測装置の設置という仕事がある。地熱測定装置、太陽風観測装置などを組み立てて設置し、小さな原子力発電装置つきの通信機とそれらの観測装置を結合して、地球にデータを送信させる。それもただ装置を取り出しておけばすむというものではない。地熱測定のためには、測定器の探針を地下約一メートルのところに埋め込まねばならない。そのために、ドリルで岩に穴を開ける必要がある。それとは別に、地下約三メートルの部分までドリルで掘り下げて、円筒状の地層のサンプルを採取するという仕事もある。ダブダブの宇宙服（真空の月面上では、与圧された宇宙服はどうしても風船のようにふくらんでしまう）を着て、六分の一Gという重力の下での作業は意外に手間どる。

地層のサンプルを取る仕事などは、固い岩盤にぶつかったために、予定していた四倍もの時間がかかったという。その日のスケジュールを全部こなして、着陸船に戻って手袋を脱ぐと、中から汗が流れ落ち、指先がふやけ、爪が割れていた。それくらい重労働だったのである。疲れ果ててその夜は熟睡した。

次の日は、ルナ・ローバーに乗って岩石採集のために遠出をした。そして、例のジェネシス・ロックを発見するのだが、その経緯はすでに書いた通りである。その後はまた基地に戻って科学的実験の継続。三日目も二日目とほぼ同じスケジュールで、目一杯働かされた。その合間には、テレビ中継で全米の視聴者に月世界とはいかなる世界かを知らせる番組を作るなどということもしなければならない。その番組では、たとえば、アーウィンが走り幅跳びをしてみせる（宇宙服を着たままちょっと助走しただけで、高さ一メートル、幅三メートルを軽く跳ぶことができた。地上では宇宙服を着ていたら歩くのがやっとである）。あるいは〝月面上のガリレオの実験〟などと称して、羽毛と鋼鉄のハンマーを同時に落としてみせる（真空中だからもちろんピッタリ同時に落下する。そして、六分の一Gしかないから、ゆっくり落下する）。

「それやこれやで、ほんとに暇がない。しかし、ときどき、分きざみのスケジュールの合間に、地球を見上げることがあった。宇宙服を着たままで地球を見上げるというのは、なかなか容易じゃない。何かにつかまって倒れないようにしながら、できるかぎりそっくり返って上を見るとやっと地球が見える。それはちょうどこのマーブルくらいの大きさだ」

といって、宇宙から見た地球のように青と白のまだら模様のマーブルを手で示す。マーブルというのは、石、ガラスなどで作られた、大きめのビー玉のようなもので、玉はじき遊びに用いられる。アーウィンは、講演などに用いるために、この特製のマーブルをいつでも持っている。

「それが暗黒の中天高く見える。美しく、暖かみをもって、生きた物体として見える。だが同時に、何ともデリケートで、もろく、はかなく、こわれやすく見える。空気がないせいか、その距離にもかかわらず、手をのばすとすぐさわれるくらいの近さに感じる。そして指先でちょっとつまんだら、こわれてバラバラの破片になってしまうのではないかと思われるくらい弱々しい。

地球を離れて、はじめて丸ごとの地球を一つの球体として見たとき、それはバスケットボールくらいの大きさだった。それが離れるに従って、野球のボールくらいになり、ゴルフボールくらいになり、ついに月からはマーブルの大きさになってしまった。はじめはその美しさ、生命感に目を奪われていたが、やがて、その弱々しさ、もろさを感じるようになる。感動する。宇宙の暗黒の中の小さな青い宝石。それが地球だ。

地球の美しさは、そこに、そこだけに生命があることからくるのだろう。自分がここに生きている。はるかかなたに地球がポツンと生きている。他にはどこにも生命がない。自分の生命と地球の生命が細い一本の糸でつながれていて、それはいつ切れてしまうかしれない。どちらも弱い弱い存在だ。かくも無力で弱い存在が宇宙の中で生きているということ。これこそ神の恩寵（おんちょう）だということが何の説明もなしに実感できるのだ。神の恩寵なしには我々の存在そのものがありえないということが疑問の余地なくわかるのだ。宇宙飛行まで、私の信仰は人なみ程度の信仰だった。人なみ程度の信仰と同時に、人なみ程度の懐疑も持っていた。神の存在そのものを疑うこともしばしばあった。しかし、宇宙から地球を見ることを通して得られた洞察の前にはあらゆる懐疑が吹き飛んでしまった。神がそこにいますということが如実にわかるのだ。このような精神的内的変化が宇宙で自分に起きようとは夢にも思っていなかったので、正直いって、私は自分で驚いていた」

――あなたが、宇宙で神に出会った、月で神の臨在を感じたというのは、そういう直観的洞察を得たということをさしているのですか。稲妻に打たれたように、一瞬のうちに神の恩寵の認識が得られたというような。

「いや、それはちがう。宇宙船の窓から小さくなっていく地球の姿を眺める。月から地球を見上げる。そして、宇宙と地球と自分を見くらべてそこに神の恩寵を感じ取る。そういう洞察と、月にいるときに得た神がそこにいるという実感とはまた別のものなのだ。その臨在感は、知的認識を媒介にしたものではない。もっと直接的な実感そのものなのだ。私がここにいて、きみがそこにいる。そのときお互いに相手がそこにいるという感じを持つだろう。それと同じなんだ。わかるかな。すぐそこにいるから、語りかければ、すぐ答えてくれる。きみと私がこうして語り合えるように、神と語り合える。

　人はみな神に祈る。さまざまのことを祈る。しかし、神に祈ったときに、神が直接的に答えてくれたという経験を持つ人がどれだけいるかね。いくら祈っても、神は無言だ。直接的には何も答えない。すぐには何も答えない。それが普通だ。神と人間の関係はそうしたものだと私も思っていた。しかし、月ではちがった。祈りに神が直接的に即座に答えてくれるのだ。祈りというより、神に何か問いかける。するとすぐ答えが返ってくる。神の声が声として聞こえてくるというわけではないが、神がいま自分にこう語りかけているというのがわかる。それは何とも表現が難かしい。超能力者同士の会話というのは、きっとこういうものだろうと思われるようなコミュニケイションなのだ。神の姿を見たわけではない。神の声を聞いたわけではない。しかし、私のそばに生きた神がいるのがわかる。そこにいる神と自分の間にほんとにパーソナルな関係が現に成りたち、現に語り合っているのだという実感がある。

これはどうしたって、すぐそこに神は実際にいるはずだ。姿が見えなければおかしいと思って、何度もふり返って見たくらいだ。しかし、その姿を見ることはできなかった。だがそれにもかかわらず、神が私のすぐ脇にいるというのは事実なのだ。私がどこにいっても神は私のすぐ脇にいる。神は常に同時にどこにでもいる遍在者だということが、実感としてわかってくる。あまりにその存在感を身近に感じるので、つい人間のような姿形をした存在として身近にいるにちがいないと思ってしまうのだが、神は超自然的にあまねく遍在しているのだということが実感としてわかる」

——で、神はあなたに何を語りかけたのですか。

「私が求めるすべてに答えてくれた。月の上の活動は、すべてプログラムされていたとはいえ、無数の予期せぬシチュエイションに出会って、どうすればいいのか迷う場面が沢山あった。通信基地の装置を組み立てるときに、ヒモを引けばピンが外れる仕掛けになっていたのにそのヒモが切れてしまうとか、漏れないはずの水が漏れるとか、予期せぬ困難が次々に起こってくる。

ヒューストンに問い合わせて、答えを得るまで待っていては時間がかかりすぎて間に合わないことがある。自分がとっさの判断を下さなければならない。どうすればいいのですかと神に問う。するとすぐに答えが返ってくる。誰か人間にたずねて答えてもらうのとはプロセスがちがう。全プロセスが一瞬なのだ。迷う、問う、答えるといったのは、説明のためであって、実際には一瞬なのだ。まるで自分でどうすればいいかがすべてわかっていたみたいだ。ジェネシス・ロックの発見が神の啓示だといったのも同じ意味なのだ。探検家が苦労に苦労を重ねてついに発見したというのではない。我々はいささかも迷うことなくそこにまっすぐにいき、それを手に取った。まるでそこにそれがあるのを前から知っていたみたいだった。

神に祈っても直接の答えがない。仕方なく自分で判断を下す。あとからそれが最良の判断であったことを知る。そこで、あのとき自分で下したと思った判断はほんとは神のお導きであったのだと結果的に思う。こういうことはよくあることだ。しかし、そうしたいわゆる神のお導きとは質的に全くちがうのだ。もっと直接的に神が導くのだ。自分と神との間の距離感が全くない導きなのだ。要するに啓示なのだ」

アーウィンが自分の体験を充分に表現しきれないために、自分が作家か詩人であったならと嘆いた話は前に書いた。月の上での神との出会いをアーウィンに問うと、こういう説明のくり返しになる。それは、たとえば、聖書に記されているような、ダマスクスへの途上にあったパウロの目の前に白く輝くキリストが姿をあらわして彼を回心させたといったドラマチックなものではない。外面的形象としては全く何もあらわれない。彼の純粋内的体験である。それが口から出まかせのデタラメだとしても、誰にもその真偽を確かめるすべはない。

しかし私は、彼がデタラメを述べているとは思わない。実は、彼のような体験は、宗教史上ではさして珍しいことではない。神、あるいは神的霊的存在との直接的な合一あるいは交感を体験したという報告は無数にある。キリスト教だけではなく、あらゆる宗教においてある。それは一般に神秘体験と呼ばれ、神秘体験を重視する人々は神秘主義者と呼ばれる。宗教と哲学の世界においては、神秘主義は古代から洋の東西を問わず連綿として絶えることなくつづいている。西欧では、新プラトン主義と原始キリスト教以来、哲学・神学においてきわめて強力な神秘主義の流れが系譜としてある。その最大の特徴は反理性、超理性の立場にある。理性的にはどう考えても解釈できない神秘体験が原体験としてあり、それをまずありのままに受け入れるところから出発するから、神秘主義ははじめから理性を超えているのである。

では、その神秘体験とは何か。神秘主義の古典的分析として有名なウィリアム・ジェームズの『宗教的経験の諸相』では、「神秘的経験の最も単純な階梯(かいてい)は、ある格言とか文章とかのもっている深い意味が何かのはずみにいっそう深い意味を帯びて突然にパッとひらめく、という場合であるのが普通である」として、有名なマルチン・ルターの啓示体験を例としてひいている。ルターは、アウグスチヌス修道院の修道僧だったが、修道院の塔にある書斎の中で、詩篇を広げて勉強しているときに、外で仲間の修道僧が、「われは罪の許しを信ず」と、使徒信条を唱えているのを聞く。それは、自分でもこれまでに何万回となく唱えたことがある句だった。それにもかかわらず、そのとき、「私は聖書が全く新しい光に照らされるのを見た。そしてたちまち自分が新しく生まれたように感じた。まるで楽園の戸がひろびろと開かれるのを見たようであった」という。

何か日常的なきっかけが突然思いもかけない深い洞察を一瞬にして切り開き、それまでとは世界がちがって見えてくるという体験は、宗教人ならずとも、程度のちがいこそあれ、少なからぬ人が持ったことがあるはずである。神秘主義においてはそれはあくまで最初の階梯であって、より高次の体験においては、神の声を直接に聞いたり、さまざまの幻覚を見たり、陶酔、恍惚（こうこつ）状態におちいったり、神との合一（自分と神とが一体化してしまう）体験を持ったりということになる。そうした体験は数多くの神秘主義者が記録している。しかし、いずれを読んでも（実は私はある時期そうした文献を耽読（たんどく）したことがある）、その体験は読む者にとって、もう一つはっきりしない。

ウィリアム・ジェームズは神秘体験には共通の特徴があるとして、まずその表現不可能性、伝達不可能性をあげている。そして、それはちょうど恋愛経験がない人に恋愛心理を千万言を費しても説明できないのと同じことだと述べている。彼があげるもう一つの共通特徴は、それが日常的な知性、理性をもってしてはとうてい得ることができない真理の深みを洞察した状態だということだ。

その他の特徴、また体験内容からいって、アーウィンの体験は、神秘体験の古典的類型にピタリはまっている。そして、後に述べるエド・ミッチェルの場合は、神秘体験の別の類型のケースである。

さて、アーウィンの話に戻ろう。

——あなたの精神的変化により大きなインパクトを持ったのは、月の上で持った神の臨在感なのか。それとも、宇宙から地球を見るという体験だったのか。

「それは、どちらともいえない。二つの体験には質的にちがう部分がある。宇宙から地球を見ているとき、冒瀆的表現を使えば、自分はいま神の眼で地球を見ている、自分はいま神の位置に自分を置いているのだという感覚があった。それに対して、月の上では、いま自分は神の前にいるのだという感覚があった。スコットと私は、月の上で二人きりだった。他には誰もいない。たった二人で神の前にいるのだと思うと、多分、アダムとイブが神の前に二人きりでいたとき、いまの我々のような気持だったのだろうなと思った。二つの体験は質的にちがう。しかし、どちらにしても、普通の人には絶対に持ちえない体験として強いインパクトを与えた。そのインパクトの強さは、体験しない人には、ほんとのところはわかってもらえないだろう」

——月の上で二人きりだったもう一人のスコットは、スピリチュアルなインパクトを受けなかったのだろうか。

「スコットと個人的にその問題を話し合ったことはないが、受けたことはまちがいない。だいたいスコットは、私なんかよりはるかに信仰が深いクリスチャンだった。彼がスピリチュアルな影響を受けたことはまちがいない。しかし、スコットはプライドが高い男だ。高すぎるくらい高い男だ。だから、私がこんな風に宇宙飛行のスピリチュアルな側面のスポークスマンになってしまった後では、それを自分からしゃべりたくないのだ。人間は誰でも他人とはちがう人間でいたいという欲求を持つものだからね。それに私と彼は切手事件で衝突があったから、一層私とは一緒になりたくないのだ。彼は誰が見ても軍に残っていれば大将までいく人物だったのに、あの切手事件で引退せざるをえなくなったのだからね」

ここでいう切手事件とは、スコットとアーウィンが宇宙飛行記念切手を貼った封筒六百五十枚を月まで持参して、月の上でそれに消印を押して（スタンプを持参した）帰ってきたという事件である。消印だけではなく、これらの封筒には、スコット、アーウィン、ウォーデンのサインも入っていた。切手収集家の間で、引っぱりだこになることはまちがいなかった。

切手を月に持参するのは、アポロ15号にはじまったことではない。アポロ11号から毎回おこなわれていた。そもそものはじまりは、ディック・ゴードン（アポロ12号）の妻のバーバラが切手収集家だったことからはじまる。彼女は、アポロ計画以前から宇宙飛行士の記念切手が出ると、それを大量に購入して、封筒に貼り、宇宙飛行士のサインを貰うのを常としていた。ときとすると、一人に百枚もサインさせるので仲間の顰蹙（ひんしゅく）をかっていた。だが、こういうサイン入り封筒の切手にはすさまじい値段がつくので、バーバラは、どんなにいやな顔をされても、しつこく頼んだ。やがて、他の切手収集家もそれに乗ずるようになった。そのうちサインに対して謝礼金が出るようになった。

アーウィンたちが持参した六百五十通のうち大半はバーバラなど知人から義理で頼まれたものや、自分たちが記念ないし、将来の値上がりを見越して保存しておくためのものだったが、うち百通は西ドイツの切手業者から一人八〇〇〇ドルの謝礼で依頼されたものだった。

三人は、それをアポロ計画が終るまでは市場に出さないという約束のもとに引き受けたのだが、実際には、それから間もなく一通一五〇〇ドルで売りに出されてしまった。これがマスコミに報道され、やがて、ことの全貌が明るみに出て、一大スキャンダルになった。

アポロ15号ばかりでなく、過去にさかのぼって、似たような話が掘り起こされ、ついに上院に調査委員会ができるところまでいくのである。切手の他に、あるメダル会社が、宇宙飛行士に百枚の英ポンド銀貨を月に持参していってもらい、うち五十枚は謝礼に与え、五十枚は返してもらい、その五十枚を鋳造（ちゅうぞう）し直して実に十三万枚のメダルを作って儲けるという事件もあった。

スコットはこういうスキャンダルの中心人物になってしまったので、大将になるべきキャリアを棒にふってしまったのである（いま〔一九八二年〕はカリフォルニアで科学技術コンサルタント会社を経営して成功をおさめている）。アーウィンもその共犯になったわけだが、すでに宗教者になっていた彼は、事件の全貌をすぐにしゃべってしまい、自分のお説教の中で、これを、自分にはいかに人間として弱いところがあるか、そしてだからこそいかに神の助けを必要としているかの例証として述べて、むしろ聴衆の共感を得ていた。しかし、考えてみると、彼は月の上で、彼のいう神の眼の前で切手に消印を押していたことになるわけで、そのとき神はアーウィンに何も語りかけなかったのだろうかという疑問がわく。

――宇宙飛行士の中で、あなたが一番極端な変り方をした。宇宙飛行士のその後を見ると、ビジネス界に入った人が大半で、政治家になった人もあり、むしろ世俗的な欲望を追求している人のほうが多いように見受けられるので問うのだが、ほんとに宇宙体験は、それほど強い精神的インパクトを持つのだろうか。あなただけが特殊なケースなのではないか。宇宙飛行士仲間で、あなたはもともと宗教的だったのであって、別に宇宙体験で変ったわけじゃないという人もいるが。

「私より宗教的な宇宙飛行士は沢山いた。スコットもそうだし、ボーグやルースマもそうだ。アポロ11号で月に最初にいったオルドリンなどは長老派教会の長老だった。私より信仰心が篤かった人はいくらでもいる。しかし、地上でどれだけ宗教的だったかということとはかかわりなく、宇宙飛行士たちはみな宇宙体験で大きな精神的影響を受けて、内面的に変った。変ったけれども自分でそれを認めようとしない人々も何人かいる。あとの大多数は自分が精神的に変ったことを私のようにすすんで口にしたがらないだけなのだ。というのは、そういうことをオープンに口にすると、自分の宇宙飛行士としての将来にマイナスだと思っていたからだ。あいつはちょっとおかしな奴だから、もう飛ばすのはやめよう、などと上層部に思われたくなかったのだ。しかし、引退したあとはフランクにそれを語りはじめた人が何人かいる。

だいたい私のこのハイフライト・ファウンデーションの活動に参加して共に伝道している元宇宙飛行士が、アル・ウォーデン（アポロ15号）、チャーリー・デューク（アポロ16号）、ビル・ポーグ（スカイラブ4号）と三人もいる。アル・ウォーデンは、それまで文学に親しんだことなど全くなかったのに、月から帰ってから宗教的な詩を書くようになった。ただ宇宙体験といっても、地球軌道をまわるだけの体験と、月にいく体験とは、まるでちがう。地球軌道からは、宇宙内存在としての地球をほんとには見ることができない。地球軌道は地球の一部だからだ。地球軌道からは地球が圧倒するような大きさで見える。しかし、月からは地球がマーブルの大きさで暗黒の宇宙の中に浮かんで見える。このちがいは決定的なものだ。それに、地球軌道を飛ぶ宇宙飛行士は忙しすぎる。忙しすぎてものを考えている暇や、感じている暇がないのだ——スカイラブの場合は多少ちがうかもしれないが。

だから、宇宙飛行士の中でも月にいった経験を持つ二十四人と、他の宇宙飛行士とでは受けたインパクトがまるでちがう。さらに、月にいったといっても、月に着陸して、月面を歩いた人間とそうでない人間とでは、またちがう。宇宙船の内部しか経験できなかった人と、地球とは別の天体を歩いた経験を持つ人とではちがうのだ。宇宙船の中は無重力状態だが、月の上は六分の一Gの世界で立って歩くことができる。この立って歩くことができるという状態が、意識を働かす上で決定的にちがう影響を与えたような気がする。

月の上を歩くというのは、人間として全く別の次元を体験するに等しい。たとえ話をすれば、地球軌道しかまわらなかった人と、月飛行した人の間には、自動車で地表を走った経験しかない人と、飛行機で空を飛んだことがある人との間くらいのちがいがある。月飛行しても着陸した人と着陸しなかった人の間には、飛行機でどこか見知らぬ土地の上を飛んだだけの人と、そこに着陸して歩きまわった人とのちがいくらいの差がある。

月にいった二十四人のうち着陸したのは十二人だが、この十二人の中でも、船長とパイロットではまたちがう。船長は忙しすぎるし、責任感で頭が一杯だから、任務以外のことをあまり考えている暇がない。その点パイロットは、心理的に余裕があるから、いろいろ考え、感じている暇がある。六人の月着陸船のパイロット、順にいうと、バズ・オルドリン、アル・ビーン、エド・ミッチェル、私、チャーリー・デューク、ハリソン・シュミット、それぞれにその後の人生が独特だったことを見てもそれがわかると思う」

バズ・オルドリンは精神に異常をきたし、アル・ビーンは絵描きになり（もっぱら月世界風景を描いている）、エド・ミッチェルはESP能力の研究家になり、アーウィンとチャーリー・デュークは伝道家に、そしてハリソン・シュミットは上院議員になったのである。

「結局、宇宙飛行士たちは、それぞれに独特の体験をしたから、独特の精神的インパクトを受けた。共通していえることは、すべての人がより広い視野のもとに世界を見るようになり、新しいヴィジョンを獲得したということだ。私はミサイルの専門家だったが、いまの超大国の軍事的対立をとても悲しいことだと思うようになった。ソ連の脅威というが、ソ連もアメリカの脅威を感じている。お互いに脅威を与え合うというこの関係の底にあるのは、結局のところ観念的対立なのだ。目的を異にする観念体系をお互いに持っているというだけで、世界中の不幸な人々を全部救済してあまりあるような巨額の資金を投じて、お互いに殺し合う準備を無限に積み重ねているというこの現状は悲しむべきことだ。神のメッセージは『愛せよ』の一語であるというのに。

私は、宇宙飛行士は自分たちが宇宙で得た新しいヴィジョン、新しい世界認識を全人類にわかち与えるべき責任があると思う。我々が宇宙から見た地球のイメージ、全人類共有の宇宙船地球号の真の姿を伝え、人間精神をより高次の段階に導いていかねば、地球号を操縦しそこなって、人類は滅んでいく。人間はみな同じ地球人なんだ。国がちがい、種族がちがい、肌の色がちがっていようと、みな同じ地球人なんだ。最低限度これだけは知ってもらいたいね」

――人間はみな同じ地球人だとしても、同じ宗教を持っているわけではない。宗教を持たない人もいる。あなたが宇宙でキリスト教の神に出会ったといい、その福音を伝道するのだといっても、他の宗教を信じている者や、無宗教者は首をかしげるばかりだろう。他の宗教をあなたはどう考えているのか。キリスト教の神だけが神なのか。

「私は……他の宗教を……批判しようとは思わない」

と、アーウィンは口ごもりながらも、

「しかし、イエス・キリストは神の子だったのだ。イエスは神そのものなのだ。神がこの地上に人間の姿をとって降りてきた。これは人類史上最大のできごとだ。その教えが、ブッダの教えやモハメッドの教えより力強く、より多くの真理を含んでるのは当然のことではないかね」

と答え、さらにその先、キリスト教が真の神に従う唯一の宗教である所以を滔々とかつ長々と述べたてるのを聞かされるはめになった。

――するとあなたは、聖書に書いてあることは、すべてそのまま真実だと信じてるんですか。

「そうだ。聖書は神のことばだ。私はそのすべてを信ずる。正直にいえば、細かい点では幾つかの疑問がある。しかし、その疑問は自分の理解がいきとどかないための疑問だと思っている。しかし、根本的なところはすべて信じている。イエスが神の子であり、処女から生まれ、罪なき人生を送り、全人類の罪を背負って十字架にかけられ、その三日後に復活し、昇天した、というようなことはすべて真実だと思っている」

前に述べたように、彼がここにあげたような神話的部分をすべて歴史的真実と信じるのが、ファンダメンタリストの特徴である。よりソフィストケイトされた教派では、これらの神話的部分は多かれ少なかれ合理化されてしまっている。

――それはすべて新約聖書についてだが、旧約聖書についてはどうですか。

「天地創造についてかね」

と彼は、質問の趣旨はわかってるぞとでもいわんげにニヤッと笑って、こうつづけた。

「この地球は神が創造したものであることは疑わない。しかし、地球を作るのにどれだけの時間がかかったかはわからない。聖書にあるように、六日間で天地のすべてが作られたのか、それとも、もっと時間がかかったのか。地球や太陽系の年齢は、四、五十億年といわれている。しかし、それは、四、五十億年前に天地創造がおこなわれたということを意味するわけではないことに注意する必要がある。いいかね。神はアダムを作るとき成人男子として作った。赤ん坊として作ったわけじゃない。地球についてもそれがいえるのさ」

前に書いたように、太陽系は約四十六億年前に一度にできたものらしいということになっているが、実は宇宙全体の年齢はそれよりはるかに古い、百億年とも二百億年ともいわれている。宇宙年齢と太陽系年齢のこの差は、神はいかなるものをも、いかなる年齢においても創造できるという前提をおいてしまえば、天地創造神話と矛盾しないことになる。

――宇宙飛行士は科学的知識をいやというほど詰め込まれる教育を受けたわけだが、科学的知識と宗教の教えの間の分裂に悩んだことはありませんか。

「それはもちろんある。特に進化の問題だ。生物学的進化の問題より、我々の場合は、地質学的進化のほうが勉強の中心だったが、その問題で悩まなかったといったらウソになる。しかし、宇宙空間から地球の姿を見たとき、この地球が宇宙において全く特別の存在であることがどう否定しようもなくわかった。地球と、地球以外の宇宙のすべてとは、全くの別物なのだ。その否定しがたい事実が目の前に突きつけられる。そのとき、これは神の直接の創造物以外ではありえないと思った。天文学が進歩し、宇宙の遠いかなたの情報が沢山入るようになって、より一層たしかにわかってきたことは、この広い宇宙のどこにも地球以外には生命がないということだ。我々はこの広い宇宙の中で全く孤独なのだ。この地球にだけ神の手が働き、我々が創造されて生きているのだということには疑問の余地がない。これほど見事な、美しい、完璧なものを神以外に作ることはできない。結局、科学は宗教に対立するものではない。科学は神の手がいかに働いているかを、少しずつ見つけ出していく過程なのだ。だから、科学が、一見、宗教の教えと矛盾しているような場面でも、科学がより高次の段階にいたれば、その矛盾は解消していくものだと思う。科学はプロセスなのだ。だから、科学の側でも、宗教の側でも、お互いに敵視するのは誤りだ」

——生物学的進化についてはどうなのですか。やはり信じないのですか。

「もちろん信じない。人間がサルから進化したなどとは絶対に思わない。そんなわけがない。人間というのは特別の存在だ。神が特別に創造したものだ」

——これも科学とは矛盾しないのですか。

「矛盾しない。進化説の証拠と創造説の証拠は同じくらい沢山ある」

つまり、神の無限に自由な創造力をもってすれば、先ほど述べたように、宇宙や太陽系をある年齢時の姿で創造したと考えられるのと同様に、進化説の証拠となっている古生物学的発見物もそれぞれの古さをもって神が創造したのだと考えれば矛盾はなくなるのである。化石は化石として、猿人・原人の骨は骨として創造されたと考えるわけである。しかし、そういうことになると、なぜ神はわざわざそういうものまで創造したのかという疑問が出てくる。それにも答えがちゃんと用意されている。信仰薄い人間たちを進化論でまどわすためにである。かくて、ファンダメンタリストの理論は首尾一貫する。さて、これまで語ってきたような、アーウィンに宇宙体験で与えられた精神的変化は、あまりに特殊な例と思われるかもしれない。が、必ずしもそうではないことが以下読み進むにつれておわかりになるだろう。

狂気と情事

第一章　宇宙体験を語らないオルドリン

今度は一転して、アーウィンの例とは対極にあるもう一つの特殊な例について記してみよう。

アポロ11号で、アームストロングに次いで人類二番目に月に足跡をしるす男となりながら、精神病院に入ることになった、バズ・オルドリンである。

アーウィンは、宇宙体験について語ることは宇宙飛行士だった人間の責務だと述べていたが、それと同じ考えを持つ元宇宙飛行士たちが少なくない。限られた取材期間内に、実に多くの宇宙飛行士たちが、スケジュールに無理をしてでも会ってくれたのはそのためである。しかし、インタビューを申し込んだ人の中で、ただ一人だけ、スケジュールの都合がつかないというような消極的理由ではなく、「宇宙体験については語りたくない」という積極的な理由で取材を断ってきた人がいる。オルドリンである。彼は精神病院はとっくに退院して、ロスアンゼルス郊外で科学技術コンサルタント業を個人的に営んでいるが、あまり人にも会わず、自分のことは語ろうとしない。

従って、以下に述べていくことは、彼の書いた自叙伝、各種報道等の活字資料と、他の宇宙飛行士たちなどの関係者からの情報にもとづくものである。

アーウィンにいわせると、

「オルドリンは、宇宙体験がネガティブに働いた唯一の例」

である。

「彼は宇宙飛行士の中でも指折りかぞえるくらい信仰心の篤い男だった。その彼があああって、私がこうなるとは、ほんとに説明がつかない。神は人間一人一人にちがった働きをするのだとしかいいようがない」

彼の信仰心の篤さをあらわす有名なエピソードとして、彼が月に着陸して間もなく、着陸船から外に出る前に、船内で一人で聖餐式をとりおこなったという話がある。彼は私物入れの中に、ブドウ酒をほんの少しと聖餐用のパン（ウェーハースのようなもの）を入れておき、また小さなカードに、いつも聖餐式のときに読まれる聖書の一節（最後の晩餐で、イエスが弟子たちにパンをさき与えて、「食べなさい。これは私の体である」といい、またブドウ酒の杯をまわして、「飲みなさい。これは私の契約の血である」といって、パンとブドウ酒を取らせたという場面を記したもの）を書き記しておいた。これを自分で読みながら、ブドウ酒を飲み、パンを食べようとしたわけである。聖餐式はキリストの血と肉を摂取することで信者がその聖性につらなるという意味を持つ、キリスト教では最も重要な儀式の一つである（カトリックではこれを聖体拝受と呼ぶ）。

オルドリンは、この一人だけの（アームストロングは加わらなかった）聖餐式を世界に実況中継しようとした。しかし、最後の瞬間に、それはヒューストンのNASA本部から差し止められた。前にも述べたようにアメリカ人の大半はキリスト教だが、中には逆に、熱心な宗教反対運動家もいる。アポロ8号がその前年、一九六八年のちょうどクリスマスのときに、はじめて月を周回した。そのときボーマン船長が宇宙船の中から創世記の一節を読み上げて、クリスマスと、宇宙飛行の成功を祝った。大半のアメリカ人はこれを大歓迎したが、一部の宗教反対運動家が、これは国家機関（NASAも国の機関だ）の宗教介入を禁じた憲法に違反する行為だといって、訴訟を起こしたのである。ここでオルドリンが大っぴらに聖餐式を月の上でやるところを実況中継したら、またまた訴訟をかかえこむことになるとヒューストンは危惧したわけである。仕方なくオルドリンはこういうにとどめた。

「ヒューストン、こちらは月着陸船のパイロットだ。しばらくの間全員静かにしてもらいたい。この放送を聞いている人は、誰でも、どこにいようとも、この数時間の間に起きたこと（月着陸の成功）を思い起こして、その人なりのやり方で感謝を捧げてほしい」

このときはテレビの画像がなかったから、世界中でこれを聞いている人はわからなかったろうが、こういってから彼は口の中で聖句をつぶやき、一人で聖餐式をとりおこなったのである。

「結局、あれだけ強い信仰を持った男がおかしくなったのは、人類最初の月着陸という人生の大目的を果して、その結果人生の目標を見失い、心が空虚になったためだろう」

とアーウィンは解釈する。たしかにそれは大きな要因である。しかし、それだけでは説明がつかない。宇宙飛行を終えたあとで、空しさを感じたのはオルドリンだけではない。少なからぬ宇宙飛行士が、同じような心理状態におちいっている。たとえば、チャーリー・デュークである。彼は

チャーリー・デューク

ヒューストンでアポロ11号との通信を担当した。あの月着陸の日、「こちらヒューストン」とやっていたのは彼である。デュークはその後、アポロ16号の月着陸船パイロットとして、ジョン・ヤングと

ともにデカルト高原に着陸し、三日間にわたる月探検をおこなった。彼の「空しさ体験」後の人生はオルドリンとは全く対照的である。

「私は、教会には通っていたが、神は信じていなかった。イエスが神の子であるなどとは思ってもいなかった。私の宗教観は、それは社会生活上、社交の一環としては必要だが、それ以上のものではないというものだった。個人としての私には宗教は何の必要性もない。宗教で人間は変らない、と思っていた。だからかどうか、私の宇宙体験に精神的な要素は全くなかった。そもそもそういう期待は皆無だったし、現実にもなかった。宇宙体験は純粋にテクニカルな体験だったといってよい。精神的インパクトがあったといえないこともないが、それはむしろ宗教的なものとは逆の向きに働いていた。つまり宇宙体験はテクノロジーに対する信頼感を一層深めたということだ。

人間はどんな問題に対しても、テクノロジーによって対応し、解決していくことができるというテクノロジー信仰だ。私はクリスチャンというよりヒューマニストだった。ことばの真の意味でのヒューマニスト、つまり人間中心主義者だ。人間に神は必要でない。人間が神になればよいということだ。たしかに宇宙で、地球が宇宙船だという認識は持ったし、人類の未来について新しいヴィジョンを持ったということはある。しかし、あくまでそれはテクノロジスト、ヒューマニストとしての立場からだった。地球という星の信じがたいほどの美しさ、月世界の完璧な静寂さ、全き不毛さといったものに感動もしたが、それはあくまで感覚的なもので、スピリチュアルなものではなかった。地球と人間社会への帰属感は強められたが、神への帰属感は生まれもしなかった。

七五年十二月に私はNASAをやめた。七五年のアポロ・ソユーズ計画以後スペース・シャトルまで宇宙飛行計画は何もなかった。宇宙飛行をしたくて宇宙飛行士になったのに、今度はいつ飛べるのかわからなかった。宇宙を飛べない宇宙飛行士なんて意味がない。その欲求不満からやめたのだ。私だけではない。この前後、多くの宇宙飛行士が同じ理由から引退した。私は物質主義者だった。今度は金儲けで成功しようと思った。百万長者になること、社会的な成功者になることをめざした。人間が頼れるものは自分しかない。人は誰でも自分の力で生きるのだ。よく働き、才覚と能力さえあれば、人はこの世で成功できるし、どんな問題が起きてもそれに対応していけるというのが私の信念だった。

私はテキサス州のサンアントニオでビール販売業をはじめて大成功した。面白いように儲かった。元宇宙飛行士という肩書きが、ビジネス・コネクションを作るのに非常に役立ったことが、成功の一因だったろう。四十歳そこそこで、私は世の人が望むあらゆる名声と富を手にしていた。しかし、その一方で、金が儲かれば儲かるほど、私の心は空虚になっていった。心の中に大きな穴が開いている感じだった。生きることが空しかった。宇宙飛行士時代の充実した日々が懐しかった。宇宙を飛ぶのだという大目標に向かって、私は人生の六年間のすべてを捧げきった（六六年採用、七二年飛行）。私の心身の能力のすべてをその目標実現のために傾けつくした。毎日毎日が新しいチャレンジで、面白くて仕方なかった。あれほど刺激的で人を興奮させる仕事も少ないだろう。しかし、いまやそれだけ自分をのめりこませてくれる大目標は何もなかった。

　富や名声の獲得は人生の目的喪失を補ってくれないのだ。そしてこのころ同時に、私の家庭はある事情で崩壊しかかっていた。私たち夫婦は離婚を真剣に考えていた。それが原因だったのか、妻が急に宗教的になっていった。そしてある日、妻にひきずられるようにして聖書研究会に連れていかれた。そして、生まれてはじめて聖書を真面目に読まされた。それまで教会にはいっていたが、真面目に聖書なんて読んだことはなかったのだ。

　聖書を読むうちに、何か目の前にかかっていたヴェールが少しずつ取りのぞかれていくような気がした。二千年も前に書かれたことばがこれほど人の心を動かすとは思ってもみなかった。そして、人間が神になろうとするのは根本的な誤りだと思うにいたった。人間は神に背きつづけてきたということがわかった。神という存在は受け入れることができた。しかし、イエスを神の子として受け入れることがなかなか難かしかった。神を受け入れてもイエスを受け入れるのでなければクリスチャンではないわけだ。イエスは自分が神の子であるといった。もしそれがウソなら、彼は歴史上最大のウソつきだといってよいだろう。では彼はほんとうのことをいったのか。しかし、神に子があり、その子が人間として地上に降りてくるとは信じがたかった。

イエスとは何者なのか。神の子なのか。天才的ウソつきなのか。私はこの問題で悩み抜いた。どちらをとるべきなのか、人生最大の選択を迫られていると思った。もしイエスがほんとに神の子であるなら、私は彼に従わなければならない。

そして一九七八年四月、運命的な日がきた。ハイウェイを車で走っているとき、突然、イエスが神の子であり神であるということがわかったのだ。超自然的認識が啓示として突然に訪れた。それまで自分からは遠い客観的な存在でしかなかったイエスが、突然に、身近な具体的なリアルな人間存在として認識できたのだ。それとともに、私の全身、全精神が安らぎと喜びに満たされた。

私は車を止めてすぐに感謝の祈りを捧げた。同時に、それまでそれなりに認識し受け入れていたつもりでいた神の存在がそれまでとはちがって見えてきた。遠くにあった神が、すぐかたわらにある神になった。その夜からすべてが変った。世界観が根本から変った。たとえばこの宇宙の創成にしても、私はビッグ・バン仮説を信じていたが、聖書のいう通り、神がその手で創造したものにちがいないと思うようになった。生命は物質進化の過程で偶然に生まれた物質のある特別の組合わせと思っていたし、その存在は無目的であると思っていたが、それ以来、生命は神の手によって目的をもって創造されたものであり、その目的とはあらゆる生命が神に仕えることだと考えるようになった。

それまでの私の人生は、すべて何かを『得る』ことを目的としてきたが、それ以来、何かを人に『与える』ことが目的となった。それとともに私の人生は精神的に満たされ、家庭内の問題も氷解した。いま私は、アーウィンのように、世界中に伝道旅行をつづけている。

私のこの回心は、宇宙体験を直接のきっかけとするものではない。宇宙体験それ自体は何ももたらさなかった。しかし、宇宙体験以後の心の空虚さがそれをもたらしたのだから、宇宙体験は間接的なきっかけとなったといえるだろう。

私は月をこの足で歩いてきた人間として、月を人間が歩いたことより、イエスがこの地上を歩いたことのほうが、人類にとってははるかに意味があることだということがよくわかったのだ」

デュークのこの最後のセリフは、アメリカ人ならすぐわかることだが、実はニクソン大統領の舌禍事件を下敷きにしている。ニクソンはアポロ11号が成功裡に月探検を終えて地球に帰ってきたとき、ハワイ沖の空母ホーネットまで宇宙飛行士たちを出迎え、

「諸君のなしとげたことは天地創造以来この世で起きた最も偉大なことだ」

とその功をたたえた。しかし、このことばは、ニクソン大統領が、二千年前に神の子イエスがこの地上に降りくだったことを忘れた冒瀆的発言だとして、ごうごうたる非難の嵐をまき起こしたのである。

宇宙体験後の心の空虚さという点では、オルドリンもデュークも似たような体験をした

わけだが、それを媒介として宗教的であったオルドリンは精神的破綻をきたし、世俗的であったデュークは宗教的になってしまったわけである。何がオルドリンの精神的破綻をもたらしたのか、まず、彼の人生を簡単に追ってみたい。

オルドリンは一九三〇年一月、ニュージャージー州モンクレア（ニューヨークの郊外）に生まれた。父親はスタンダード・オイルの重役で、自分で飛行機を操縦してあちこち飛びまわる〝空飛ぶ重役〟のはしり的存在だった。マサチューセッツ工科大学（ＭＩＴ）で博士号を取っていたし、第二次大戦中は従軍して空軍大佐となったという経歴を持つため、ビジネス界、航空界、学界、空軍上層部にまで顔が広い男だった。下層階級出のアーウィンとは対照的にアメリカのエスタブリッシュメントの中核をなすエリートの家庭に生まれ育ったわけである。母親はメソディストの牧師の娘で、信仰篤く、しつけは厳しかった。オルドリンが宗教的になったのは、母親の影響が強い。

バズ・オルドリン

家には料理担当の女中と家事担当の女中と二人の女中がいるくらい豊かな家庭

だったから、その少年時代も、小学生のときからアルバイトをしなければならなかったアーウィンとはちがって、恵まれた生活だった。夏休みになるとまず山にキャンプにいき、戻ると今度は海にスキューバダイビングにいくという具合だった。

成績は小学時代は平均程度。スポーツとケンカに熱中した。競争心が激しく、何でも自分でリーダーシップを取りたがった。九年生（中学三年にあたる）ころから成績もあがり、オールAになった。とはいうものの、理数系は抜群だったが、人文系は苦手だった。

ハイスクール時代から軍人になることをめざし、メリーランド州にある上流家庭の子弟だけが通う軍学校予備校に通った。国語が特に弱かったので、これまでいつも問題に出ていた同意語の暗記に精力を集中した。しかし、その年の試験に出たのは、同意語ではなく、反対語だった。二時間の試験時間のうち、十五分間で数学と物理の問題を全部解いてしまい、残り時間全部をかけて反対語の問題に呻吟（しんぎん）した。それくらい彼の頭は数学と物理向きにできていた。幸い試験はよくでき、父の運動で上院議員の推薦も取りつけ、一九四七年にウェストポイントに入学した。

入学した一年目は学業でもスポーツでも一番の成績をおさめた（卒業時は三番）。ウェストポイントに入ってみて、自分の進路選択が誤っていなかったことを知った。目的がいつでもはっきりしていて、すべてに厳格なルールがあり、自分がどう行動すればよいかが常にわかっている。厳正なメリットシステムによって、自分の受けている評価が常に点数ではっきり示される。この二点が気に入ったのだという。要するに、数学的に律された人生が気に入ったということなのだ。

十九歳のとき、メキシコ国境の基地に実習訓練にいかされ、そのとき級友たちとメキシコにいって女を買い、初体験をすませる。しかし、その行為に対する罪の意識が深く、無意識のうちに自分が処罰されることを望み、終ってから淋病にかかっていればよいと思った。性病に苦しめば自分の罪をあがなうことができると思ったのである。小便のたびに早く痛みがこないかと思ったが、ついにこなかった。

卒業前、ローズ奨学生（セシル・ローズが作った奨学制度。英連邦諸国、アメリカ、西独から選抜された学生がオックスフォードに留学できる。ローズ奨学生になることは、アメリカの知的エリートをめざす若者のあこがれである）に応募して落ちる。はじめての挫折。国語の成績が悪すぎたことが原因らしい。卒業後、もう一度応募するが、またも同じ原因で失敗している。とにかく彼は、極端に言語能力が不足しているのである。

ウェストポイントを卒業する直前、占領行政の実習で、東京を訪問するが、訪問した翌日に朝鮮戦争が勃発。すぐに帰米する。ウェストポイント卒業後、空軍に入る。飛行訓練で優秀な成績をおさめ、戦闘機乗りになり、直ちに在ソウルの航空団に配属になる。朝鮮戦争はすでに終りかけていたが、F86に乗って六十六回出撃し、うち三回はミグと空中戦をやって相手を撃墜した。

一九五四年、アメリカに戻ったところで、パーティーで見初めた女の子と結婚。相手のジョーンは、コロンビア大学で演劇学の修士号を取った駆けだしの女優だった。それまでは、小学校以来、女の子をデートに誘っては、ふられることの連続だった。それも彼の言語能力不足に起因していると思われる。女の子を楽しませる会話ができないし、まして上手に口説いてその気にならせるなどということはとてもできなかったのである。

空軍士官学校の飛行教官を経て、一九五六年、ドイツ駐留軍に配属。ここではF100に乗り、核爆弾投下訓練を受ける。ここで同僚だったのが、宇宙飛行士第二期生になるエド・ホワイト（ジェミニ4号でアメリカで初の宇宙遊泳をする。後にアポロの打ち上げ訓練中に事故死）である。二人は親友になるが、ホワイトは一年先に帰米してミシガン大学に進学した。これに刺激されて、オルドリンも一九五九年に帰米して、父の母校であるMITに進学した。宇宙飛行士の第一期生が選抜された年である。有人宇宙飛行計画があるのを知ったときから、彼は自分も宇宙飛行士になろうと心を決めた。何でもトップになることをめざす彼が、パイロットの最高の座である宇宙飛行士をめざしたことは当然すぎるほど当然なことだった。

一九六一年、修士号を取ったところで、宇宙飛行士になるための次のステップであるテストパイロット学校に進学すべきなのか、それとも博士コースに進学して学問をつづけるべきなのか迷った。学問が好きだから迷ったというのではない。宇宙飛行士になったときにどちらが有利か迷ったのである。第一期生はテストパイロットであることが資格要件だった。しかし、次の募集では、テストパイロットであることは資格要件から外れるだろうと彼はみた。そうなったとき、より学問を積んでおいたほうが有利になる。しかし、その学問は宇宙飛行に直接役に立つものでなければならない。こう判断して、彼は博士コースに進み、宇宙航法を専攻し、特にランデブーを研究テーマに選ぶ。

宇宙飛行のさまざまの要素はすでに多くの研究が積み重ねられ専門家も沢山いたが、ランデブーはまだ未開拓の領域だった。しかし、いずれランデブーとドッキングは宇宙飛行にとって不可欠の技術になるのだから、その専門家になっておけば有利だ。こう判断したのである。この判断は正しかったことが後に証明される。

一九六三年、MIT卒業後間もなくおこなわれた宇宙飛行士の第三期生募集では、オルドリンが予想した通り、テストパイロットであることは応募資格から外されていた。これに応募して見事に合格。あこがれの宇宙飛行士になることができた。すでにマーキュリー計画は終り、ジェミニ計画の準備がはじまっていたときである。

ジェミニ計画の中心は、第一期生と第二期生だったが、第三期生も上位何人かは乗り組むことができそうだった。そこでオルドリンは、乗組員選抜の中心になっていたディーク・スレイトン（後出）のところに自分を売り込みに出かける。売り込みの武器は、自分が専門とするランデブー技術である。ジェミニ計画の最大の目的はランデブーとドッキングの技術を完成させて、アポロ計画の月飛行のための技術的準備をととのえることにあった。そのランデブーに関しては、自分が一番の専門家であり、自分が最適任者であるということを言いにいったのだ。

オルドリンは言語能力にすぐれないこともあって、まわりくどい表現はしない。いつでも直截的表現でものをいう。ズバリ売り込んだわけである。しかし、彼が任命されたのは、ジェミニ10号のバックアップ・クルーだった。前に述べたように、バックアップ・クルーに選ばれれば、三号あとの本番のクルーに選ばれることになっていた。しかし、ジェミニ計画は12号までしか予定がなかった。10号のバックアップ・クルーには本番がないのである。彼はすっかり気を落とし、絶望感にさいなまれたという。しかし、不幸なできごとが幸運をもたらす。一九六六年二月、ジェミニ9号のクルーに任命されていたチャーリー・バセットとエリオット・ジーが二人とも飛行機事故で死んでしまうのである。9号以下の順番が一つずつくり上がり、オルドリンは12号に乗り組むことになった。

レーダーとコンピュータを連動させて、ランデブーを自動的におこなう技術はすでに開発されていた。オルドリンがMITで研究したのは、レーダーやコンピュータが故障した場合に、目視と手動でランデブーを可能にさせる手法である。宇宙でランデブーを実現するのは、飛行機が編隊を組むのとちがって簡単にはいかない。たとえば、地球軌道上で、ランデブー目標を発見し、それに追いつこうと思ってロケットを噴射すると、そのとたんに軌道自体が変化してしまって追いつけないということが起こる。地球軌道上では、速度の変化が軌道の変化をもたらし、軌道の変化は速度の変化をもたらすのである。だから、ランデブーには複雑な計算と手順が必要となる。オルドリンはこれを目視と手動でやるための手法を開発して、それを一連のチャートに仕上げていた。しかし、これまでは機械装置がすべてうまく作動したために、一度もそれを利用する機会がなかった。だが、またしても不幸が幸いを生んだ。オルドリンの乗ったジェミニ12号ではレーダーが故障して作動しなかったのである。オルドリンは自分のチャートを取り出して、レーダーとコンピュータの助けなしで見事にランデブーとドッキングをやってのけてみせた。

それまでオルドリンが自分の理論を仲間の宇宙飛行士に説明しても、なかなか耳を傾けてもらえないでいた。というのは、宇宙飛行士といっても、他の人々はそれほど高度に宇宙飛行の理論に根本的に通じているわけではない。宇宙船のオペレーターとして必要な限度での知識しか持っていない。宇宙航法を自分で設計してそれを自分でコンピュータにプログラムしろなどといわれたら、お手上げという人が大部分なのである。航法システムの基本的な部分はMITが研究してコンピュータにすでに仕込んである。宇宙飛行士はそれをオペレイトできればよいのだ。

しかしオルドリンは、オペレーターでは満足しない人だった。自分でシステムを設計しプログラムできる人だった。だいたいコンピュータは無謬（むびゅう）ではないから、いつ誤りを起こすかしれない。誤りを起こしても、起こしたときにそれが誤りと知り、それを正しうるだけの知識を持つことが宇宙飛行士には必要だというのが彼の主張だった。しかし、そこまで理論に通暁（つうぎょう）していない人が大部分だったから、彼の主張はけむたがられていた。宇宙航法で博士号を取った知識を鼻にかけていると思われたわけだ。彼の頭脳がズバ抜けていたために、仲間から充分理解されず、孤立していた。しかし、こうして彼の理論が実証されてみると、彼を嫌っていた人も彼の能力を認めないわけにはいかなかった。このあとオルドリンは〝ランデブー博士〟の異名をたてまつられることになる。

オルドリンがアポロ11号の乗組員に選ばれたのも、このジェミニ12号における劇的な成功がもとになっている。オルドリンを乗組員として持つことは、バックアップ・コンピュータをもう一台持っているようなものなのだ。オルドリンは、はじめて月まで飛んだアポロ8号が、天球赤道を中心にした航法をとったのに対して、黄道を中心とした航法のほうが合理的であるとして、その設計をしたり、地上からの連絡が何かの事情で途絶して、地上のコンピュータの支援が得られなくなった場合に、船上のコンピュータだけで宇宙飛行をつづけるためには、どういうプログラムの入れかえをおこなったらよいかなど、さまざまの研究を自分で独自におこなっている。誰も彼の頭脳には敬服せざるをえなかった。

さて、アポロ11号の月着陸船パイロットに選ばれたオルドリンは、自分が人類で最初に月面に第一歩をしるす男に選ばれたのだと思い込んだ。なぜなら、それまでの宇宙飛行では、船外活動がおこなわれるときは、必ず船長が中に残り、乗組員のほうが外に出たからである。しかし今回は、船長のアームストロングが先に出て、月面に歴史的第一歩をしるす男になるらしいというウワサが耳に入る。オルドリンはこの話を聞いてカッとなり、彼一流の直接行動に出る。アームストロングのところにいって、こういう話を聞いたがほんとうか、本来は自分が先に外に出るべきではないのか、と問いただしたのである。アームストロングは、自分はまだ何も聞いていない、しかし、それがどちらに決まろうと、先に出る者のほうが歴史的役割を担うことになるのだから、自分としては決まりもしないうちから、自分は後から出るなどと申し出て、自分のチャンスを捨てることはしたくない、ときわめてクールに対応する。

オルドリンは次に、宇宙飛行士室長のディーク・スレイトンのところに掛け合いにいく。スレイトンは、まだ決まっていないが、多分、アームストロングが先になるだろうという。なぜならアームストロングは第二期生で、きみは第三期生だからと答える（宇宙飛行士の世界では、軍隊と同じように先任順が絶対的な序列となっている）。オルドリンはそれでもまだ納得せず、NASAのアポロ計画局長のところまで掛け合いにいくが、結局はアームストロングに決まってしまう。

アポロ11号の乗組員に決定したときから、自分が月に歴史的第一歩をしるすのだとの思い込みが激しかったために、これは彼のプライドを著しく傷つけた。このあと、オルドリンとアームストロングの間には微妙な感情の亀裂が走ることになる。彼の書いた自叙伝には、いたるところアームストロングへの感情的反撥が見られる。たとえば、月面上に月着陸船が降りたとたんに、アームストロングが、「ヒューストン、こちら〝静かの海基地〟。イーグル号は無事着陸した」という場面では、〝静かの海基地〟などということばを使う予定は全くなかった、自分に事前の相談がまるでなかったのはけしからんといってみたり、月に第一歩をしるすときに何と言うつもりか、アームストロングに聞いても最後まで自分には教えてくれなかったとか、あるいは、月着陸記念切手のキャプションが、〝First man on the moon〟となっていて、〝First men〟になっていなかったなどということをくどくど書きつらね、自分が最初の男になれなかったことへのこだわりが強く見られる。

オルドリンという男、数学的頭脳は抜群のものを持ちながら、むきだしの競争心、臆面もない自己中心主義、女々しいこだわりなど、どうも人間的には欠陥があって、人には好かれないタイプらしい。

アポロ11号が地球へ帰還してから、三人の乗組員は隔離室へ三週間入れられた。もしかすると、月には地球にはない細菌、ウィルスがあって、それが三人の身体に付着して地球へ持ち込まれることになるかもしれないと心配されたのである。三人の健康に三週間何の異常もないことがわかってからでなければ、外に出ることが許されなかった。

その隔離室でのことだが、アームストロングとマイク・コリンズは、すぐにトランプで二人遊びのジン・ラミーをはじめて、それを延々とつづけた。三週間にわたって暇さえあれば二人はジン・ラミーをしていた。オルドリンは完全に除け者にされたのである。オルドリンは、はじめちょっとだけトランプの一人遊びをしただけで、あとは椅子に坐って目をつぶり、何もせず、何も考えないことにつとめていたという。このあたり、オルドリンの孤立ぶりがよくあらわれている。

アポロ11号の飛行と月探検については、あまりに有名な話であるから、ここでは一切省略して、地球に帰還したところから話をつづけよう。

オルドリンは隔離室で何も考えないようにつとめながら、これから自分は何をすればよいのかを考えていた。MIT時代を含めて過去八年間の人生はすべて宇宙飛行のためにあった。宇宙飛行の頂点である月へいくことに人生を賭け、それをここに実現した。あらゆる競争に勝ち、人類最初の月着陸船に乗ることができた。月にいってからどうするか。そんなことはこれまで考えてみたこともなかった。月へいくという目的しか頭になかったのである。その目的が果されてみると、何をしてよいのかわからなかった。オルドリンはこのとき三十九歳だった。まだ人生の半分もきていない。人生の半分もこないうちに、自分の人生の目的を果してしまったのである。月面上にいたときのほうがずっとよかったと思った。月面上では、次に何をなすべきか、スケジュールが分きざみでできあがっていた。

何も考える必要はなかった。なすべき仕事を次々にこなしていけばよかった。

　しかし、これからは何をなすべきかをまず考えなければならない。それはオルドリンが苦手とすることだった。解決すべき問題が目の前に与えられれば、そしてとりわけそれが数学的に解ける問題であれば、彼はどんな問題でも解いてみせる自信があった。しかし、いま自分が置かれているシチュエイションは、問題を解くことではなく、新しい問題を作ることだった。新しい人生の目標を設定することだった。それがすぐには考えつかなかった。考えまいとしながらそれを考え出すと夜眠れないことがたびたびあった。そして、つまらないことで苛立った。隔離室に入り、シャワーを浴びて着替えようとすると、用意されていたのはボクサー型のパンツだった。オルドリンはジョッキー型のパンツが好みなので、それを用意しておいてくれと、出発前にいっておいたのに、用意されていたのはボクサー型だった。月往復のシステムは寸毫の狂いもなく働いたというのに、地球に帰ったとたんになぜ用意さるべきパンツが用意されていないのか。パンツのちがいが彼には我慢できなかった。妻とはじめて隔離室の窓ごしに面会したとき、オルドリンが最初にいったことばは、

「明日くるとき、ジョッキー型パンツを持ってきてくれ」

だった。

第二章　苦痛の祝賀行事

宇宙飛行から帰還すると、宇宙飛行士たちは、全米各地を訪問して、祝賀パレード、祝賀パーティーをくり広げるのを恒例としていた。人類初の月着陸をなしとげたアポロ11号の場合、それはこれまでにない規模でおこなわれることになった。全米はもとより、世界中を訪問する予定ができあがっていた。

三週間の隔離を終えて隔離室を出たのが八月十日。その三日後には、一日のうちにニューヨーク、シカゴ、ロスアンゼルスでの祝賀行事をこなすという恐ろしいスケジュール（時差があるから可能になる）が待っていた。皮切りは、ニューヨークのダウンタウンでのパレードだった。摩天楼の谷間が紙吹雪で一杯になる例のおなじみのパレードである。

オルドリンにとって恐怖だったのは、スピーチである。日常生活においてすら、言語表現能力が不足しているためにしばしば人間関係をまずくしているオルドリンにとって、晴れがましい席でスピーチをするなどということは、身ぶるいするほど恐ろしいことだった。だが、ともかくやらねばならない。隔離室から出ると、直ちに準備に取りかかった。草稿を書いてみる。何度書いてもまとまらない。ヒントを得ようと、自分たちの宇宙飛行について書かれた新聞の論説や雑誌の記事を山のように読んでみる。世界中の人々から寄せられた手紙を読んでみる。また草稿を書いてみる。読み直して、これでは駄目だと破り捨てて、また書いてみる。それも気に入らない。また破り捨てる。たちまちクズかごを一杯にしてしまった。

こうして、汗をダラダラ流しながらの悪戦苦闘が三日間にわたってつづく。それでも満足できるものができない。結局、ヒューストンからニューヨークに向かう飛行機（それは大統領用のエアフォースIIだった）に乗り込んでからも、機上で草稿に手を入れつづけた。といっても、そのスピーチはそれほど長いものではない。せいぜい三分程度、語数にして、三、四百語程度のものである。ただし、ニューヨーク、シカゴ、ロスでそれぞれちがったことをいわねばならないので三種類用意しなければならない。

ニューヨークで、一時間半にわたった熱狂的パレード、シティホールでのセレモニー、それにつづく国連でのセレモニーが終ると、すぐに飛行場に駆けつけてシカゴに向かう。シカゴへの機中もまた、ひたすらシカゴでのスピーチ草稿に手を入れつづけた。シカゴでの祝賀行事を終えてロスに向かう機上でも同じだった。ロスでは、ニクソン大統領の主催で、数千人の要人を全米から招いて、国家の式典としての祝賀晩餐会がセンチュリー・プラザで開かれることになっていたから、オルドリンの緊張は一層増した。晩餐会がはじまっても、オルドリンは膝の上にノートを広げて、まだスピーチの草稿に手を入れていた。

むろん隣席の人とはほとんど一言も口をきかなかったし、供される料理にも手をつけなかった。とにかく、スピーチのことで頭が一杯だったのである。ようやく、自分のスピーチの時間がきた。自分でも何をしゃべっているのかわからないうちにスピーチが終り、終るやいなやホッとして、目の前のワインを飲み干し、隣席の人にベラベラ話しかけた。

三大都市での祝賀行事が終ると、今度はヒューストンでの祝賀行事だった。市中パレードの後は、アストロドームで、フランク・シナトラ司会の祝賀ショウがおこなわれ、全米にテレビ中継。ショウが終ると、フランク・シナトラ主催の晩餐会。これが終ると、今度は、各自生まれ故郷の町にいって祝賀行事。

それに次いでは、ワシントンでの祝賀行事があった。そこでは上下両院総会でスピーチをすることになっていた。上下両院総会でスピーチをするなどということは、アメリカでは大統領以外まず普通では考えられないことである。このスピーチがオルドリンの心に重くのしかかる。それまでに二週間の余裕があったが、この間、オルドリンは夜も眠れずにスピーチの草稿作りに呻吟する。

何を話すべきか考えをメモしていくうちにたちまちノート一冊が一杯になってしまう。それを三分間スピーチにまとめるにはどうすればよいのか。毎日うなりながら考えつづけ、またクズかごを紙の山にする。妻のジョーンは、そんなに悩むのなら、NASAにはスピーチライターがちゃんといるのだから草稿を作ってもらって、それを読んだらと進言する。

実は、ジョーン自身がNASAのスピーチライターの仕事をしていたことがあるのだ。彼女は、コロンビア大学の演劇学修士で、オルドリンとちがって純粋に文科系の人間だから、言語表現能力は充分にある。

マーキュリー計画の時代から、かなりの数の宇宙飛行士の演説は、実は彼女の手になるものだった。そこでオルドリンもプライドを捨てて、彼女の助けを借りることにする。こういうことをしゃべりたいのだと、まず彼女に語ってきかせ、彼女がそれを文章にしてみる。それにオルドリンが手を入れるということにしたのである。しかし、やってみると、彼女が書いたものに不満で全面的に書き直すことになる。それでもまだ不満で、もう一度やってみようということになる。このくり返しで、二週間七転八倒するのである。その甲斐あって名演説ができたかというと、そうでもない。スピーチ全文を読んでみたが、紋切り型の表現がちりばめられているだけで個性がない。深い中身があるわけでなく、かといってウィットやユーモアがあるわけでもなく、凡庸そのもののスピーチである。

コンピュータのソフトウェアを書かせたら、天才的な発想でユニークなものがスラスラ書ける男が、スピーチとなると、二週間汗を流してこんなものしか書けないというところが面白い。宇宙飛行士のすべてが、オルドリンのようであったというわけではない。いつでも当意即妙に洒脱なスピーチをやってのけられる人もいたし、なかなかの文章家もいた。実際、アポロ11号の三人にしても、アームストロングは弁舌が巧みだったし、コリンズは文章が達者だった（コリンズの書いた“Carrying The Fire”は宇宙飛行士の手になる本の中では、最良のものである）。

オルドリンは、宇宙飛行士仲間からも、もともと少し変った男と見られていた。社会的常識においてちょっと欠けるところがあったのである。

宇宙飛行士仲間のカニンガムがオルドリンを夕食によんだことがある。ところが、約束の時間の直前になって、カニンガムは急用ができて出かけ、その日は帰れないことになってしまった。

約束の時間にやってきたオルドリンに、カニンガムの妻は、玄関口で、実はこれこれでと事情を説明した。そうすれば、当然オルドリンのほうから、「それではまたの機会に」といって帰ってくれるものと思ったのである。ところがオルドリンは、カニンガムの留守を一向気にする様子もなく、ズカズカ上がり込んで、酒を飲み、飯を食い、また酒を飲み、とうとう夜中すぎまで、居坐ってしまった。オルドリンがカニンガム家とそれくらい気の置けない関係にあったということではない。この間オルドリンは、カニンガム夫人と楽しく会話をはずませていたわけではなく、もっぱら宇宙船ランデブーの技術的困難さについて、相手がわかっていようがわかっていまいがおかまいなく（カニンガム夫人は何一つ理解できなかった）、四時間以上にもわたって一人で滔々と講釈をつづけたのである。

彼の頭は、いつも目の前の現実には無頓着に働いていた。目の前に人がいても、本質的には一人でいるのと同じだった。会話の体裁をとっていても、実はモノローグということがしばしばだった。こういう彼の性格を好意的に見たコリンズは、

「いわば彼はチェスの名人のようなものだった。我々が一手先しか読めずに、あれこれ考え、話し合っているときに、彼は五手も六手も先を読んでいた。だから話が通じないのも当然だった。しかし、今日はオルドリンが何をいいたいのかチンプンカンプンでも、何日かたってから、ああ彼はあのときこんなことをいおうとしていたのかとわかることがよくあった」

と評している。もちろんこれは、技術的側面に関するオルドリンの思考についてである。そこでは、思考が飛躍していても、やがて他の人にもわかるときがくる。ところが日常の社会生活においても、オルドリンは飛躍した思考しか披瀝(ひれき)できなかった。この場合は、何がどう飛躍してそうなったのかが、ついに誰にもわからず、結局、変な男と見られるだけで終りということがよくあったのである。

だから、オルドリンは人と接することが苦手だった。社交性はゼロに近かった。自分を知り自分を認めてくれる人々からなる閉鎖的な社会においてはうまくやっていくことができたが、初対面の相手とか、不特定多数の人々を前にすると、どうふるまってよいのかわからなかった。それなのに、月から帰ってからは、毎日のように、人前に出てスピーチをしたり、愛想をふりまきながら社交的会話をしたり、握手をしたり、サインをしたり、テ

レビ・カメラや大群衆の注視を浴びつづけたりという生活を送らなければならなかった。これは彼には苦行に等しかった。しかし、NASAは、宇宙飛行計画に批判的な声（「資金がかかりすぎる」）が出はじめる中で、国民的英雄となったアポロ11号の宇宙飛行士たちを、PRの材料として最大限に利用しようとしていた。

NASAがこれからさらにどれだけ宇宙飛行計画を実現していくことができるかは、ひとえに議会でどれだけ予算を獲得できるかにかかっていた。その決定権を握っているのは、一人一人の議員たちだった。だから、NASAは議員たちには最大限のサービスをした。各議員の選挙区の有力者とか、支持母体となっている経済団体、文化団体などが、自分たちの集会にぜひともアポロ11号の宇宙飛行士を招きたいと議員を通じて頼んでくると、NASAはそれを断ることができず、重要度に応じて、三人そろえてか三人のうちの誰かを派遣した。有力議員の有力後援者がビール会社の社長であったときには、そのビール会社の創立何周年とかの記念パーティーにまで出席を求められた。要するに、NASAのための男芸者のようなものだった。そしてどこにいっても人々にもみくちゃにされ、便所の中でまでサインを求められるのだった。こういう生活が、この先二年間にもわたってつづいたのである。内向型のオルドリンにはたまらない生活だった。

アポロ11号の宇宙飛行士をPRに利用しようと考えたのはNASAだけではなかった。国務省は、三人を国際親善大使として西側の友好国に派遣しようと計画していた。宇宙飛行計画競争の初期段階において、ソ連に出し抜かれつづけたあの屈辱感を、ここで一挙に晴らしたかったのである。当時ソ連はガガーリンやテレシコワを親善大使として世界中に派遣し、社会主義の技術的優位を宣伝してまわらせた。今度はアメリカの技術的優位を世界に見せてまわらせる番だった。だが、そのために国務省がたてた計画は殺人的なハードスケジュールだった。メキシコからはじまって、中南米、ヨーロッパ、中近東、アフリカ、アジアとまわり、四十五日間で二十三カ国をまわってしまおうというのだ。

どこの国に着いても、まず空港で歓迎式典があり、スピーチがあり、つづいてパレード、記者会見、レセプション、国家元首による叙勲、大晩餐会といったスケジュールがビッシリつまっていた。一番スケジュールがつまっている部分では、二日間で三カ国を訪問し、三人の王様に拝謁するという予定まで組まれていた。

最初の訪問国のメキシコで、オルドリンは恐怖に襲われる。その歓迎の人波があまりにもすさまじいものだったからだ。アメリカ各地で大群衆に取り囲まれることはすでに経験ずみのつもりだったが、それとは比較にならぬ大群衆が押しかけてきて、宇宙飛行士たちは文字通り押しつぶされそうになったのである。同じことがラテン系の国々では必ず起きた。人の数が多いということだけでなく、彼らはラテン系特有の熱狂的大群衆だった。そして、ラテン系の国では、警察が必ずしもそうした大群衆の規制をすることができない。そだから、飛行機を降りた瞬間から、飛行機に乗り込むまで、オルドリンたちは人波にもまれつづけなければならなかった。オルドリンはメキシコで目まいと吐き気に襲われ、精神安定剤を服用しなければならなかった。結局、これ以後、行程の終りに近いタイにいたるまで、オルドリンは毎日それを服用する。しかし、この薬を飲むと、その副作用でノドがかわき、口の中が乾燥した感じで、しゃべるのが苦痛になった。苦手のスピーチが一層いやになった。

そして今度は、殺人的スケジュールでことが運んでいる最中に、ニクソン大統領じきじきの命令で、スケジュールの途中にはさんである休みの日を利用して、オルドリンにアメリカに帰国し、アトランチック・シティーで開催中のAFL＝CIOの大会に来賓として出席してスピーチをするようにとの指示が下った。労働界のボス、AFL＝CIOのミーニー会長とニクソン大統領は昔からきわめつきに深い親交があり、その仲がニクソン政権の基盤の一つでもあったから、こういう指示が大統領から直接に下ったのである。オルドリンはいやいやながらも、大統領の指示には従わなければならなかった。

アトランチック・シティーに着いてみると、スピーチの草稿はNASAの手ですでに準備されていた。オルドリンはそれに目を通して、

「我々が宇宙飛行に用いたユニオン労働者の手になる機材はすべて最高だった」

というくだりを削除する。なぜなら、月着陸船を作ったグラマン社の労働者はユニオンに非加盟だったが、彼らが作った月着陸船もまた最高のものであったから、ユニオン労働

者の手になるものだけが最高とはいえないというのが、オルドリンの言い分だった。

理屈をつければそうかもしれないが、世の中には、外交辞令というものがある。たいていの人なら、それが厳密には正しくなくても、これくらいの表現には妥協するだろう。しかし、オルドリンはそれができない人だった。

オルドリンが世の中とうまくいかなくなる原因の一つはここにある。彼にとってあるべき世界は、ことが数学的厳密さで正確に進行していく世界だった。その意味で宇宙飛行は、正に彼の理想の世界だったといえるだろう。しかし、現実の一般社会においては、宇宙飛行とは正反対に、何事も厳密に正しくは進行していかない。しょっちゅう手違いが起こり、誤りが起こる。それにいちいち腹を立てていては神経がまいるだけである。コミュニケイションにおいても、一般社会では、厳密に正しいメッセージだけを交換しあっているわけではない。適度なウソや曖昧さや誤解が混入したコミュニケイションが社会のなめらかな回転にはしばしば必要である。

しかしオルドリンは、それに我慢できない。前に述べたように、隔離室で用意されているべきパンツの型がちがったということで怒り狂う。このスピーチにあった外交辞令の部分が厳密には正しくないといって削除してしまう。それに類したことが、一般社会とのかかわりが多くなるにつれて、頻々として起こる。たとえば、シカゴで記者会見したとき、ある記者が、宇宙酔い（何人かの宇宙飛行士がそれまで宇宙空間で船酔いに似た吐き気を感じたことがあり、宇宙酔いと名付けられた）は感じなかったかとたずねた。オルドリンは、自分はジェミニ宇宙船でも、アポロ宇宙船でも宇宙酔いを感じたことはなかったが、飛行機で無重力状態の訓練をしているときに、一度だけ吐き気を感じたことがある。しかし、それは前夜マテニーを飲みすぎたからだと思うと述べた。この話をある新聞が「オルドリン宇宙酔いを告白」と見出しをつけて報じたときに、それは無重力状態訓練中のことで、宇宙酔いではないと怒り狂った。とにかく、書かれることが厳密に正確でないとすぐに怒り狂う人なのである。

このスピーチの場合、オルドリンはむろん、自分で削除した部分は演壇では述べなかった。そして、終ってから広報係がプレスにまわしたいので草稿を貰いたいというと、わざわざ、この部分は削除したよと指摘して草稿を渡した。ところが翌日の新聞を見ると、その削除したはずの部分がちゃんと残っていて、「オルドリン、ユニオン労働者の製品は最高とほめたたえる」と、その部分が見出しにさえなっている。ここでまたオルドリンは怒り狂い、直ちにヒューストンに電話して、NASA本部に善後措置を求めたりしている。

こんなハプニングがあって、神経をすり減らしたところで、また世界親善旅行の一行にカナリア島で合流する。それから先は強行軍の連続だった。毎朝早く出発し、夜遅くまでスケジュールをこなす。気候が次々に変化し、時差があるので、夜もよく眠れないし、体調が狂う。妻のジョーンなどは、途中から何を食べても、もどしてしまうようになった

（晩餐会では我慢して喉に押し込み、ホテルに帰ると全部もどしてしまう）。それでも毎日毎日、王様やら大統領やら首相やらに会いつづけなければならない。ヨーロッパをすぎると、三人とも（妻たちを入れて六人とも）すっかり疲れきって、夜ホテルに戻ると、自分がいまいる町の名はもちろん、国の名もこんぐらがってわからなくなったという。

オルドリン夫妻は、二人とも体調をくずし、精神的にも疲労していたので、ホテルの部屋で二人きりになると、ともすれば、とげとげしいやりとりでケンカになり、離婚することまで話し合った。オルドリンが月から帰るまで、彼は全く家庭をかえりみることができなかった。前に、アーウィンのところで述べたように、宇宙飛行士の生活は家庭生活の犠牲の上に成りたっているような一面がある。月にいくという大目的の前に、妻の側でも耐えに耐えてきていた。その不満がここにきて爆発したのである。もっと家庭をかえりみろ、子供に愛情を注げというのが妻の側の要求だった。

月から帰れば、ノーマルな生活に戻ることができると思っていたのに、宇宙飛行の前よりもっとひどい変則的な生活になってしまったのがジョーンにはやりきれなかった。オルドリンはオルドリンで、やはりこの変則的な生活が耐えられなかった。彼は家庭にではなく、仕事に戻りたかった。次の宇宙飛行をめざして準備に入りたかった。ジェミニ12号でも、アポロ11号でも、自分はパイロットであり、船長ではなかった。しかし、次は船長になれるはずだ。船長として自分が命令を下しながら、宇宙空間に再度乗り出し、自分の思うがままに、宇宙船をあやつってみたかった。しかし、こんなことをしていたら、自分は仲間の宇宙飛行士たちにどんどん遅れをとってしまう。宇宙テクノロジーの進歩は早い。ぐずぐずしていたら追いつけなくなってしまう。ただのプロパガンダのために、こうして世界中をひきずりまわされて疲労困憊するなどバカげていると感じていた。

月にはじめていった男になってしまったために、自分たちはもう一生ノーマルな生活に戻れないのだろうか。オルドリンと妻のジョーンとでは「ノーマルな生活」の意味がちがったが、二人とも、ノーマルな生活に戻れない恐怖を共有していた。二人とも夜になると酒に酔い、口論をしたり、愚痴り合ったり、嘆き合ったりして、ときには、抱き合って涙を流して泣くこともあった。

とにもかくにも、精神安定剤の力を借りてなんとか無事に世界親善旅行を終えると、オルドリンたちは、ホワイトハウスに招かれた。ニクソン大統領は、今回の親善旅行が大成功だったとほめたたえ、国務省はこの成功に気をよくして、もっとこれをつづけたいといっているが、協力してくれるかねとたずねた。コリンズは喜んで応諾した。彼も今回のスケジュールには疲れきってはいたが、こういう仕事そのものはエンジョイしていたのである。彼はこのあとNASAから国務省に身分を移し、広報担当国務次官補の肩書きを貰って、この仕事を継続することになる（そのあと、ワシントンのスミソニアン宇宙航空博物館の館長としてしばらく勤め、近年それを退職して、ハイテクノロジー関係のビジネスに入った）。

同じ質問に、アームストロングは、「すぐには答えられないから、考える時間が貰いたい」と、婉曲に断った。アームストロングは、このあと一年あまりNASAにとどまってから退職し、シンシナティ大学工学部の教授におさまった。それ以後は、マスコミを避け、その他あらゆる形で公衆の前に出ることを避け、象牙の塔の中に閉じこもっている。

さてオルドリンである。オルドリンは同じ質問に、自分はこういう仕事に向かない、むしろ、宇宙航空技術者として早く本来の仕事に戻ったほうが国のためにつくせると思うから、親善大使の仕事はもうやりたくないと、キッパリ断った。そしてヒューストンには戻ったものの、彼が望んだように、次の宇宙飛行計画のメンバーとして参加することはできなかった。すでにアポロ計画の残りの乗組員はすべて決まっていたし、NASAの予算は、月探検という国家目標が実現した今となっては、削減される方向にあり、その先の見通しはあまりたっていなかった。

NASAにとって、いまや最も重要なのは予算の獲得であり、そのためのPRであり、議員サービスだった。そしてそれに最も役に立つのが国民的英雄であるアポロ11号の宇宙飛行士だったから、オルドリンはNASAに戻っても、少なくも毎週一回は全米各地のどこかで何らかの集会によばれて、スピーチをしたり、パーティーに出たり、サインをしたりということをやらされつづけた。そのスケジュールがきついので、その余の時間も、これといって、重要な任務を与えられるわけではなかった。このままいくと、人類最初の月探検者の看板をぶら下げたNASAのPR屋になってしまう。かといってこれから自分は何をすればいいのか。人生の新しい目標を発見できないままに、不満を持ちながらもズルズルとPRの仕事をつづけていた。

この間、一つだけオルドリンが自ら意欲を燃やして取り組んだ仕事がある。それは学生との対話である。時代は折から、世界的に〝学生の叛乱〟と呼ばれる現象が燃え広がっていたときである。アメリカでもベトナム反戦運動、公民権運動などが全米の大学に広がり、ケント大学事件などが起きていた。

オルドリンは国語に弱いだけでなく、社会にも弱かった。これまで社会現象に関心を寄せるなどということは、ほとんどなかった人である。

それが学生問題に関心を寄せたのは、ミルウォーキーの大学に、例によってNASAのPRのために、スピーチに出かけていったとき、一群の学生たちから、トマトを雨のように投げつけられたからだった。自分たちがやったことが、なぜ学生たちからこんな反撥をかうのだ。月探検の成功は、全人類の勝利であり、全人類が喜ぶべきことではないのか。それなのに、なぜ学生たちは自分たちを憎むのか。

現に戦争がおこなわれ、飢えている人がいるというのに、たった三人の男を月に送るのに何億ドルもの金を使うのはけしからんという考えには、それなりに一理はある。しかし、だからといって、月探検は無意味だったのか、それにかけられた費用は単なる浪費だったたのか。社会全体、文明全体のことを考えれば、決してそうはいえないはずだ。学生たちにも、それはわかるはずだ。ただ彼らは、自分たちの声が政治や社会に全く反映されないという状況に対して怒っているのではないか。では、学生の声が反映する場を作ってやればよいではないか。全米から学生の代表を集めて、彼らにいいたいことを何でもいわせてやろう。そして、大人の側の有識者をそこに共に集めて、対話をさせ、世代間の相互理解をはかれば、学生たちのフラストレイションは解消するのではないか。

オルドリンはこう考えた。単純かつナイーブな考えだが、彼自身としては、あくまで善意で真面目にそう考えていた。そして、まず、一緒にトマトをぶつけられた仲であるアームストロングとコリンズに、この計画に参加してくれと頼む。しかし、二人は丁重に、他にやることが沢山あるのでと断る。それにもめげず、オルドリンは次々にさまざまな有識者に声をかけ、次のような人々を参加させることに成功した。マーガレット・ミード（文化人類学者）、サージャント・シュライバー（ケネディ・ファミリーの一員。初代平和部隊長官。後に民主党副大統領候補）、ハーバート・タフト（下院議員）、キングマン・グルースター（イエール大学学長）、ジョン・ガードナー（『コモン・コーズ』主宰者）、ロイ・ウィルキンス（公民権運動指導者）などである。一方、学生の側からは、さまざまの大学、学生団体に声をかけ、十八人の代表を集めた。

学生たちは呼びかけに応じて集まったものの、なぜ宇宙飛行士がこんなことをするのか、何を狙っているのか、自分たちを何かの目的で利用するつもりではないのかと、猜疑心で一杯だった。オルドリンは、次のように説明した。若者が何を考え、何を望んでいるのかを、政府も社会もメディアも無視してきた。そこで、若者たちは直接行動に走って、学生の叛乱という現象が起きた。直接行動を起こせばメディアも無視できず、それがニュースになるからだ。しかし、現実にニュースになったのは、学生の叛乱という現象だけで、何がその叛乱をもたらしたのか、その現象の底にあるものは相変らず伝えられていない。いったい若者たちは、この世の中のどこをどうしたいと望んでいるのか、そこをはっきり聞かせてもらいたいというのが、この集まりの目的だ。自分としては、聞き役に徹するつもりだ。

ということで、二日間にわたる討論集会がはじまったのだが、この集会は何の実りももたらさずに終った。第一に、学生代表たちの間で、現状分析、運動の目的、方法論などすべての点において、意見が根本的に対立しており、激論を重ねるばかりで、何のまとまりも見出せなかったからだ。第二に、学生たちは、マーガレット・ミードを除く（彼女のことだけは全員が尊敬していた）すべての成人代表をバカにしきっていて、彼らの意見のすべてを、批判し、嘲笑し、対話など全く成立しなかったからだ。

オルドリンはこれを見ながら、呆然としていた。彼にとっては、これが政治的世界の初体験だった。彼は政治というものに全く無知だった。彼がそれまでなじんでいた世界では、問題には解があり、しかもその解は原則として一義的に決まるべきはずのものであった。従って、ある問題の解に関して異見があったとしても、それらをつき合わせてみれば、自然に正しい解に向かって異見は収斂していくはずだった。しかし、政治の世界においては、解がない問題もあるし、それぞれそれなりに正しい多くの解が並存する問題もある。目の前にくり広げられている激論がそれだった。

全員がそれなりのロジックをもって自分たちの主張を展開し、聞いているとそれなりに正しく聞こえるのだった。そして、学生代表たちの討論は、相手を論破することが目的で、話し合いを通じて何らかのコンセンサスを得ようということではなかった。少なくも、この討論の場をそう位置づけていた。従って、お互いに自分たちの見解を固執して一歩も譲らず、議論は平行線をたどった。

オルドリンは、こういう場を設けてやれば、話し合いを通じて問題解決の糸口が発見されていくだろうという自分の考えが、現実の政治の世界においては、いかにナイーブなものであったかを思い知らされた。単なる善意は何の役にも立たないのだった。当初のオルドリンの考えでは、二日間にわたって徹底的な討論を闘わしてから、各学生代表がその成果を各所属団体に持ち帰りそこで意見を積み上げて、もう一度会議を開けば、全国的に意見がまとまっていくだろうということだった。しかし、すべて平行線で終った議論を持ち帰ったところで、そこから何も生まれてくるはずはない。最初の会議にコミットして参加してくれた成人代表の人々は、自分たちが学生に相手にされず、ただただ批判の対象とされたこともあって、二度目の会議には協力を断ってきた。こうして、オルドリンの構想は何の成果ももたらさず、一つのエピソードに終った。オルドリンは失望し、深く傷ついた。よかれと思ってしたことが、何の役にも立たなかったのである。

おそらく、月にいく前のオルドリンであれば、学生問題の解決に一役果そうなどとは、夢にも考えなかったにちがいない。それが自分が首を突っ込んでどうにかなる問題ではないということくらいわかっていたはずである。しかし、月から帰り、国民的英雄ともてはやされる中で、自分はこういうことにも一役かえるのではないかと、いわば善意の思い上がりが生じたのだろう。だが、結果は無惨だった。オルドリンは領域ちがいの場面では、自分が全く無力であることを思い知らされた。そして、ことが失敗に終ってからも、くどくど考えつづけた。学生代表会議が失敗だったとしても、何か解決策があるはずだ。それは何か。そして自分は何をすることができるのか。だが、具体的なことは何も思いつかなかった。

新しい人生の目標が設定できないで悩んでいるところに、当座の目標として、学生問題の調停ということをかかげてみたのだが、それがこうして失敗に終ったいま、彼は再び目標喪失状態の中で、精神的に落ち込んでいった。そのころ、NASAではスペース・シャトル計画が立案中で、オルドリンは、その理論委員会のスタッフに任ぜられた。しかし、そこでブースター・ロケットの基本設計をめぐってある技術的問題がもちあがり、オルドリンの主張がのけられるということが起きた。本業のほうでも自分の能力を発揮できなかったということで、これがさらに精神的落ち込みを助長した。

ちょうどそのころ、息子のマイクが反抗期にさしかかり、家庭内暴力とまではいかないが、母親との関係が極度に悪化していた。そこで、心理学者のカウンセリングを求めることになった。はじめは妻と息子だけが毎週一回カウンセリングを受けにいっていたが、やがて、カウンセラーが、父親にも来てもらいたいというので、オルドリンも一緒にいくようになった。半年もしないうちに、息子のマイクはすっかりよくなるが、オルドリンと妻に対しては、カウンセリングがつづけられた。夫婦間の不和がこの家庭では一番の問題だとカウンセラーは判断したわけだ。しかし、しばらくして、今度は妻ももう来なくてよいといわれる。カウンセラーは、オルドリンの精神的落ち込み状態の激しさが、相当異常なレベルに達していることに気がついたのである。ほんとうはこのときすでに、専門の精神科医に診てもらうべき段階だったのだろう。何か引き金になるものさえあれば、いつでも本格的うつ病が発病して不思議ではない状態になっていたのである。

その引き金は七〇年八月のスウェーデン旅行を契機にもたらされた。オルドリンの祖父はスウェーデンから移民してきた鍛冶屋で、いまでも親戚の多くはスウェーデンにいた。スウェーデン訪問の直接の理由は勲章授与のためだったが、同時に、一族再会、国王の謁見、あちこちに招かれてのスピーチ、それに、宇宙飛行に持参したハッセルブラード・カメラの社長の別荘招待などもあって、長期間の旅行となった。

こうした旅行にはNASAから担当官が世話役としてついていく。帰国してから、この担当官に、礼状の送り先をリストアップしてくれと頼んだ。ところがその担当官はいつまでたってもその仕事をしない。催促してもしてくれない。オルドリンは自分が見捨てられたような気持になった。なんともいえぬもの悲しさに襲われ、ついにある日、朝起きても、ベッドから出る気力がなく、そのまま終日ベッドの中にいた。それから一週間、ほとんどベッドから離れず、ベッドから離れたときはテレビを黙って見ているだけで、家族とも口をきかないという状態がつづいた。

実はこれと同じようなことが六六年にも一度起きていた。ジェミニ12号の飛行を終えて無事帰還して間もなく、何ともいえない悲しさと、全身の疲労感に襲われて、早々とベッドに入った。しかし翌朝になっても、起き上がる気力がない。名状しがたい悲しみが胸のうちから去らない。結局、五日間ときたままテレビを黙って見る以外はベッドの中で終日過ごしたのである。そのときは、宇宙飛行の疲れが出たのだろうと考えて、自分を納得させた。

そのときと同じ症状だった。なぜ悲しいのかわからなかったが、とにかく悲しかった。自分はダメな人間だ。自分には何の価値もない。自分は世の中から見捨てられている。誰も自分をかまってくれない。生きていてもいいことなんか何もない。何もかも絶望だ。そんな考えがくり返し襲ってきて、ベッドの中で身をちぢこまらせ、誰も見ていないときにはすすり泣いたりするのだった。典型的なうつ病の症状である。

一週間そんな状態がつづいた後で、精神的落ち込みはまだ継続していたが、どうにかベッドからは出ることができた。そして、スウェーデン旅行の疲れが出たのだろうと、再び自分をごまかした。いずれにしろ、自分の精神状態を不安定にしているのは、苦手の対人接触が増えたためだ。NASAにとどまるかぎり、宇宙飛行のPR係の役目を逃れることができない。あまり人に接しないで生きていくためには、NASAをやめて、空軍に戻る（NASAに入っても軍籍は空軍にあった）のが一番いいのではないか。そう考えて、この病気のあと、空軍の参謀長に会い、空軍に戻りたいからポストを探してくれないかと依頼した。まだ自分の病気がそれほど重いものとは思っていなかったのである。

第三章　マリアンヌとの情事

この直後、NASAからの指示で、ニューヨークの上流階級のある豪華なパーティーに出席することを命ぜられたオルドリンは、そこでマリアンヌという魅力的な離婚歴のある金持の女性と出会い、その夜のうちに口説き落とすことに成功した。

宇宙飛行士は女性には人気があった。何しろ、アメリカ人の代表たるべく選り抜かれた男たちである。選考過程では、条件としてそれとは明示されていなくても、容貌においても人に好意を持たれるタイプであることが当然考慮に入れられていた。そして、肉体的には、人間として最高の肉体を持っていることが条件となっていた。で、結局、セックス・アピールあふれる男たちが、宇宙飛行士となった。しかも、彼らはマスコミにいつも大々的に扱われる有名人である。宇宙飛行という危険な冒険に命を賭けている男たちというロマン性もある。宇宙飛行士に一声かけられたらいつでもベッドを共にするという女たちが無数にいた。そして、ロック歌手の尻について歩き、声がかかるのを待つグルーピーのように、宇宙飛行士たちにもグルーピーが存在した。

宇宙飛行士たちはみな家庭はヒューストンにあった。ヒューストン以外で彼らが一番時間を過ごすのはケープ・ケネディだった。ケープ・ケネディの宇宙飛行士の宿舎になっていたホリディ・インには、このグルーピーの女性たちがたむろしていて、バーやロビーで直接話しかけたり、部屋に電話をかけてきたり、トビラの下からメモをさし込んだり、何とかして宇宙飛行士と関係を持とうと、必死になっているのだった。宇宙飛行士のほうでも、男ざかりの身で家庭から長期間遠ざかっているという状況にある。魚心あれば水心で、グルーピーの女たちに手をつける例が多かった。彼女たちをまじえてのワイルド・パーティーも稀でなかった。だから中には、私は宇宙飛行士全員と寝たと豪語する女性もいたし、あるいは、そういう女性を軽蔑して、自分は宇宙をほんとに飛んだ宇宙飛行士としか寝ないと自慢する女性もいた。

宇宙飛行士たちの情事の相手は、グルーピーだけではなかった。どこにいっても彼らはもてたから、その気になりさえすれば、いたるところにチャンスはあった。そして、ごく一にぎりの貞操堅固な宇宙飛行士を除いては、そのチャンスを利用して多かれ少なかれ情事を体験していた。特に、家庭が不和な宇宙飛行士は例外なくそうだった。オルドリンもその例にもれなかった。だから、女が苦手のオルドリンにとっても、マリアンヌが最初の情事の相手というわけではなかった。だが、マリアンヌとは、はじめから一夜の情事の相手以上のものを感じていた。だから、彼女と別れるとすぐに、またニューヨークにいったときには、必ず彼女と会おうと心に決めていた。

そのチャンスはすぐに訪れた。それから一週間もしないうちに、ソ連のコスモノーツのアメリカ訪問があり、その案内役をオルドリンがおおせつかったのである。ニューヨークに着いたその夜、オルドリンはマリアンヌと会い、彼女も同じ気持でいたことを知った。二人の関係は一層深まった。そうなると会いたさがつのる。コスモノーツの旅程を聞くと、マリアンヌは、一行がロスアンゼルスに来る日にそこで待っていると告げ、すぐにホテルを予約した。約束通り二人はロスで会い、さらに一行がニューヨークに戻ったところで再び会った。

こうなると、もう火がついたようなものである。オルドリンはありとあらゆる口実をもうけては、ニューヨークに出かけていって、マリアンヌに会うようになった。そのうち、妻のジョーンも何かおかしいと感づいて問いつめてきたことがあったが、ウソをついて切り抜けた。だが罪の意識はあった。前に述べたように、オルドリンは宗教的意識が強いほうである。だから、日曜日に教会にいき礼拝に参列するたびに、心の中で、もうニューヨークにいくのはやめる、マリアンヌに会うのはやめると神に誓った。しかし、日曜日が過ぎると、すぐにニューヨークにいく口実を見つけはじめるのだった。

マリアンヌとの逢う瀬を楽しむ一方、こんなことが長続きするはずがない、いや長続きさせてはいけない、しかし、自分の意志ではやめられないから、誰かにとめてもらいたい、とも望んで、告白の相手を探した。教会の牧師にとも考えたが、自分が教会の大幹部であるという立場から、それはやめた。結局、告白相手として選んだのは、いまでは週二回通うようになっていた心理学のカウンセラーだった。すべてを告白し終り、カウンセラーが、そんな情事からすぐに足を洗えと忠告してくれるのかと思っていたら、予期に反して、「あなたも並の男だということですよ」と、そのことで深刻にならないようにとも忠告してくれただけだった。そして、トラブルを避けるために奥さんに知られないようにとも忠告した。ブレーキをかけてもらうつもりだったのに、ブレーキを踏んでくれないのだった。

マリアンヌとの情事は、精神的な悩みの種ではあったが、同時に、恋愛の持つ精神作用の一つとして、彼の意識を高揚させてもいた。つい一ヵ月前のうつ病の発作がまるでウソのように、彼は浮き浮きした日々を送っていた。だが、それは恋愛によって病気の進行がくいとめられたというわけではなかった。恋愛による精神高揚が、その下で進行している病状の悪化を一時的に隠しているだけだった。

マリアンヌとの間の交情が深まるにつれて、彼女はことばのはしばしに結婚したい意志をにおわせはじめた。オルドリンにはまだそこまでのつもりはなかった。だから、マリアンヌがそれをにおわせるたびに、それとわかりながら、わざとそれに気づかぬふりをして意識的に話題をそらし、彼女の気持を無視した。それが度重なると、彼女は不機嫌になり、やがて二人の間でいさかいが起こるようになった。ケンカをしても二人は基本的には好き合っていたので、すぐに仲直りが成立した。しかし、早晩こんなごまかしのくり返しではすまず、のっぴきならぬ選択を迫られる日がくることが予想された。

家庭を捨てて、マリアンヌを取るか、マリアンヌを捨てて、家庭を取るか。オルドリンは、どんな決断でも、これ以上決断をひきのばせないというギリギリのところまで決断をひきのばす優柔不断のタイプの男だった。だから、今回も現段階で心を決めようとは思わなかった。しかし、いずれ決断を迫られる日がくるということが心に重くのしかかっていた。

そのこともあってか、ほどなくしてうつ病が悪化した。気分が落ち込むどころか、日々に絶望感にさいなまれるようになった。カウンセラーがついにサジを投げて、あなたにはもう精神科医が必要だ、カウンセリングだけではどうにもならないといいだしたのである。そして、精神科医に紹介状を書いてくれたが、ここで困ったのは、精神科医にかかるということが、軍人としての彼の経歴に致命的な汚点を残すということだった。これまでは、カウンセラーが、請求書に「家庭問題の相談」と書いてくれていたから、その請求書で健康保険の請求ができた。「家庭問題の相談」であるかぎり、彼の経歴を汚すことはない。しかし、精神科医にかかるとなると話は別だった。宇宙飛行士としても、軍人としても、未来はなきに等しい。しかし、かといって、もはや医者にかからないですますことができるという症状ではなかった。自分の心の奥底で、「誰か助けてくれ」という叫び声があがっているのを自覚していた。精神科医にかかることは誰にも秘密にして、支払いも自分の懐から現金ですることにした。

医者は抗うつ剤を処方してくれた。リタリン錠を毎日一錠。うつ病には、薬物療法がきく。それで、とりあえずは持ち直した。

そのころ、空軍当局から、かねて依頼してあったポストの提示があった。空軍士官学校の校長、またはエドワーズ空軍基地航空宇宙パイロット学校（以前のテストパイロット学校が、宇宙飛行訓練もおこなうために改名したもの）の校長はどうかというのである。ステイタスの上からは、空軍士官学校の校長のほうが上である。それになれば、次の人事で将官に任ぜられることは確実である（オルドリンはそのとき空軍大佐）。空軍に戻ることを決意したオルドリンにとって、軍の位階をかけのぼることが、最大の目標の一つであった。だからむろん空軍士官学校校長のほうを希望した。しかし、七一年一月に下った内示は、航空宇宙パイロット学校の校長であった。

オルドリンはまたも傷つき、精神的に落ち込んだが、その正式発表の記者会見は、いつも一日一錠の抗うつ剤をその日は二錠飲むことによって見事に切り抜けた。テレビに映るオルドリンは、うつ病患者どころか、健康そのものの男ざかり（彼はこのとき四十歳だった）で、自信に満ちあふれ、いかにも新しい門出を前にした国民的英雄というにふさわしい様子を保つことができた。しかし、それは薬の力によるものだった。

赴任は、学期の変り目である六月と決められた。それまでの半年間、表面的には病気を含め小康状態が保たれた。半年後にやめることが決まっていたので、NASAではあまり仕事をする必要はなかった。PRのためにあちこちの集会、パーティーに顔を出すのが仕事といえば仕事だった。それを利用して、可能なかぎりマリアンヌと会いつづけた。口実を作って二人でマイアミにいき、ウィークエンドをはさんで水いらずの生活を数日間つづけたこともある。結婚をめぐるいさかいはつづいていたが、マリアンヌとの関係も表面的には小康状態を保っていた。妻のジョーンが疑惑を持っていることは明らかだったが、彼女のほうでも、それが明るみに出てのっぴきならぬ状態に追い込まれることを恐れて、あえてその疑惑を口にしようとはしなかった。だから、妻との関係も小康状態だった。しかし、どの側面をとっても、小康状態は一時的なものでしかなかった。いずれは瓦解すべき小康状態だった。

まず病気が悪化した。六月に、赴任が近いオルドリンを歓迎するために、エドワーズ空軍基地の地元ランカスターの商工会議所が、一大パーティーを催してくれた。余興の一つとしてNBCの有名ニュースキャスターによる舞台の上での直撃インタビューなるものがおこなわれた。質問の第一弾は、

「月の上を歩いたとき、ほんとのところ、どういう気持でいたんですか」

というものだった。その質問を聞いたとたん、オルドリンは目まいがした。ホントノ気持、ホントノ気持……。頭の中で質問がエコーしていた。喉がカラカラになり、ことばを発することができなかった。体にふるえがきて、何もかもわからなくなった。インタビューに必死になって答えをひねりだし、何かを答えつづけてはいたが、それはまるで別人が答えているような気がした。自分では何も覚えていなかった。

インタビューを終えて舞台を降りると、そこにならんでいた人々にサインをはじめたが、二、三人こなしたところで、目まいとふるえがひどくなり、後をも見ずにドアの外に駆け出した。そして廊下の片すみですすり泣きはじめた。妻のジョーンがかたわらにやってき

て、黙って立っていた。しばらくして気分がおさまったところで、二人はバーにいった。泣くようなことは何もなかったわよ、立派なインタビューだったわよと妻はいってくれたが、何の慰めにもならなかった。胸のうちから押し寄せてくる悲しみをくいとめようと、ひたすらウィスキーをあおり、したたかに酔った。

この日以後、しばらくの間、オルドリンは全く無能な人間と化した。何もできないのである。朝、NASAのオフィスにいく。今日こそは仕事をしようと思っていながら、オフィスに着くと、何も手がつかない。朝から晩まで、ただ机の前に坐って、ぼんやりと窓の外を眺めるだけで終ってしまう。まるきり腑抜けの状態だった。オフィスは個室だから、この異常さも周囲から気づかれずに終った。時に車を駆って、近くの海岸に出た。海岸でも何をするというわけでもなく、ただ黙ってその辺をいつまでも歩きつづけるだけだった。夕方になると家に帰り、夕食を終えると、ウィスキーを片手にテレビの前に坐った。深夜まで、黙って酒をあおりながらテレビを見た。

こんな状態が一週間以上もつづいたところで、また霧が晴れるように平常態を取り戻した。うつ病の発作は周期的なのである。エドワーズ空軍基地への赴任のころは、幸い病状が持ち直したところだった。このころマリアンヌに会って、エドワーズ空軍基地に移ってしばらくの間、おそらく夏一杯くらいは忙しくて会えなくなるだろうと告げた。マリアンヌは不満そうだが了解した。実際、赴任した当座は目がまわるように忙しかった。新しい校長として、スタッフと生徒を掌握し、学校の運営方針、教育方針を新しく出し、自分好みの学校（技術は高水準に、規律はより自由に、雰囲気は家族的に――これまではその反対だった）に変えていこうとした。こういう目標を自分で設定すると、ついこの間のうつ病の発作がウソのように生き生きと働くことができた。

八月に、卒業間近の学生十二人を連れて、西欧諸国のテストパイロット学校を見学して歩く修学旅行に出かけた。

旅行から帰ったときに、再びうつ病の発作が起きた。オフィスに出て、見かけ上形ばかりの仕事はしてみるが、実質的には何もしていないに等しい。家に帰ると、早々とベッドに入ってしまうか、黙ってテレビを見ているかである。誰かに助けを求めたくてたまらないが、誰にもそれをいいだせない。こういう状況におちいるといつも慰めのことばをかけてくれた妻のジョーンが、今度ばかりは、ろくに相手にもなってくれない。ますます絶望に打ちひしがれ、ベッドの中で一人泣くことをくり返した。どうしても医者が必要だと思ったが、基地の中では、軍医しかいない。軍医にかかれば経歴に傷がつく。

ある日、訪問客があった。ジョーンの知り合いの医者夫妻である。相手が医者と知って、オルドリンは病気を秘密にしておく決心も忘れ、自分の症状を話した。相手は精神科医ではなかったが、医者の助けを求めずにはいられなかったのである。話し終ると、医者の奥さんは大きくうなずいて、実は自分も数年前まで、ひどいうつ病を患（わずら）っていたという。

しかし、ある日、これはもう神さまに頼る以外に道はないと思い、ひたすら信仰を強め神に祈りつづけたら、うつ病は癒されたという。だからあなたも神に祈りなさい、神は必ずその病気を癒してくださると、夫の医者のほうまで口をそろえた。

オルドリンは絶望して心の中で呻き声をあげた。オレに必要なのは医者だ。神様じゃない。オレだって神は信じている。だけど、精神病は神様にも治せない。

今回の発作は長びいた。症状は悪化した。眠るのが恐くなって、夜眠れなくなったのである。目をつぶると、何か恐ろしいことが起きるような気がして目をつぶれない。暗闇が恐い。電燈をつけたまま、目を見開いてじっとしたまま朝まで一睡もしないという日もあった。眠りという、意識が覚醒していない状態におちいることが不安だった。その一方で、意識が覚醒しつづけていることも耐えがたかった。眠りに入らずに、しかもこの意識状態から離れたいと狂おしく願った。うつ病患者の自殺率はきわめて高い。このときオルドリンは、自殺衝動を起こすにきわめて近いところまできていたといってよい。

肉体的にも変調がはじまっていた。首が痛くて曲らない。左手の指先がしびれて、感覚がなくなってきた。もうだめだ。これ以上は耐えられない。自分のキャリアがどうなってもいい。とにかく医者が必要だ。誰に知られてもいい。とにかくいまの自分をこの状況から救い出さなければならない。こう決心して、ついに基地の軍医にすべてを打ち明けた。軍医は、すぐに専門医に診てもらうべきだといい、空軍では最高の専門医である、サンアントニオ（テキサス州）の空軍病院にいるペリー博士にその場で電話をかけて、診察の予約をとってくれた。

長い間秘密にしていたことを打ち明けて気が軽くなったことと、良い医者が見つかった安心感から、症状は少し持ち直した。その間を利用して、ニューヨークにいきマリアンヌに会った。エドワーズ空軍基地に移って以来だから数カ月ぶりになる。この間オルドリンは、転職と引越し、ヨーロッパ旅行、病気の悪化などにとりまぎれて、ほとんど彼女と連絡をとることができないでいた。その間、彼女の側では時間が止まっていたわけではなかった。

久々の再会を喜び合い、愛し合ったあとで、マリアンヌは思いがけぬ打ち明け話をした。自分は前からもう一度結婚したいと思っていた。相手はあなたしかいないと思っていた。だから、自分の側から何度もその気持を表明した。しかし、そのたびにあなたははぐらかした。そして何カ月にもわたる不在。この間に私を愛してくれる別の男性があらわれた。彼は私にプロポーズしている。それを受けるべきかどうか真剣に考えている。

オルドリンはあわてた。待ってくれ。離婚する。離婚するから、ぼくと結婚してくれ。離婚するまで待ってくれ。マリアンヌはほほえんで答えた。待つわ、だけどあんまり長くは待てないわ。

その翌日、オルドリンは父親とやはり久しぶりに会った。そして、これまで秘密にしていた自分の病気のことを告げた。父親はどうしてもそれが信じられなかった。それまで世界に誇るべき存在であった自分の息子が精神に異常をきたしているなどとは、どうしても信じられなかった。とにかく、サンアントニオの空軍病院にいくのだけはやめろ。それは身の破滅だぞ。お前はもうすぐ将軍になれるんだ。自分の将来を目茶苦茶にする気か。オルドリンは弱々しく首をふって、自分には他の選択がないと答えた。父親はそれでもまだ信じられなかった。オルドリンは、自分のおちいっている状況が父にわかってもらえないことを悲しむだけだった。

その次の日、妻とともにサンアントニオに飛び、ペリー博士の診察を受けた。マリアンヌのことも、父親のこともあり、機中でオルドリンの精神は底なしに落ち込んでいき、妻とは口もきかなかった。オルドリンは博士に自分の病状のすべてを正直に告白した。それにつづいて、妻のジョーンが、博士の質問に答える形で、思いがけない告白をした。実はかなり前から、離婚する決意を固めていた。この人が家にいる間は、家中の人間が息がつまりそうで、耐えがたい生活になっている。この人が外出すると、家中ほっとする。こんな生活は子供のためにもよくない。いつ離婚話を持ち出そうかとずっと考えていた。しかし、今日ここに来る途中の飛行機の中で、この人の哀れな姿を見ているうちに考えが変った。いくら何でも、ここでこの人を見捨てるのはあまりに可哀相だ。せめて、精神状態がもう少し正常に戻り、まともな判断力を取り戻すまでは、離婚を持ち出さないことにしようと思う。

この告白はオルドリンにはショックだった。妻からそんな目で見られるところまで自分の状態はひどくなっていたのか。いまやすべてが瓦解しようとしていた。家庭も、マリアンヌとの仲も、自分の軍人としての将来も、そして、人間としての人格の統合も。妻の告白を聞いている間、オルドリンは目を落として自分の手を見ていた。そして、目の前にある握りしめられた両手がどうしても自分の手とは思えないのが不思議だと思っていた。

診察を終えたペリー博士は、今日のところは帰ってよろしい、近いうちにどういう処置を取るべきか考えて連絡するといった。

翌日、エドワーズ空軍基地に戻ったオルドリンは、軍医にサンアントニオでの診察の結果を報告していた。それを聞いているうちに、軍医は異常に気がついた。オルドリンの話が次第に支離滅裂になり、やがて正常にことばがしゃべれなくなってきた。目はうつろで、体も緩慢にしか動かなかった。オルドリンは、いまや、自分がどこにいて何をしているのかもわかっていないようだった。オルドリンの精神は完全に狂っていた。軍医はすぐにサンアントニオに電話して入院の手続きを取り、オルドリンを連れて家にいくと、スーツケースに荷物を詰めさせた。オルドリンは何が進行しているのか全くわからず、ぼんやりそれを眺めていた。

こうして、サンアントニオのウィルフォード・ホール空軍病院に入院したオルドリンは、約一ヵ月間入院させられ、その間、薬物療法、心理療法、精神分析療法を平行して受けさせられた。

何がオルドリンを発狂させたのか。オルドリンの場合にかぎらず、精神病の病因はほんとのところは誰にもわからないというのが正しく、病因とされるものは、いずれも仮説の域を出ない。従って以下に述べることも、あくまでもその前提での話である。

一般に精神病は、遺伝的素質によるところが大きい。オルドリンの場合にもそれがあった。これは精神分析の結果はじめて導き出されたことであったが、オルドリンの母方の祖父は、うつ病がこうじて自殺している。そして、オルドリンの母親もまた晩年になってうつ病が発病し、あるとき睡眠薬を飲みすぎて病院にかつぎこまれた。そのときは助かったが、その後もう一度同じことをくり返し、今度は助からなかった。自殺だったのか、誤って飲みすぎたのか、真相は不明である。しかし、家族の者はお互いに口に出してそうとはいわなかったものの、自殺ではないかと疑っていた。だから、オルドリンの潜在意識の中では、いつか自分もうつ病になり、自殺するのではないかという恐怖があった。たしかにその素質は遺伝的に受けついでいるのである。

また、子供のときに読んだSFで、月探検にいった宇宙飛行士が気が狂って地球に帰ってくるという物語があった。この本を夢中になって読み、その結果、恐い夢を見てうなされるという体験があった。この体験は精神分析を受けるまで顕在意識の上ではすっかり忘れていたが、潜在意識の深い所に月にいくと発狂するという恐怖がしまいこまれていたのである。そして現実に月にいって帰ってきたとき、目的喪失による精神的落ち込みを体験した。それがかねて潜在意識下に持っていた発狂の恐怖と結びついたという要素が一つある。

だが、目的実現による目的喪失という現象は、オルドリンだけに起きたわけではない。オルドリンだけが、なぜかくも深刻な不適応現象をそれに対して起こしたのかを考えていくと、オルドリンと父親との関係にぶつかる。

前に述べたようにオルドリンの父親はアメリカン・エスタブリッシュメントのエリートである。経済人としても（スタンダード・オイル重役）、学者としても（ＭＩＴ教授）成功をおさめた上に、第一次大戦中はミッチェル将軍（米空軍の生みの親といわれる人）の副官をつとめるなど、軍人としても赫々（かっかく）たる経歴を持つ。特に空軍に関しては、ＭＩＴ時代の教え子（たとえば東京大空襲を指揮したドゥリトル将軍）が空軍幹部に多数おり、強い影響力を持っていた。

この父親の末っ子の一人息子として生まれたオルドリンは、子供のときから女ばかりの家庭にあって特別扱いされ、過剰な期待がかけられた。オルドリンが小さいときから、父親はいつも息子に何らかの目標を与え、それを達成するとほめてやり、さらに高次の目標を与えるという育て方をした。目標はいつでも父親から与えられ、オルドリンがなすべきことは、与えられた目標を頑張って達成することだった。この過程がくり返される中で、オルドリンは自分で自分の人生の目的を作り出す能力を失っていった。

オルドリンは四十歳をすぎるまで、いつでも人生の重要な選択にあたっては父の意見を求め、父の意見に従った。おそらく、父の意志に逆らった最初の決断は、精神病院に入ることだったろう。

オルドリンにとって父親は幾つになっても凌駕(りょうが)できない、大きすぎる存在だったのである。何しろ、彼の父親は、歴史に名をつらねる英雄的将軍たちと同列にならぶ存在だった。鉛管工を父親に持ったジム・アーウィンとはちがうのである。その父親にほめられるように行動するというのが、オルドリンの子供のときからの一貫した行動様式だった。その延長の上に、宇宙飛行もあった。月から帰って故郷のモンクレアの町での歓迎パーティーに出席したとき、オルドリンはまず父親を壇上に上げて、「この人が私を月にいかせた人です」と紹介している。

オルドリンの父は、目標を単に達成するだけでなく、一番になることを求めた。子供のときにいかされた夏期キャンプは、子供に徹底的な競争心を植えつけることで有名なキャンプだった。キャンプ生活のすべてが競争によって成りたっており、〝敗者には何もやるな〟の原則が貫かれていた。勝者はいつもほめられ、敗者はいつも罵倒された。食事も、勝者は七面鳥を食べられるのに、敗者は豆しか食べられなかった。アメリカは競争社会である。社会に出れば勝者と敗者の間にはこれだけの差がつくのだぞということを叩き込むためのキャンプだった。オルドリンは子供時代毎夏このキャンプにいかされたのである。キャンプだけではなく、家庭においても、父親はこの原則を子供に叩き込んだ。

こうして、子供のときからつちかわれた競争心が、宇宙飛行士になったときに、何をおいても月への一番乗りをめざすという形であらわれた。しかし、前に述べたように、自分が人類最初の男に決まったと思い、喜びにひたっているときに、実は一番目ではなく二番目の男であることを知らされたのである。その挫折感は異常なほど大きかった。人類で二番目の男になれた喜びは、一番目の男になれなかった悔しさにくらべるとものの数ではなかった。こうしてオルドリンは、喜びよりは失意を胸に抱いて月に向かったのである。

オルドリンは、精神分析を受けることによって、「はじめて父親の影の外に出ることができた」と述べている。いかに父親の存在が彼にとって重圧であったかがよくわかるだろう。

月から帰ってみると、月にいくことより大きな次の目標は設定できなかった。オルドリンもできなかったし、父親にもできなかった。しかし、父親が軍人時代大佐までしかいかないで退役してしまったために、息子を将軍にしたいという望みをかねがね持っていることはいわれずとも知っていた。それがNASAをやめて、空軍に戻った理由の一つでもあった。だが、それは月にいくというような、偉大な目標ではない。オルドリンは、目標なしにはやっていけない男である。そこで、とりあえずの小目標をいろいろたててやってみたが、ここまでに語ってきたように、いずれも自分を満足させることができなかった。そして、それが原因となって、深い自己懐疑におちいり、自分をダメな人間だと責めさいなみ、どんどん精神的に落ち込んでいくということになっていったのである。

精神分析療法を受けながら、オルドリンは二つのことを決心した。一つは、父親の束縛を断ち切ることである。父親の設定した人生目標から自分を切り離すことである。そのためには、空軍を退役しようと決心する。もう一つは、妻との離婚である。自分とジョーンとの結婚は、よく考えてみると、結婚するということが社会通念の上で一つのゴールとされていたからにすぎず、これほど関係が悪化しても離婚しないでいたのは、国民的英雄たる宇宙飛行士は家庭においてはよき父親であり、よき夫であるという作られたイメージをこわさないがためではなかったか。外側から押しつけられた目標やイメージに自分を無理に合わせようとしてきたことが、自分の精神を狂わせたのだ。もうあらゆる束縛を離れて自由に生きよう。マリアンヌと全く新しい人生を歩もう。

ここまで決断して、オルドリンは病院からマリアンヌに電話した。決心した、結婚してくれ。マリアンヌは答えを躊躇（ちゅうちょ）した。どうなんだ、お願いだ、結婚してくれ。きみも結婚を望んでたじゃないか。たたみかけるオルドリンに、マリアンヌはこう答えた。この前ははっきりいわなかったけど、あなたがヒューストンからカリフォルニアに移り、何の連絡もなくなったとき、もうこれで終りだと思っていたの。この前ニューヨークで会ったときは嬉しかったけど、私もあなたも、前の私とあなたではなかった。私はやはり、あのときに話した人と結婚しようと思っている。オルドリンは、つい今の今まで頭に描いていた新しい人生が目の前で音をたててくずれていくような気がした。待ってくれ、最後の決断はまだしないで待ってくれ。それだけいうと、オルドリンは電話を切って、病院から外出許可を貰った。

まず父親に会い、これまでの父子関係について二日間にわたって話し合い、つづいて、軍をやめ、離婚するとの二つの決心を伝えた。父親はどちらにも大反対で、結局ケンカ別れに終った。しかし、父親に対してケンカ別れできたということは、父親の束縛から脱した証拠だった。

つづいてニューヨークに向かい、マリアンヌに会おうとした。しかし、マリアンヌは会うことを拒否した。もう一人の男とは、二カ月後に結婚する約束になっているという。約束通りその男と結婚するか、それとも今から婚約を破棄してオルドリンのもとに戻るか、まだ最終的に心を決めてはいないが、いずれにしろ自分一人で決断したいという。

オルドリンはニューヨーク中を走りまわって、マリアンヌの友人、知人を通じて、何とかマリアンヌと直接会って話せるチャンスを作ろうとした。しかし、彼女の、自分で心を決めるまでは誰とも会わないという決意は固かった。そのうちに、外出許可日数が切れて、オルドリンは病院に戻らなければならなかった。

客観的状況はかなり悲劇的だったが、オルドリンの心は躍っていた。なぜか楽観的にも、マリアンヌとの新しい生活のスタートの実現を信じて疑わなかった。

それから一週間して、退院の許可が出た。一応よくなったが、再発の危険はいつでもある。だから、抗うつ剤を飲みつづけること、精神的葛藤が起こるような状況は努めて避けることというのが、退院時に医者が与えた注意だった。しかし、すぐさま葛藤ははじまった。

退院後間もなく、ジョーンとの十七回目の結婚記念日がきた。結婚記念日は、水いらずでアカプルコで過ごすのが、二人のここ数年の習慣だった。そのいつも泊るホテルで、二人は祝いの晩餐の席に坐った。とうとう十七回目ね、十八回目もここにこうして坐っていられるかしら、とジョーンがワイングラスを乾杯のために持ち上げていった。オルドリンは、この日こそ離婚を切り出そうと考えて、ここにきていた。ジョーンはそれを予期しているのかもしれないと思わせるセリフだった。オルドリンはそれを聞いて黙って下を向いた。涙がこみ上げてきた。目を上げると、ジョーンも泣いていた。わかっていたわよ、何年も前からわかっていたわよ、こんな生活がつづくはずがなかったのよ、とジョーンはいった。二人とも泣きながら、結婚記念日の祝いの席で離婚に合意した。オルドリンは話し合いがもめないですんだので、内心ほっとした。

その翌日である。ジョーンが、ところであなたは、私と別れたあとどうするの、とたずねた。オルドリンは、そこではじめてマリアンヌとのことを告白した。そのとたんにジョーンの顔色が変った。いやよ、そんなの。許せないわ。他の女と結婚するですって。いやよ、私は絶対別れませんからね。それからすさまじいケンカがつづいた。前夜の離婚の合意は影も形もなくなっていた。

オルドリンのほうでは、ジョーンが何といおうと別れるつもりだった。そして、カリフォルニアに帰ると、毎日マリアンヌに電話をかけて結婚を口説く一方、ジョーンに離婚を認めさせようと口論をくり返した。マリアンヌの別の男との結婚の約束の日までまだ一カ月ある。一カ月あれば、どちらも成功すると思い込んでいた。しかし、まずマリアンヌを口説き落とすのに失敗した。彼女はオルドリンの電話に出ることも拒否するようになった。どんな伝手（つて）を頼って連絡をとろうとしてもダメだった。そして、ついに、約束の日に結婚式がおこなわれたことを人づてに知らされた。

過去を捨てて新生活をはじめるというオルドリンの目論見（もくろみ）はこうしてもろくもくずれた。再び精神的に落ち込んだが、抗うつ剤の助けで、何とか自分を持ちこたえた。競争相手を失ったジョーンは、離婚に異議をとなえなくなったが、今度はオルドリンのほうでもあわてて離婚する理由はなくなった。しばらく結婚生活というより同居生活をつづけて様子を見ようということで二人は合意した。しかし、結局はうまくいかず、数年後に二人は離婚した。

七二年一月に空軍から退役したオルドリンは、科学技術コンサルタント業を営んで今日にいたっているが、うつ病が完治したとはいえず、抗うつ剤と医者とアルコールの力を借りながら、努めて余計な対人接触を避け、努めて宇宙飛行士時代を思い出さないようにしつつ、カリフォルニアのニューポート・ビーチで静かに暮らしている。

政治とビジネス

第一章　英雄グレンとドン・ファン・スワイガート

オルドリンは、地球への帰還後、国民的英雄という新状況にうまく適応することができなかった。彼の狂気の一因は、その不適応にあったということができるだろう。

それと対照的だったのが、ジョン・グレンである。国民的英雄という点では、グレンの受けた歓呼の声のほうが、人類最初の月飛行を成功させたオルドリンら三人の宇宙飛行士が受けた歓呼の声よりはるかに大きなものだった。そしてグレンは、それに見事すぎるほど見事に適応した。

グレンは、六二年二月、マーキュリー6号に乗って、アメリカではじめて地球を周回する宇宙飛行士となった。

グレンの前にも、宇宙を飛んだアメリカ人宇宙飛行士はいた。六一年五月にシェパードが、七月にグリソムが、それぞれマーキュリー3号、4号に乗って宇宙を飛んだ。しかし、宇宙を飛んだとはいっても、この二人は弾道飛行をしただけで、飛行時間も十五分間にすぎなかった。大砲の弾のように打ち上げられて落ちてくるだけのことで、大気圏外に出て無重力状態を味わったのは、そのうちわずか五分間だけだった。宇宙飛行というよりは、その擬似的体験にすぎなかった。技術的にはほとんど無意味な飛行だった。

シェパードが飛ぶ一カ月前に、ソ連はガガーリンに地球を一周させ、人類初の宇宙飛行という栄冠を手にしていた。スプートニクの成功以来、ソ連は宇宙開発の分野で次々にアメリカを出し抜き、人間による宇宙飛行の面でもアメリカに大きく水をあけた。アメリカは失われた威信を少しでも取り戻そうと、その段階の技術で可能な最大限のこと、つまり弾道飛行による擬似的宇宙飛行を大あわてでやってみせたのである。こうして、シェパードは人類二番目の宇宙飛行士になった。シェパードは国民的英雄となり、ケネディ大統領から勲章を貰い、全米をパレードしてまわった。しかし、アメリカ人はシェパードの弾道飛行成功に大歓声をあげながらも、それがガガーリンの地球周回飛行とくらべて、あまりに質的に見劣りがするものであることをよく知っていた。シェパードに次いで二カ月後にグリソムが飛んだが、同じ弾道飛行で、シェパードにくらべて、高度で三キロ、飛行時間で一分間より多く飛んだだけだった。

ソ連はそれをあざ笑うかのように、グリソムの飛行の翌八月、チトフをヴォストーク2

号に乗せて、地球を十七周半させた。飛行時間は二十五時間十八分と一日を越えていた。こうなっては、弾道飛行などという子供だましは、やればやるほど逆にアメリカの威信を低下させるばかりだった。実際、グリソムの弾道飛行成功に対しては、もうアメリカ人は喜びの声をあげようとしなかったし、パレードもおこなわれなかった。アメリカも何とかして、ほんとの宇宙飛行を実現させろというのが大統領命令であり、全国民の願望だった。

それから半年後に、やっとのことでグレンがその願望を満たしたのである。グレンは地球を三周したのだ。四時間五十五分にわたる、正真正銘、ほんとの宇宙飛行をやってのけたのだ。チトフにはかなわないにしろ、ガガーリンには勝ったのだ。全アメリカ人は熱狂的にグレンの成功をたたえた。

ジョン・グレン

前章で、オルドリンら月飛行に成功した三人の宇宙飛行士たちが、全米各地でどんな大歓迎を受けたかを記したが、グレンの場合はそれ以上だった。グレンがいくところどこでも身動きできないほどの大群衆が集まってアメリカ国旗を打ち振った。そして、その大部分の人が、感動のあまり涙を流していた。これまでのどんなパレードでも、これほど多くの人が涙を流したことはなかった。それはスプートニク以来の長い長い屈辱感がようやくここに吹き払われたことを喜ぶ愛国心のほとばしりによるものだった。

いまでも、アメリカ人に最もよく記憶している宇宙飛行士の名前を一人だけあげさせると、大半の人がジョン・グレンの名前をあげる。月に到達した人類最初の宇宙飛行士の名前より、ソ連に対する屈辱感を最初に打ち破ってくれた宇宙飛行士の名前のほうがアメリカ人の記憶にはより深く刻み込まれているのである。

アメリカ人は、世界で一番偉大な国アメリカというイメージを、グレンを通して再び取り戻したのである。グレンはその役割を果すために最もふさわしい宇宙飛行士だった。

グレンについて書かれたものを読むと、必ずそこで強調されているのが、彼がいかに典型的なアメリカ人であるか、いかに模範的なアメリカ人であるかということである。よきアメリカ人はかくあるべしとされる性格、生活態度、ものの考え方などすべてがグレンにはそなわっているといってよい。「理想的アメリカ人の化身」という表現すら見受けられる。家庭ではよき父、よき夫であり、教会ではよきクリスチャンであり、教会活動に積極的に参加し、社会人としては愛国心に満ちあふれ、祖国のために献身することをいとわず、生活は規律正しく、酒も飲まず、タバコも吸わず、下品なことばを使わず、曲ったことは何一つせずと、絵に描いたように模範的な人物なのである。しかもそれが偽善的でなく、生まれながらにそうとしか思えない、大真面目そのものの人間なのだという。

実際、グレンは子供のときから模範生だった。鉄道の車掌の息子として一九二一年に生まれ、オハイオ州のニューコンコルドという人口二千人の小さな町で育った（アメリカでは、典型的アメリカ人はスモールタウン育ちであるとされる）。ハイスクール時代は、成績優秀で人望もあり、級長をつとめ、フットボール、バスケットボール、テニスの選手をし、学生劇団で主演俳優をつとめ、ジャズバンドでトランペットを吹き、日曜日には教会のコーラス隊で歌った。

ハイスクール卒業後、地元のカレッジに進んだが、第二次大戦が勃発すると海兵隊に入り、戦闘機パイロットになり、マーシャル群島作戦に参加した。終戦時には中尉。朝鮮戦争のときは九十回出撃して、ミグを三機撃墜している。その後テストパイロットになり、F8U－1で、はじめて超音速無着陸アメリカ大陸横断飛行をやりとげた。

宇宙飛行士第一期生に選ばれたときは三十七歳で、七人の仲間の中の最年長者だった。年長であると同時に、もって生まれた性格から、宇宙飛行士の中で指導者的役割を自らすすんで果そうとして、仲間の生活態度まで含めて、小うるさく口をはさんだ。前に述べたように、宇宙飛行士たちは、アメリカ人の代表であり、模範的アメリカ人と一般にみなされていた。しかし現実には、彼らの大部分は、グレンのような文字通りの模範的アメリカ人ではなく、一クセも二クセもある連中だった。だから、他人にあれこれ口うるさく干渉するグレンは、仲間うちではあまり評判がよくなかった。彼らは、グレンのことをひそかに「ミスター・クリーン」と呼んで敬遠していた。

しかしいまやグレンは、リンドバーグ以来の国民的英雄だった。グレンのもとには、祝福の手紙が五十万通も殺到してきていた。新聞、テレビ、雑誌は、グレンの話題で連日一杯だった。グレンは、前に紹介したオルドリンの場合以上に、連日あちこちに招かれて、スピーチをしたり、パーティーに参加したりしなければならなかった。オルドリンとちがって、グレンはこの役割を喜んで果した。特に、スピーチは彼が得意とするものだった。彼がよく口にする、神とか国家とか、愛とか正義とかいったことは、日常会話の中では聞く者を辟易(へきえき)させたが、スピーチの中では、聴衆に感銘を与え、拍手の嵐をまき起こすのだった。

グレンの人気の高さとスピーチのうまさ、指導者型の性格を政治家が見逃すはずがなかった。最初に彼に声をかけたのは、ケネディ大統領の弟、ロバート・ケネディだった。上院議員に打って出てはどうかとすすめたのである。最初はグレンは断った。宇宙飛行に成功し国民的英雄となったところで上院議員選に出馬したりしたら、国家的プロジェクトを自分の政治的野心に利用した男というレッテルを貼られかねない。

しかし、グレンに政治的野心がなかったといえばウソになる。リーダーシップをとることが好きなグレンは、明確な形を持ったものではないにしろ、ハイスクール時代から政治的野心を持っていたと後に自分で述べている。一軍人であれば、その野心は一生満たせなかったかもしれない。しかし、国民的英雄となり、アメリカ中で彼の名前を知らない人はいないという状況（彼の宇宙飛行のテレビ中継を、アメリカ人二億人のうち、実に一億三千五百万人の人が見た）に置かれたいま、上院議員の座は、手をのばすつもりになれば、いつでも手が届く距離にあった。しかし、模範的アメリカ人としては、いつでもフェアでなければならない。いますぐに出馬するのはフェアではない。それに、野心家のレッテルを貼られるのは、政治的に得策ではない。これが彼の判断だった。

そうでなくても、彼には政治的野心があるのではないかというのが、巷の評判になりはじめていた。ケネディ一家とあまりに深い交際がはじまっていたからである。はじめはケネディ側からのアプローチである。洋の東西を問わず、政治家は他人の人気を自分の人気獲得に利用しようとするものである。オルドリンの項で述べたように、宇宙飛行士は政治家の人気取りにきわめて有用だった。グレンのような、アメリカ史上指折りかぞえるような国民的英雄となったら、その利用価値は絶大だった。そして、グレンの場合は、大統領自身がこれを徹底的に利用しようとした。

グレンが宇宙を飛んでいるとき、ジョンソン副大統領が留守宅を訪問してグレンの妻にはげましのことばをかけ、ケネディ大統領は無線を通じてグレンに直接話しかけるといったことが演出された（これは技術的理由で失敗したが、これ以後、重要な宇宙飛行では、大統領との直接会話が恒例になった)。グレンが地球に帰還すると、大統領はそれを迎えに出かけ、つづいてホワイトハウスにグレンを招き、手ずから勲章をさずけた。そして週末になると、グレン一家を別荘に招き、ケネディ一家と家族ぐるみの交際がはじめられた。グレンがジャッキーと水上スキーを楽しんでいるところとか、ロバート・ケネディとカヌーで急流下りをしているところとかが、新聞やテレビでよく紹介された。

グレンのこうした生活ぶりは、宇宙飛行士仲間の反撥をかった。もともとグレンが、仲間たちからけむたがられる存在だっただけに、反撥はより一層大きかった。宇宙飛行士の名声や立場を私的に利用するようなことが毫もあってはならないといっていたのは、グレン自身ではなかったか。全生活を宇宙飛行士としての本来の仕事を全うするために捧げるべきだといっていたのは、グレン自身ではなかったか。それがなんだ。もう宇宙飛行士としてのトレーニングにもろくに参加せず、大統領一家との交際を鼻にかけ、ワシントンの社交界をうろつきまわっているだけではないか。もはや彼には、宇宙飛行士であることより、自分の政治的野心のほうが重要になっているのだ。こう判断されたのである。

そしてついに、他の宇宙飛行士を代表する形で、ウォーリー・シラーがテレビ記者会見し、グレンは訓練に遅れをとりすぎたので、今後の宇宙飛行計画からは外されたものとみなさざるをえないと述べた。もうお前を現役の宇宙飛行士とはみなさないぞという宇宙飛行士仲間からの通告である。それに呼応するように、NASA当局も、今後は現役から身を引いて、マネジメントのほうをやってはどうかと示唆してきた。管理職としてのデスクワークをやってくれということである。

実際、グレンは本来の職務外のことで忙しすぎて、訓練に充分参加できなかった。それに、年齢も四十歳をすぎてしまっていて、若い連中と一緒にやっていくには、肉体的能力が追いつかなくなっていた。かといって、現役を退いて管理職になるのも気がすすまなかった。管理職の宇宙飛行士とは、〝使用ずみ〟の宇宙飛行士ということではないか。NASAにとどまっていても、自分に明るい未来はありそうにない。となると、やはり政界への転進が一番自分に合っていそうだった。

六四年一月、グレンは記者会見をし、NASAをやめて、上院議員選に打って出ることを宣言した。選挙区は、出身地のオハイオ州。オハイオ州選出の現役の上院議員ヤングは、すでに七十四歳になっていたが、もう一度出馬する意志を表明していた。これに闘いをいどもうというわけである。グレンは、ヒューストンから、オハイオ州コロンブスに移り、選挙運動をはじめた。しかし、それから五週間後、浴室でヒゲをそっているときに、鏡の具合を直そうとそれを手にしたときにすべって転び、浴槽のふちで頭を打つと同時に、手にしていた鏡を割り、その破片を頭から浴びてしまった。頭を打った衝撃で気を失い、その間に多量の出血をしたこと、内耳を傷つけたことなどにより、数カ月の入院を要する重傷を負った。選挙運動はできないので、代って妻のアニーが運動を継続した。ここにいたって、競争相手のヤング上院議員は敗北を覚悟した。アメリカでも、こういう場合は同情票がドッと集まるのである。しかも相手は国民的英雄なのだ。

しかし、それから一ヵ月もしないうちに、病状の回復が遅いことを知ったグレンは、病院で記者会見して、立候補を取り下げると発表した。自分の手で選挙運動もできないのに、過去の名声と今回の事故に対する同情だけに頼って当選することをいさぎよしとしないということだった。何よりもフェアプレーを重んじるアメリカ人にグレンのいさぎよい態度はうけた。今回は逃しても、次回の当選は約束されたようなものだった。

次の選挙まで雌伏する間、ロイヤル・クラウン・コーラ社が、重役の座を提供することになり、ニューヨークに移った。落選中のニクソンにペプシコーラ社が重役の座を提供したようなものである。アメリカの企業と政治家のこういう関係は珍しくない。年収は五万ドルだった。

四年後の六八年、グレンは再び政治の世界に乗り出した。今度は自分のためでなく、友人のロバート・ケネディの大統領選予備選の応援のためである。グレンはロバートの全国キャンペーンについてまわった。ロスアンゼルスで彼が暗殺されたときも、グレンはかたわらにいた。ロバートの子供たちにショックを与えないように父親の死を伝えるという難かしい役目はグレンが果したものである。ジョンとロバートのケネディ兄弟の相次ぐ暗殺に彼は怒り、ガン・コントロール（銃火器所持制限）運動にしばらく身を入れていたが、翌六九年、再びオハイオ州コロンブスに居を移して、翌年の上院選予備選に出馬することを宣言した。

グレンの競争相手はハワード・メッツェンバウムという、あまり名も知られていないクリーブランド出身の百万長者だった。事前の世論調査では、グレンが圧倒的に優勢で、七割以上の票を獲得して当選するだろうという予測だった。グレン自身を含めて、グレンが勝つことを誰一人疑わなかった。しかしフタを開けてみると、一万三千票の差でグレンは惜敗した。

メッツェンバウムはその持てる財力を利用して、テレビ、ラジオでコマーシャルを朝から晩まで流しつづけた。その費用八〇万ドルという。それに対してグレンは、三万五〇〇〇ドルしか同じ目的に使えなかった。この宣伝力の差で、誰も思ってもみなかった大番狂わせが生じたのである。グレンにも後援者はいた。しかし、誰も予備選で負けるとは思っていなかったので、資金は秋の本選挙までとっておこうと考え、予備選のための選挙資金は、十数万ドルしか集まらなかったのである。予備選で敗北してしまうと、後援者たちも離れ、グレンには一六万ドルの借金が残った。

グレンは再びロイヤル・クラウン・コーラ社に重役としてかかえてもらうかたわら、モーテル（ホリディ・イン）を四軒経営して、さらに四年間雌伏。七四年の上院議員選に出馬して、今度は圧勝した。八〇年に再選。いまや、未来の大統領候補の呼び声がかかるほどの有力議員となりつつある。最近の『ニューズウィーク』誌が伝えるところによると、グレンは一九八四年大統領選をめざしてすでに行動を開始し、予備選で重要になるニューハンプシャー州から全国遊説の旅をはじめているという。

グレンは、ケネディ一族と親しかった縁で、民主党である。しかし、宇宙飛行士仲間にいわせると、

「彼は本質的には保守の人間だ。典型的職業軍人のものの考え方をする人間だ。ケネディの尻について歩いていたころは、公民権がどうしたこうしたといったリベラルなことを口にしていたが、頭の中は、国家とか、キリスト教道徳とか、旧来の保守的価値観で一杯の男だ。自分ではいっぱしの政治的識見を持っているつもりになっているが、実は、中身が空っぽで、確固とした信念があるわけじゃなし、取りまき次第でどうにでも動く人間だ。いってみれば、アイゼンハワーと同じようなタイプだよ。国民的英雄という過去の遺産で政治的に食いつないでいる人間だ」(カニンガム)

と、かなり辛辣に見られている。

政治の世界にさそわれた宇宙飛行士はグレンだけではない。ほとんどの有名宇宙飛行士(初期の宇宙飛行士たちと、幾つかの歴史的フライトの宇宙飛行士たち)が、民主、共和両党から、上院選出馬の誘いを受けたといっても過言ではない。上院は各州が選挙区になっており、アメリカの州は大きなものは日本より広いくらいだから、日本の全国区の選挙と同じ

ように、知名度が決定的にものをいう。そして、宇宙飛行士は出身地があまり片よらないように、各州から取られていたから、各州民とも、自分の州出身の宇宙飛行士を州の代表選手でもあるかのように応援していたので、各宇宙飛行士の出身州での知名度は、きわめつきに高いのである。

しかし、政治的野心を持った宇宙飛行士は必ずしも多くなかったので、現実に政界入りしたのは、グレンの他に、ハリソン・シュミット（アポロ17号。ニューメキシコ州七六年選出上院議員。共和党）がいるきりである（八二年選挙で落選）。二人の他には、アポロ13号のジョン・スワイガートが、七八年にコロラド州で上院議員選に共和党から出馬したが落選した（八二年選挙に再出馬して当選した）。

ジョン・スワイガート

コロラド州デンバーで、インターナショナル・ゴールド＆ミネラルズ社の副社長をしながら再出馬を期しているスワイガートをたずねてみた。

スワイガートは一九三一年生まれ。コロラド州デンバーに眼科医の息子として生まれ、十四歳で飛行機の操縦を覚えた。コロラド大学卒業後空軍に入り、日本に駐留していたこともある。六三年に宇宙飛行士に応募したが、学位も足りないし、テストパイロットの経験もないというので落とされる。スワイガートは発奮して空軍をやめ、大学院に入って修士号を取り、ノース・アメリカン社に入ってテストパイロットとなる。この努力が実って、六六年、宇宙飛行士第五期生に合格。アポロ13号のバックアップ・クルーに任ぜられたとき、正規のクルーのトム・マッティングリーが打ち上げ三日前になって病気になったため、急遽交代して乗り組み、先の章（宇宙からの帰還第二章）に紹介したような宇宙での事故に遭った男である。

その後スワイガートは、アポロ・ソユーズ計画のクルーに選ばれ、ロシア語の勉強までしていた。そこへ、前に述べたアポロ15号の切手事件が起こった。宇宙飛行士たちは一人一人同じようなことをしたことがあるかどうか調べられた。スワイガートは、はじめ自分はそんなことをしたことはないと否定していたが、その後思い直して、調査官のところに自ら出頭して、実は自分も同じようなことを一度だけしたことがあると正直に告白した。すると、NASA当局は、サイン入り記念切手売買に関与したこと自体は罪に問わないが（何しろ大部分の宇宙飛行士がそれに関与していた）、調査のときにウソをついたことがけしからんという理由で、アポロ・ソユーズ計画のクルーからスワイガートを外してしまった。結局、スワイガートの宇宙体験は、アポロ13号だけで終ってしまったのである。

スワイガートは、宇宙飛行士中のドン・ファンとして知られている。空軍パイロット時代から、どの空港（基地）にもガール・フレンドを持つ男として知られていたが、宇宙飛行士になって、T38を自家用機として使えるようになってからは、ますますその道に精進し、自由時間のすべてをガールハントに費して、全米を駆けめぐった。たとえば、六八年夏に四日間の休みがあったときは、まずマイアミに飛んで知り合ったばかりのスチュワーデスとデートし、次にココア・ビーチに飛んで、前からのガール・フレンドとデートし、次にアトランタに飛んで別の女と金曜の夜を共に過ごし、次に故郷のデンバーに飛んで昔なじみと土曜の夜を共にし、次にサクラメントに飛んで、最近記者会見で目をつけておいた女性記者とデートし、という具合に四日間でフロリダ州からカリフォルニア州まで股にかけ、計五人の女性をものにしている。

友人の観察によると、この成果も超人的だが、これだけの成果をあげるために払われる努力のほうは、もっと超人的だという。とにかくいたるところで女の子に目をつけては、その電話番号を聞き出し、次に、暇さえあれば、次から次へ電話をかけまくる。たとえば、T38で飛んでいる最中、給油のためにどこかの空港に降りると、スワイガートは必ず公衆電話のところに駆け出していく。給油の時間といったら、せいぜいコーヒーを一杯飲むくらいの時間だというのに、その時間もムダにせずに女の子に電話をする。これだけ女遊びをとにかくマメなのである。マメなのは女の子に対してだけではない。

するのだから、むろんスワイガートは独身なのだが（彼は宇宙飛行をした最初の独身者である。ちなみに、現在も独身）、その家はどんなきれい好きの奥さんがいる家よりキチンと片づいている。冷蔵庫の中をのぞいてみると、きれいに整理されているのはもちろん、たとえば、レモネードは必ずオレンジ・ジュースの前にならべるというように、同じ飲物なら飲物をならべるときは必ずアルファベット順にするというようなことまでするのである。

スワイガートが現在勤めているインターナショナル・ゴールド&ミネラルズ社は、金銀などの貴金属と、コバルト、タングステン、ジルコニウムなどの戦略物資的稀少金属を世界各地で開発している会社である。

——あなたが、政治の世界に入ったのは、宇宙体験と関係があるのだろうか。

「もちろん、ある。宇宙飛行士になるまでは、私は純粋の技術屋で、政治は全く別世界のできごとだった。選挙の投票くらいはした。しかし、それ以上の政治参加は何もしなかった」

——宇宙体験が、どうしてあなたに政治への関心をもたらしたのだろうか。

「一つは、ものの見方、考え方が変ったということだ。人間のものの見方というのは、すべて経験の産物だ。小さな経験しかない人間は考え方も狭い。たとえば、あなたが小さな子供のとき、あなたの全宇宙は家の中だけだ。しかし、やがて、家の外に出て、近所を歩きまわるようになれば、それだけ世界は広がり、世界の見方が広がる。もっと大きくなって隣りの町まで出るようになれば、さらに広がる。隣りの州、隣りの国までいってみれば、もっと広がる。世界の広がりが世界を見る見方を広げる。我々宇宙飛行士は、地球の外から地球を見るという経験を持った。これは、その体験をした人間のものの見方を変えずにはおかない経験だ。ところが、この地球に帰り、ワシントンにいって政治家たちを見たとき、連中の頭がどうしようもなく古く、固く、狭いのを知って、これではどうしようもないと思った」

——ワシントンにいって、というのは？

「私は一九七三年に、NASAから出向する形で、下院の科学技術委員会のスタッフ部門の理事となり、そこで五年間働いた。そこで働いているうちに、これは自分が議員にならなければと思ったのだ」

——政治ないし政治家のどこに不満を持ったのですか。

「たとえば、この科学技術時代に、科学技術の知識がなければ、世の中をどうしていけばよいなんてことは、まるでわからないはずだ。ところが、アメリカの議会では、

ジョン・スワイガート
（1981年取材当時）

五百三十五人の上下両院議員のうち、科学技術のバックグラウンドがある議員は、たった五人しかいないんだよ(五人のうち二人は、宇宙飛行士のグレンとシュミットである)。こんなことが信じられるかね。アメリカの議会は、もっぱら弁護士でできあがっているのだ。そりゃ、彼らは頭がいい連中だ。しかし、どんなに頭がよくても、現代の技術はテクニカル・バックグラウンドなしには理解できない。議会にはもっともっと沢山のエンジニアが必要だ。エンジニアだけではない。医者も必要だし、農民も必要だ。医者抜きで医療政策を論じられないし、農民抜きで農業政策を論じられない。いや、論じるだけならできるし、現にやっているが、それは本質的な理解が欠如した議論だ。アメリカの議会は、弁護士の集団から、もっと職業的にバラエティーに富み、もっと専門的知識、もっとテクニカルな知識を持った人間の集まりにならねばならない」

——しかし、専門的技術知識があるからといって、よき政治的判断ができるわけではないだろう。

「もちろん、そうだ。テクノロジーの理解は政治家の充分条件ではない。しかし必要条件ではある。問題は、この必要条件を欠く政治家が多すぎることだ。なぜ、テクノロジーの理解が政治家の必要条件かというと、現代社会が解決を迫られている問題のすべてが、テクノロジカルな解決を必要としている状況にあるからだ」

——もう少し具体的にいうとどういうことか。

「これから二十一世紀にかけて解決が迫られている最大の問題は、エネルギー問題、食糧問題、南北問題だ。いずれもテクノロジーなしには解決できないし、テクノロジーの正しい適用によって解決できる問題だ。たとえば、エネルギー問題をとってみよう。自慢ではないが、私は石油ショック以前の一九七二年から、エネルギー問題をもっと真剣に考えないと大変なことになると主張しつづけてきた。しかし、議会でもそのころは、エネルギー問題に関心が薄かった。だいたいこの国の政治家は、問題が起きつつあるのがわかっていても、危機的状況が起こるまでは動こうとしないのだ。だから、政治はいつも後手にまわってしまう。

ほんとの政治家は、どんな問題でも、萌芽段階で手を打って、危機の発生をくいとめるべきなのに、それがこの国の政治家にはできない。政治家の頭の中にある未来というのは、次の選挙までの時間なのだ。それより遠い未来に起こるべきことに対して今のうちから手を打つなどということは考えてもみない。発想が短期的なのだ。

エネルギー問題についていえば、たとえば、オイルシェールの開発だ。このコロラド州には、アメリカのオイルシェールの八割がある。それがどれくらいの量か想像がつくかね。原油に換算して実に六〇〇〇億バレルだ。中近東の全油田の埋蔵量を全部合わせたものより、コロラド州のオイルシェールのほうが多いのだ。これを開発すれば、石油危機など問題ではない。技術的には、それは充分可能だが、障害が二つある。一つは水資源だ。オイルシェールの開発には大量の水が必要だ。だから、順序としてまず水資源の開発からはじめなければならない。コロラドは山岳地帯だから、潜在的な水資源は豊かにある。必要なのは、プロジェクトを作って、資本投下することだ。ところが、カーター政権時代、すでにあった水資源開発計画すら、大幅に予算削減してしまった。

もう一つの障害は、税金だ。オイルシェールの開発といった、ハイテクノロジーの巨大事業には、すさまじい資本がかかる。これは巨大資本集約型テクノロジーなのだ。しかも、リスクが高い。資本は一般に安全性を求めるから、条件が同じなら、リスクが高い事業には集まってこない。そして、アメリカでは、投資益に対する課税が歴史的に強化されてきたから、資本のリスク回避性向がきわめて強い。だから、こういう事業に対して充分な資本が集まらない。

オイルシェールにかぎらず、エネルギー問題の解決をめざすテクノロジーは、石炭液化、石炭ガス化、太陽熱利用、高速増殖炉など、すべて同じ条件下にある。こういうテクノロジーに対する投資益に対しては税金をゼロにする、あるいは大幅に軽減するということにすれば、一挙に資本が集まり、問題は解決する。いまエネルギー問題のために必要なのは、こういうドラスティックな政策なのだ。しかし、いまの政治家たちにまかせておいたら、問題はいつまでたっても解決しない。彼らは、問題のネックがどこにあり、それをどういう手順でいけば解決できるかということがわかっていない。問題解決の方法論が欠けている。一つ一つのテクノロジーがどういう可能性を持ち、どういう政策をとれば、どの可能性を引き出すことができるかということがわかっていない。彼らがテクノロジーにどれだけ無知かということを、私は五年間のワシントン生活でいやというほど知ることができた」

——宇宙開発も、巨大資本集約型テクノロジーだが、民間資本ではなく、政府資本でおこなわれた。どこの国でも、巨大資本集約型テクノロジーは、政府の手でおこなわれる趨勢なのではないか。

「政府は民間ができることに手を出すべきではない。政府は民間の手に負えない、もっと大きなことをやるべきだ。宇宙開発はそういう事業としてあった。エネルギー問題でも、たとえば核融合炉の開発は、開発に要する時間、コストの両面から、とても民間の手には負えないから、政府が中心になってやるべきだ。しかし、政府が中心になってやったことでも、民間の採算ベースに乗るようになったら、政府は手を引くべきだ。政府と民間のどちらでもできることなら、民間がやったほうが、必ず能率よく無駄をはぶいてできる。いい例が通信衛星だ。通信衛星は、はじめは政府のプロジェクトとして上げられたが、途中から民間の手にゆだねられるようになって、急速に発展した。いまでも政府がやっていたら、とてもこんなには発展しなかったろう」

——あなたの考え方は、典型的共和党支持者のそれに近いと思われるが、あなたは保守主義者なのか。

「そうだ。私はずっと保守主義者だ。だいたい軍人だったのだからね。それに、年をとるとともに、誰でもそうだろうが、より保守的になった。しかし、私を一番保守的にしたのは、ワシントンにおける経験だ。ワシントンでリベラルな連中を見て、これはどうしようもないと思った」

——リベラル派のどこがそんなにいけないのか。

「十八世紀イギリスのエジンバラ大学の教授に、タイトラーという人がいた。その人がデモクラシーについて、こんなことを述べている。

デモクラシーが健全なのは、有権者が、自分たちの投票行動いかんによって、政府資金から多くのものを引き出すことができるということを発見するまでの間だ。この原理を発見してしまうと、有権者は、政府資金からより多くのものを約束する候補者に投票するようになり、従って候補者たちは競ってより多くのものを約束するようになる。その結果、デモクラシーは必ず放漫財政におちいって、財政的に破綻する。そこまでいくと、もうデモクラシーではどうにもならないというので、独裁政治がそれに取って代る。

レーガン政権以前のリベラルな連中がやってきたことは、タイトラーが二百年前にいった通りのことだよ。どんな問題でも、有権者は政府を頼りにし、政府は、よし引き受けたと、金をバラまいた。その結果が、この止めどないインフレだ。この流れに待ったをかけたレーガン大統領の政策は正しいと思う。

だいたいアメリカという国は、建国の由来を考えてみればすぐわかるように、自分の責任において行動し、自分でリスクを負う人間が作った国なのだ。ピューリタンたちがヨーロッパから船出したとき、この船が無事にアメリカに着くという保障があるのかとか、もしアメリカに無事に着かなかったら誰が責任をとるのか、などといってゴネた人は一人もいなかった。その後の西部への発展過程においても同じだ。インディアンに殺されたから政府に保障を求めるなんて人はいなかった。自分の行為のリスクは自分で負うべしという精神がこの国のバックボーンであり、それがこの国の活力を生んできた。頼るものは自分だけだというのが、フロンティア・スピリットなのだ。ところが、リベラルな政府の施策が、この精神を殺す方向にずっと働いてきた。リベラル派はリスクなしの社会を作るのだと称して、浪費に浪費を重ねて、この国の活力を奪い、財政を破産させてきた。こういうことは、もうやめなければならない」

――そういうあなたのものの考え方は、やはり、宇宙体験と関係があるのだろうか。とりわけ、あなたのアポロ13号が宇宙で遭難し、死ぬか生きるかわからないという瀬戸際まで追い詰められた経験と関係があるのだろうか。

「それはもちろんある。エネルギー問題なんて考えはじめたのは、あの体験以来のことだ。あの体験はいやでも宇宙船が有限の資源しか持たない存在であることを痛感させた。事故が起きたとき、すでに地球は手の平で隠れるくらい小さくなっていた。しかし、事故が起きたと知ったとき、小さな地球がより一層小さく遠く見えた。遠い地球に帰りつくために、無数の問題があった。まずエネルギー消費を、それまでの三〇パーセントに抑えなければならなかった。空気汚染の問題、廃棄物処理の問題など、この地球がかかえているのと同じすべての問題が、目前の生きるか死ぬかの問題としてあったのだから、どうしても、そういうことを深く考えるようになる。だが、宇宙船の上でも地球の上でも、結局はテクノロジーによる解決しかない。

産業革命以前の農業社会にいますぐ世界中で戻ってしまおうというのなら、エネルギー問題も消えてなくなるかもしれない。しかし、そんなことはできない。いま農業社会に戻るとしたら、何十億人という人が死ななければならない。いまの農業生産力はさまざまのテクノロジーによって支えられているのだから、農業社会に戻ったら、農業生産力はガタ落ちになり、餓死する人が続出する。テクノロジーのもたらした弊害を批判するあまり、テクノロジーの発展に後ろ向きの姿勢をとる人々が最近多くなってきたが、冷静に考えれば、結局のところ、前向きにテクノロジーを利用していく以外、人類が生きのびる道はない。そして、宇宙は人類に残された最後で最大のフロンティアだ。エネルギー資源もあるし、その他の資源もある。いま問題の原子力発電所の放射性廃棄物にしたって、宇宙に捨てれば、何ら問題はない。何しろ、宇宙はもともと放射線だらけなのだからね。スペース・シャトルに積んで、宇宙ステーションに運び込んでおいてから、まとめてロケットで太陽にぶちこんでやってもいいんだよ」

――あなたが共和党だということでうかがいたいのだが、いまの米ソ対決路線についてはどう考えるか。他の宇宙飛行士に聞くと、ほとんどの人が、宇宙から地球を見ていると、国際政治における対立抗争のすべてが実にバカげて見えるといっているからだ。ある宇宙飛行士は、米ソ両国の指導者を早くロケットに乗せて、宇宙から地球を見させるべきだ。そうすれば、世界ももっと平和になるだろうとまでいっている。

「それは全くその通りだ。私も同じことをいったことがある。国家間の対立抗争などというものは、実にバカげたつまらぬことだ。国と国が争う前に、お互いに協力して解決せねばならないことが山ほどある。それはその通りだ。しかし、地球に帰れば帰ったで、そこに米ソ対立という冷厳な事実があることもまた動かしがたい事実だ。問題はソ連の側にある。ソ連が世界征服の野望を捨てないかぎり、米ソ対立は終らない。そして、この状況の中で、軍事的バランス・オブ・パワーを保っていくことは絶対に必要だ。

キューバ危機のとき、どうしてソ連が引込んだかというと、あのときはバランスがアメリカ側にあったからだ。その後バランスは逆転して向こう側にある。だから、ソ連がアフガニスタンに堂々と侵略してきてもアメリカは手出しができないというようなことが起きている。これから先、ソ連の石油が不足してきて、それに応じて東欧に対する支配力もゆらいでいくというような状況の中で、ソ連が軍事的冒険を試みたりしないように、アメリカも軍事力を増強する必要がある。バカげたことだが、ソ連にその意図があるかぎり、それは仕方のないことだろう」

第二章　ビジネス界入りした宇宙飛行士

ここで質問した中にあるように、宇宙飛行士たちが異口同音に述べたことは、地球の上で、国家と国家とが対立し合ったり、紛争を起こしたり、ついには戦争までして互いに殺し合ったりすることが、宇宙から見ると、いかにバカげたことかよくわかるということだった。そこで、宇宙飛行士に会うたびに、いまの米ソ対立、軍事対決路線についてどう思うかをたずねてみた。すると、答えはだいたい半々にわかれた。このスワイガートの答えが一方の典型である。宇宙体験で感じたことは感じたこと。地上の現実は現実。ソ連にはやはり軍事的に対決していかなければならないという考え方である。もう一方は、地球に戻ってからも宇宙で感じたことに忠実でありつづけ、デタント、平和共存に与(くみ)するようになった人々である。

後者の一人に、ウォーリー・シラーがいる。シラーは、宇宙飛行士第一期生の七人の一人。マーキュリー8号で地球を六周し、ジェミニ6号ではじめてのランデブー飛行に成功。アポロ7号で地球を百六十三周、十一日間の長期飛行をやりとげてから、一九六九年に引退して、ビジネス界に入った。現在、スワイガートと同じコロラド州デンバーに住み、コンピュータのソフトウェア販売会社など四つの会社を経営している。

シラーはニュージャージー州のハッケンサックに一九二三年に生まれた。父親は第一次大戦中、英空軍に派遣されてデハビランド機で偵察飛行をしていた古くからの飛行機乗り。

ウォーリー・シラー

第一次大戦後は、自分で小型の複葉機を買って、全米各地をまわりながら、曲芸飛行、遊覧飛行をしながら生活をたてていた。遊覧飛行は一乗り一〇ドル。一日五人の客をつかまえれば生活がたてられた。田舎町のお祭りなどに雇われて曲芸エアショウをするときは、一日五〇ドルから一〇〇ドル。父親が操縦する飛行機の翼の上に母親が立ち上がって両手を広げて飛んでみせるというような曲芸だった。文字通りの飛行機一家だったわけである。こういう家庭に育ったから、シラーは小さいときから、自分も飛行機乗りになることを心に決めていた。少年時代は町でも評判のガキ大将のイタズラ小僧で、しょっちゅう警察のごやっかいになっていた。母親の願いは、大きくなってから、刑務所に入るようなことだけはしてくれるなということだけだった。優等生だったグレンとは対照的である。

一九四五年にアナポリスを卒業。巡洋艦に乗り組んで太平洋戦線に向かって出発した翌日に終戦となった。朝鮮戦争では、F84Eに乗り九十回出撃。ナパーム弾による爆撃行が多かった。朝鮮戦争後は、海軍のテストパイロットになった。その間サイドワインダー（空対空ミサイル）の開発に従事した。試作段階のサイドワインダーを試射したところ、どうしたわけかそれがクルリと反転して、射ったシラーの飛行機に向かってきたので、必死で逃げまわったこともあるという。

シラーは、もともとがガキ大将タイプだから、人の命令を素直に聞いて忠実にそれを実行するというような男ではない。その性格に加えて、アポロ7号に乗ったときは、出発二日後にカゼをひいて発熱し、鼻水だらけになって船内のティッシュ・ペーパーを一枚残らず使いつくすという悪条件にあったため、宇宙船上でおこなわれることになっていた科学的実験をめぐって、ヒューストンと衝突し、大ゲンカのあげく、ヒューストンの指令に従わないで独断で実験計画を次々に中止するという態度をとった。ために、NASAの上層部は怒り狂い、アポロ7号の連中は、もう二度と飛ばせてやらんぞといきまいた（実際彼らは二度と飛べなかった）。

シラーはこのときすでに四十五歳になっており、年齢的に限界を感じはじめていたこともあり、NASAでの将来に見きりをつけて、アポロ7号の任務が終ると、宇宙飛行士をやめて、ビジネス界に転進した。

このころシラーは、ジョン・キングという男と親しかった。キングは、ハワード・ヒューズなどとともに怪物的経営者として当時もてはやされていた男である。コロラド・コープというコングロマリットを経営し、傘下に無数の子会社を持ち、ありとあらゆる部門の事業に首を突っ込んでいた。しかし、どこかうさんくさいところがある人間で、後に国際株式投資信託詐欺事件をひき起こし、失脚する。

一九六四年に、シラーはワイオミングにハンティングにいったとき、この男と偶然一緒になり、意気投合して友人関係を持つようになった。キングは、シラーを通して、宇宙飛行士の多くと知り合い、まるで相撲界のタニマチのように、宇宙飛行士たちに何かというと大盤ぶるまいをしたり、金儲け口を紹介したり、自分の子会社の取締役にならないかと誘ったりした。

実業界からこの手の誘惑は珍しいものではなく、キング以前にも多くの実例があった。まず、さまざまの無料提供の申し出があった。宇宙飛行士全員に、新しい家を一軒ずつ提供すると申し出た建設業者もいたし、ダイヤ、時計、カメラ、株式など、あらゆる業者がPR効果をねらって、無料でものを押しつけようとした。だから、新しく宇宙飛行士が採用になるたびに、先輩たちがまず注意するのは、前に述べたような女の誘惑と、ここに述べたような金の誘惑から身を守れということだった。

宇宙飛行士の多くが女の誘惑に弱かったことはすでに述べたが、彼らは、金の誘惑にも弱かった。だいたい彼らの給料は、その任務に比してあまりに安かった。マーキュリー計画の宇宙飛行士第一期生の平均給与は、年に一万一〇〇〇ドルである。要するに、なみの軍人の給与ないし、国家公務員の給与と同じベースなのである。

第一期生の場合には、給与以上の収入が、ライフ社との契約から入ってきた。三年間に及ぶマーキュリー計画が進行中の間、宇宙飛行士とその家族のプライベートな部分を独占取材させることを条件に、ライフ社は、五〇万ドルを支払った。これは、宇宙飛行士一人当り、年二万四〇〇〇ドルの収入を意味した。給与の二倍以上である。マーキュリー計画以後も、同種の契約がライフ社ないし他の出版社との間で継続されたが、宇宙飛行士の数が増えるにつれて一人当りの取り分はどんどん減り、第五期生が入ったころには、一人当り年三〇〇〇ドル程度になってしまった。

第一期生たちは、はじめこの資金を、共同で投資運用しようとして、ケープ・カナベラルのモーテル、ワシントンの高級アパート、バハマ諸島のリゾート・ホテルなどの不動産に投資した。しかし、それが明るみに出ると、宇宙飛行士たちが金儲けに熱中していると、厳しい批判を浴びた。ライフ社の巨額の独占契約そのものがすでに手厳しく批判されていた（ライフ社以外のマスメディアは、この契約に怒り狂っていた）ところにもってきて、この事件である。NASA当局の介入もあって、宇宙飛行士たちは共同投資をやめ、各自が自分の持ち分を独自に運用するようになった。大半の宇宙飛行士は、投資コンサルタント会社にまかせて、平凡な運用をしたが、シェパードは独自の投資で、巨額の資金を作り、宇宙飛行士でいる間に、百万長者になった。

シェパードが成功したのは、地元ヒューストンの財界人たちと親しくなったからである。ヒューストンのスペース・センターは、ヒューストンといっても、市の中心部から四〇キロも離れたところにある。

アル・シェパード

宇宙飛行士たちのほとんどすべては、スペース・センターの近くに寄り集まって家を持ち、隣り近所の付き合いをしていた。スペース・センターの近くのほうが家も安いし、環境もよく（クリア・レイクという大きな湖のほとりで、風光明媚な場所である）、仕事にも便利だったからである。しかし、シェパードは、仕事を離れてまでみんな一緒というのは趣味に合わないと、一人だけヒューストン中心部の住宅街に居をかまえた。彼が市内に住む唯一の宇宙飛行士だったので、たちまち地元社交界の人気者となり、地元財界人たちとの親しい付き合いが沢山生まれた。その付き合いの中で、シェパードは有利な投資チャンスを沢山つかんだ。

たとえば、六三年に二人の地元実業家とともに一三八万ドルで買収したテキサス州ベイタウンの小さな銀行は、六年後に三倍で売れた。六五年に同じ仲間とヒューストンの小さな銀行の株式の五〇パーセントを二〇〇万ドルで買ったときは、一年半後に三〇〇万ドルで売れた(アメリカの銀行は日本の銀行のように、全国で営業活動することができず、それぞれの州の中でしか営業できないし、また店舗数に厳しい制限があるので、小さい銀行が無数にある。そして、それらの銀行は、普通の企業と同じように、よく会社ぐるみ売買されている)。同じようにして、地元財界人と組んで、不動産業、石油業、自動車販売業、建設業、ショッピング・センターなどにも投資対象を拡大し(手法としては、銀行と同じように、会社全体を売買する)、みるみるうちに百万長者になった。

アメリカ経済の中心が、北部からサンベルト地帯に移りつつあるとよくいわれるが、その中心がヒューストンであるから、この時代、目はしのきく連中にとっては、ボロ儲けのチャンスがヒューストンに沢山ころがっていたのである。六〇年代が終るころには、シェパードの投資対象は、ネバダ州、カンザス州、オレゴン州、カリフォルニア州などにまで広がり、ヒューストン随一の高級住宅街であるリバー・オークスに十一室もある宏壮な大邸宅をかまえるまでになった。宇宙飛行士仲間からは、〝銀行家〟と呼ばれるようになった。

シェパードが、これほど投資活動に熱中したのは、マーキュリー3号の歴史的飛行を終えてから間もなく、メニエル氏病（難聴、耳鳴りが起こり、平衡感覚が失われる）にかかり、宇宙飛行士としてはもちろん、飛行機乗りとしても空を飛べなくなったことと関係がある。メニエル氏病にかかってから、シェパードは宇宙飛行士室長として、宇宙飛行士を管理する業務にまわされたが、空を飛ぶことを生きがいとしてきた男だけに、うつうつとしていたのである。金儲けは、そのうさ晴らしだった。シェパードは、宇宙飛行士第一号という歴史的肩書きを持ってはいたが、その実際の飛行は、わずか十五分間の弾道飛行にすぎず、早く本格的な宇宙飛行をしたいとずっと望んでいた。ジェミニ計画でいよいよその望みがかなえられることが決定したときに、メニエル氏病が発病したのである。食卓についたところで、目の前の御馳走を取り去られたようなものだった。金儲けには成功しても、この欲求不満は消えなかった。

一九六八年、カリフォルニアの医者が、それまで不治の病気といわれていたメニエル氏病を手術で治す方法を発見したと聞くと、彼はとんでいって、技術的にはまだ未完成で、成功の確率が必ずしも高くないその手術を秘密裡に受けることにした。手術は見事に成功し、ＮＡＳＡの医者も、シェパードの現役復帰を認めた。すでに、アポロ7号、8号は飛んでおり、アポロ計画の前半のクルーは決定ずみだった。しかし、七〇年代に入ってからの計画の後半のクルーなら、まだチャンスがある。シェパードは、長年遠ざかっていた訓練に人に数倍する努力をもって猛然とはげんだ。それとともに、最古参の宇宙飛行士という立場を生かして、上層部に政治的働きかけをおこなった。その甲斐あって、すでに四十六歳になるという年齢のハンディキャップを乗り越え、アポロ14号のクルーの座を射止めることに成功した。そして、再び宇宙を飛べるとわかってからは、気が散るといけないからというので（それまではNASAのオフィスからも、投資の指示を下したりして、周囲の顰蹙(ひんしゅく)をかっていた）、それまでの投資物件をすべて売り払ってしまった。しかし、もちろん宇宙飛行後は、投資業務にも復帰した。七四年にNASAを引退してからは、ヒューストンでビール販売会社を経営するかたわら、巨万の富をさまざまに投資しており、いまや押しも押されもせぬテキサス財界人の一人である。

　投資活動でこれほど目ざましい成功をおさめたのは、シェパードくらいで、他の宇宙飛行士たちの経済活動は、ちょっとした株の取引とか、名誉職的な取締役就任によって報酬を貰うという程度がせいぜいだった。後者の例は数が多く、取締役に名をつらね、ときどきその会社にいって、雑談程度のおしゃべりをしてくる程度のことで、月一〇〇〇ドルくらいの報酬と、その会社の株を有利な条件でわけてもらえるのだった。会社側としては、取締役に宇宙飛行士が入っているということで社会的信用を高め、PRに利用でき、また経営者たちは宇宙飛行士と個人的交際を持てるということで自己満足するのだった。

株式投資には、ほとんどの宇宙飛行士が多かれ少なかれかかわった（だいたいアメリカでは、小金を持つ人はすぐに株に投資する）。有名なエピソードとしては、アポロ7号のカニンガムとアイズリの例がある。この二人は、たまたま同じ会社に投資していた。思惑が当たって、その株がどんどん値上がりしはじめたときに、アポロ7号の打ち上げのときがきてしまった。ヒューストンで宇宙船との連絡役に任じられていたのはスワイガートだった。そこで二人は出発前に、スワイガートに頼んで、暗号で毎日の株価を教えてもらうことにした。ヒューストンと宇宙船とのすべてのやりとりは、四六時中自動的に記者控室に流れるようになっているから、まさかナマのままで株の話などできないから、暗号が必要だったわけだ。

アポロ7号が地球軌道に乗ってからも株価は上がりつづけた。二人の予想を越えて、急速に上がった。二人とも、株価はもう天井で、これが売り時であると判断した。しかし、まさかこれほど急速に上がるとは思わなかったので、スワイガートと暗号を取り決めるときに、株価の暗号しか決めておらず、売りの指示をブローカーに出してくれなどという内容の暗号はないのだった。二人は、記者たちに覚られずに、何とかその指示を伝える方法はないものかと毎日やきもきしながら、あれこれ日常会話の中に言外のニュアンスをこめるなどしてみたが、結局は伝達に失敗。そのうち、二人の予想通り株価は天井を打ち下がりはじめて、地球に戻ったころには、もとの株価に落ちていたという。

このエピソードを持つ、アイズリは、現在フロリダ州マイアミ郊外のフォート・ラウダデールで、オッペンハイマー社というニューヨークに本社を置く投資銀行の幹部社員になっている。機関投資家や大金持を顧客とする投資コンサルタントの仕事である。

ビジネス界に入った宇宙飛行士は、テクノロジー関係の仕事が多いのに、意外な分野ですね、というと、

「いやあ、ぼくは宇宙飛行士になる前の空軍パイロット時代から、ずっと投資が趣味でしてね。趣味としては三十年近くやってきたことなんです。投資というのは、面白いですよ」

という。

アイズリは空軍から六三年に採用された第三期生。彼は宇宙飛行士の中で最初に離婚した男として有名である。前にも述べたように、宇宙飛行士は模範的アメリカ男性たるべしというイメージが作られていたから、むろん家庭ではよき夫、よき父であるべきであり、離婚などは夢にもあってはならないことだった。そのイメージを大切にするあまり、NASA当局は、宇宙飛行士の家庭に何か問題が起こりそうになると口をはさんでくるという、日本では考えられてもアメリカ社会では通常ありえない干渉まででした。

宇宙飛行士に対して、女の誘惑に負けるなという注意が与えられても、その真意は、遊

ぶこと自体はかまわないが、スキャンダルになったり、家庭にヒビを入らせるような仕方では遊ぶなということだった。だから、宇宙飛行士たちがヒューストンを離れて最も長い時間を過ごさねばならないケープ・ケネディでは、一般の目にはあまりふれない形で、相当のご乱行があったことはすでに述べた。

アイズリが恋におちたのは、ケープ・ケネディの隣り町、ココア・ビーチの地元の女性だった。六八年、すでにアポロ7号の打ち上げも決まっているときに、知り合ったのである。それが遊びではなく、真剣な恋であることを知った仲間たちは心配した。アイズリの家庭がうまくいっていないことはみな知っていたが、アイズリには白血病の息子がおり、妻との間がうまくいかないという理由だけでは、家庭を捨てられない男であることを知っていたからである。

ドン・アイズリ

普通、宇宙飛行士たちは、ケープ・ケネディで仕事をしているときも、週末にはヒューストンに帰る。しかし、アイズリは何かと口実を見つけては、週末もヒューストンに帰らないようになり、誰の目にも家庭の破綻ははっきりしてきた。宇宙飛行士たちは、好奇の目でなりゆきを見守っていた。

アイズリの性格からすれば、状況がここまでいたれば、離婚するにちがいない。しかし離婚したとき何が起こるか。マスコミの反応はどうか。NASA当局はどう対応するか。宇宙飛行士たちの中には、アイズリ以外にも事実上崩壊した家庭をかかえながら、離婚したら宇宙を飛べなくなるのではないかという恐れから、形ばかりの家庭を維持している連中が何人かいたから、人ごとではなかったのである。また、家庭はうまくいっていた宇宙飛行士たちにしても、アイズリの恋人、スージーがココア・ビーチの事情、つまり彼らのご乱行の実態をよく知っている女性であったところから、もし彼女がアイズリと結婚してヒューストンにやってきて、宇宙飛行士の女房たちと仲間付き合いをはじめたら困ったことになると頭をかかえていた。

アイズリはみなの予想通り、アポロ7号のフライトを終えると、妻と離婚して、スージーと結婚した。ところが、スージーがヒューストンにやってくると、宇宙飛行士の妻たちは、こぞって彼女に拒否反応を示した。完全に除け者にしたのである。スージーは負けん気の女性だったので、それに対抗して、みなさん何々夫人でございますという顔をしているけど、あなた方のご主人がココア・ビーチで何をしているか、ご存じ？　というようなことをいいだしはじめた。恐慌をきたした宇宙飛行士たちは、アイズリに宇宙飛行士をやめるように圧力をかけはじめた。NASA当局もまた、この件をよしとせず、アイズリに現役から身をひいて、ヴァージニア州ラングレーにあるNASAの研究所で働くようにすすめた。アイズリはそれを受け入れてヒューストンを去ったが、やがてそこもやめ、平和部隊に身を投じ、タイのバンコックにいった。そして、タイからの帰国後、実業界に入ったわけである。

このアイズリが宇宙で受けたインパクトもまた、地球上で諸国家が展開している争いがいかにバカげているかということだった。

「眼下に地球を見ているとね、いま現に、このどこかで人間と人間が領土や、イデオロギーのために血を流し合っているというのが、ほんとに信じられないくらいバカげていると思えてくる。いや、ほんとにバカげている。声をたてて笑い出したくなるほどそれはバカなことなんだ」

――そういう認識はどこから生まれてくるんですか。

「これはそのとき感じたことじゃなくて、後から考えたことなんだが、地球にいる人間は、結局、地球

ドン・アイズリ（1981年取材当時）

の表面にへばりついているだけで、平面的にしかものが見えていない。平面的に見ているかぎり、平面的な相違点がやたらに目につく。地球上をあっちにいったり、こっちにいったりしてみれば、ちがう国はやはりちがうものだという印象を持つだろう。風土がちがうし、住んでいる人もちがう。人種もちがう。民族もちがう。文化もちがう。どこにいっても、何もかもちがう。生活様式から、食べ物、食べ方までちがう。どこにいっても、ちがいばかり目につく。しかし、そのちがいと見えるすべてのものが、宇宙から見ると、全く目に入らない。マイナーなちがいなんだよ。

宇宙からは、マイナーなものは見えず、本質が見える。表面的なちがいはみんなけしとんで同じものに見える。相違は現象で、本質は同一性である。地表でちがう所を見れば、なるほどちがう所はちがうと思うのに対して、宇宙からちがう所を見ると、なるほどちがう所も同じだと思う。人間も、地球上に住んでいる人間は、種族、民族はちがうかもしれないが、同じホモ・サピエンスという種に属するものではないかと感じる。対立、抗争というのは、すべて何らかのちがいを前提としたもので、同じものの間には争いがないはずだ。同じだという認識が足りないから争いが起こる」

――平和部隊に入ってタイにいったのは、そういう認識の影響ですか。

「それは逆かもしれない。本質的にはみんな同じ、どこも同じという認識の上に、それにもかかわらず、みんなちがう所でちがう生活をしているという現象の認識もある。地球はこんなに広いのかと思った。これだけ広い地球のほんの一部しか自分はこれまで知らなかったのじゃないか。もっと自分が知らなかった世界を知ってみたい、他の人間はどんな風に生きて、どんなことを感じているのか、宇宙から見た自分の知らなかった世界を今度はクローズアップで見てみたいと思った」

――クローズアップで見た結果として、本質的にはみな同じ、どこも同じという認識は変らなかったですか。

「全く変らなかった。もっと強められたといってよいくらいだ。とにかく、宇宙飛行以来、異国人、異人種というものに対する感じ方は全く変った」

――現実の地球の上では、米ソ対立をはじめ、国家間の対立という現状は宇宙時代に入っても変ることなくつづいているが。

「こういうことも、あとせいぜい、三、四十年だと思う。あと三、四十年間、第三次大戦を起こすなどというバカなことをしないですめば、確実に、ネイション・ステイト（民族国家）の時代から、プラネット・アース（惑星地球）の時代に入ると思う。いまはその過渡期なんだ。考えてみれば、ネイション・ステイトの時代は人類史においてたかだかこ三、四百年のことにすぎない。これはもう世界の現状にてらして、アンシャン・レジームになっている。ネイション・ステイトは産業革命が生んだレジームで、いま現に進行している、アルビン・トフラーのいう〝第三の波〟が進行していけば、くずれざるをえないレジームだ。

我々の次の世代からは、ネイション・ステイトは昔の話で、プラネット・アースが常識になる。米ソというスーパー・パワー支配の構造も、ネイション・ステイトというアンシャン・レジームの上に乗っている構造だから、ネイション・ステイトと命運を共にする」

——しかし、そう簡単に、この国際社会の構造が変るとも思いませんが。

「表面的日常的な動きを見ているかぎりそうだろう。結局、いまの世界は、アメリカでもソ連でも、あるいはその他の国でも、アンシャン・レジームのヒエラルキーの上に乗った人々が支配して動かしている。この人たちは、アンシャン・レジームを守るという点では利害が一致しているから、協力しあって必死になって古い秩序、ネイション・ステイトの秩序を守ろうとしている。そのために用いられているのが、我がネイション・ステイトの人間はいい人間で、相手方のネイション・ステイトの人間は悪い人間であるという、共通した神話だ。いい人間とか悪い人間とかはいない。どこにいってもいるのは同じ人間だけだ。ソ連の脅威などというのも、同じ伝の話だ。アメリカ人はソ連が脅威だというが、ロシア人にはアメリカが脅威なのだ。ソ連は歴史的にいつも敵に囲まれた状態で生きながらえてきた。しかも、経済的文化的に、アメリカをはじめとする西側に対して劣等感を持っている。彼らが脅威を感じるのも当然なのだ。ソ連の脅威をいうなら、ソ連に対するアメリカの脅威もいわねばならない」

――そういう考えは、昔から持っていたのですか。宇宙飛行士になる前、空軍にいるころはどうだったのですか。

「いや、空軍にいるころは、普通の保守的アメリカ人と同じだった。愛国者で、ソ連はアメリカにとって軍事的脅威だから、これと軍事的に対決しなければならないと思っていた」

――それを何が変えたのですか。宇宙体験ですか。

「半分は宇宙体験。半分はベトナム戦争だ。両方がからみ合っている。ベトナム戦争が現におこなわれているときに宇宙にいったということだ」

――その他に、宇宙体験が与えたものの見方の変化がありますか。

「何より大きいのは、人生観というか、人生を生きる態度が変ったことだ。リラックスして人生を生きるようになった。世の中に対して、自分の存在を証明してやろうなどとは思わなくなった。自分のエネルギーを外に向けるより、内側に向けるようになった。家庭とか家族とか、自分の内的精神状態とか、そういうものを第一義的に考えるようになった。だから、毎日、平和で静かな生活をしている。人生をエンジョイしている」

――その変化はなぜ起きたのですか。

「さあ。よくわからんが、やはり地球を外から見るという大体験がもたらした変化というほかないだろうね」

さて、話を戻すと、シラーはキングの誘いを受けて、まず、インペリアル・アメリカン・リソーシズ・ファンド社の取締役になった。NASAの内規によれば、宇宙飛行士が企業の取締役になることは、その企業がNASAと事業上の関係を持たない会社で、NASAの許可があればさしつかえないことになっていた。この会社は石油開発の会社だったので、NASAの許しが出た。しばらくすると、キングはもう一つの子会社、ロイヤル・リソーシズ・エクスプロレイション社の取締役にならないかといってきた。シラーはこれも引き受けた。結局、NASAをやめるとき、シラーは、キングの二つの子会社の取締役にすでになっていたわけである。NASAを引退してから、シラーはますます深く、キングの事業にコミットしていった。

キングは、シラーのために、リージャンシー・インベスターズ社という会社を作り、その社長にシラーをすえた。キングはしょっちゅういろんな会社を作ったりつぶしたりしていたのである。この会社は、不動産事業から石油事業まで手広くやる、親会社のコングロマリット、コロラド・コープ社同様、性格がはっきりしない会社だった。しかし、シラーは、張りきって、キングに命ぜられるがままに、全米各地はもとより、世界各地を駆けめぐった。営業マンとしては、シラーは有能だった。

シラーが乗ったアポロ7号において、はじめて宇宙船からのテレビ中継放送がおこなわれた。毎日定時に十数分間、宇宙船内からの生中継がおこなわれたのである。シラーはおしゃべりが得意な上に、日常会話でも二分おきにジョークが飛び出してくるような男である。テレビ中継ではプロのテレビ司会者なみに視聴者を喜ばせ、全国に顔が売れていた。それだけ顔が売れた元宇宙飛行士で、誰とでもすぐに友人付き合いできる性格と、持前の決断の早さとがあれば、たいていの商談はまとまってしまうのだった。

シラーがこれだけキングの事業にコミットしたのは、キングが一つの約束をしていたからだった。それは、環境問題のための非営利的財団法人を作って、シラーをその理事長にし、好きなようにやらせてくれるという約束だった。シラーがこの話に乗ったのは、三回にわたる宇宙飛行を通して、公害が全地球的規模で進行し、地球環境が目に見えて悪化しつつあるということに強いショックを受けたためだった。

「宇宙から見る地球はほんとに美しい。宇宙飛行士がみないうことだが、ほんとに美しい。しかし同時に、それが汚されつつあるというのもほんとなのだ。いまはランドサット衛星などが、赤外線写真など、さまざまの特殊写真技術によって、公害の進行ぶりを解析しているが、あのころはそんなものはなかった。しかし、そんなものなしでも、人間の肉眼でそれがわかるのだ。特に私の場合は、六二年、六五年、六八年と、六年間に三回宇宙から地球の姿を見てきた。だから、その変化がわかる。特に大気汚染、水汚染の状況がわかる。ロスアンゼルスのスモッグ、デンバーのスモッグ、東京のスモッグなど、世界的に有名な大気汚染は肉眼で観察できた。それは実に悲しい眺めだ。地球全体が美しすぎるほど美しいだけに、そういうシミのような部分の存在を目にすると、ほんとに悲しくなる。

特に悲しかったのは上海だ。六二年の上海は京都のように美しい街だった。しかし、六五年、六八年と目に見えて空気が悪くなり、ついには、有名大気汚染地域と変らないようになってしまった。そういう状況を見て、地球に戻ってくると、これから地球はどうなるんだろうと、ほんとに心配になってきた。我々はこの地球にいったい何ということをしているんだと怒りの思いがこみあげてきた。宇宙を飛ぶ前は、環境問題などにはまるきり関心がなかったが、地球に戻ってからは、ＮＡＳＡを引退したら環境問題に取り組もうと決心していた。それがキングの誘いに乗った理由だった。まさかキングが私を欺していようとは思いもよらなかった」

第三章　宇宙体験における神の存在認識

もう少し、ウォーリー・シラーの話を聞いてみよう。シラーは、肉眼で公害を観察したという。

——肉眼でそんなに地上がよく見えるものなのか。

「見える。驚くほどよく見える。たとえば、大洋を航海している船の航跡が見える。中国の万里の長城が見える。どちらも、大した幅がないのに、よく見える。色彩と明度のコントラストがあれば、相当小さいものまで見える。ベトナム上空では、戦場で射ち合っている戦火が見えた」

——戦火が……。

「夜なら、小火器の銃火まで見える。ベトナム上空でパチパチ光るものを見たとき、はじめは稲妻かと思った。稲妻はいたるところでよく観察する。しかし、稲妻の場合は、必ず雲の中で光る。ところがベトナム上空は快晴だったのだ。それで戦火だとわかった。夜はまるで花火を見ているようだった。それが戦火でなければ、その美しさにみとれるくらい美しかった」

——あなたがアポロ7号の飛行後に『ライフ』誌に寄せた手記の中で、「少なくも宇宙だけは永遠に平和にとどまるべきだ。他国の安全に脅威を与えるような宇宙利用は厳につつしむべきだ」

と述べているのは、ベトナム戦争を宇宙から見たという経験にもとづくものなのか。

「そうだ。しかし、それだけではない。そのとき、戦火が燃えていたのはベトナムだけではない（もっとも、肉眼でそれを見たのは、ベトナムだけだったが）。宇宙から帰って、新聞を広げてみると、毎日のように、あちこちで戦争、戦闘がおこなわれている。中南米、中近東では特にそうだ。それに、現に戦火はまじえていなくても、朝鮮半島のように、国境をはさんで一触即発の状態でにらみ合いをつづけているところが沢山ある。

宇宙から見ると国境なんてどこにもない。国境なんてものは、人間が政治的理由だけで勝手に作り出しただけの、もともとは存在しないものなのだ。宇宙から自然のままの地球を見ていると、国境というものがいかに不自然で人為的なものであるかがよくわかる。それなのに、それをはさんで、民族同士が対立し合い、戦火をまじえ、殺し合う。これは悲しくもバカげたことだ。私は軍人として生きてきた人間だから（朝鮮戦争を現に戦った）、どの戦争においても、戦争には戦争にいたる政治的歴史的理由があり、そうそう簡単には戦争がない時代がこの地球に訪れそうにないということはわかっている。しかし、その認識があってもなおかつ、宇宙からこの美しい地球を眺めていると、そこで地球人同士が相争い、相戦い合っているということが、なんとも悲しいことに思えてくるのだ。どんなに戦っても、お互い誰もこの地球の外に出ていくことはできない。

私はこの地球という惑星から三度離れたことがある人間としていうのだが、この地球以外、我々にはどこにも住む所がないんだ。それなのに、この地球の上でお互いに戦争し合っている。これはほんとに悲しいことだ」

――あなたは、宇宙にいく前から、そんなことを考えていたのか。

「いや。こんな考えを持つようになったのは、やはり、地球の外からベトナム戦争を見てからだ」

——しかし現実には、あなたの願いに反して、宇宙も軍事化されつつある。軍事衛星は花ざかり。スペース・シャトルにしても、半分は平和目的だが、半分は軍事目的だ。

「いまのような国際情勢下にあっては、偵察や査察のために宇宙が利用されることはやむをえまい。しかし、その限度を越えて、戦争目的にまで宇宙を利用しようというのは、全くバカげている。宇宙の利用の仕方としてバカげているというだけでなく、軍事技術的にバカげているのだ。宇宙は場として戦争に適した場ではない。アメリカ映画にしても、日本の映画にしても、宇宙を舞台にした映画はみんな宇宙戦争映画だ。スター・ウォーズとか、宇宙戦艦とか。ひっきりなしにドンパチ（いや、キューンとか、ピーとか、ピョヨヨンとか電子音を出しているが、ああいう電子音は現実には宇宙船の機器からは全く発しない）射ち合っている。ああいうことは、現実には起こりそうにない。

ハンターキラー衛星とか、宇宙での衛星同士の戦闘を前提とした宇宙技術の開発が現実にすすめられているではないか

ウォーリー・シラー
（1981年取材当時）

と反論されそうだが、実際のところ、宇宙での戦闘はきわめて困難なのだ。何より、索敵が難かしい。索敵して、相手をこちらの武器の射程距離に入れるまで接近することが、戦闘の前提だ。武器としては、レーザー兵器が最も有効だろう。索敵・接近とは、ランデブーと基本的には同じ技術だ。ところが、これが簡単にはいかない。いまのロケットの推力をもってしては、地球軌道上のある一点から、他の希望する一点に移動するために、ゆうに一日はかかってしまうのだ。これでは実用にならない。

衛星を破壊できるだけのレーザー兵器があれば、地上の基地から狙ったほうが有効だ。衛星の軌道を常に把握しておけば、地上から射ち落とすのに五秒もかからない。宇宙では燃料が限られているから、飛行機が空中を自由に飛びまわるように動くことができない。その所在は基本的にはいつでも地上からつかまれている。だから宇宙戦争というのは、空想の産物だ。

軌道飛行物体は、地上からの破壊に弱い。この弱さがあるから、宇宙開発は平和を前提としないかぎりこれ以上すすめられない。スペース・ステーションにしろ、宇宙太陽エネルギー発電所にしろ、作ることに技術的困難はないが、それを作ったら、戦争が起きたときには簡単に破壊されることを覚悟しておかねばならない」

——平和の問題というと、政治の問題になるが、政治の世界に足を踏み入れようと思ったことはないのか。

「誘われたことはある。マーキュリー8号の飛行に成功して、ケネディ大統領に挨拶にホワイトハウスにいったとき、弟のロバート・ケネディが私をわきへよんで、きみは政治には興味がないかね、とたずねた。グレンを政界に引き込んだときと同じやり方だ。私は率直に断った。政治家だけにはなりたくないというのが、私の考えだった。なぜかって。私はテストパイロットであり、エンジニアであり、科学者だ。だから、何でも事実にもとづいて決定を下す。しかし、政治の世界においては、必ずしも決定は事実にもとづいて下されない。しばしば、感情にもとづいて下される。次の選挙に有利か不利かということが、決定の基準になる。それが私には耐えられない。最近では、レーガン政権からも、何か政府の仕事をやらないかと誘われたが、やはり断った」

——環境問題にしても、政治にかかわらざるをえないのではないか。

「いや、私は環境問題に政治的に取り組もうとは思わなかったし、実際、取り組みもしなかった。だいたい私は、〝何でも反対〟的なエコロジー運動には与しない。環境汚染をゼロにすることはできないし、する必要もない。宇宙から地球を眺めればすぐわかることだが、人為的環境汚染より、自然による環境汚染のほうが、量的にはすさまじい。たとえば、火山の爆発による大気汚染、大雨が土砂を押し流すことによって生まれる水汚染。

環境問題とは、この地球という惑星の生存の条件と、人間の生産・生活活動の間の妥協点を科学的に発見していくことだと思う。環境汚染を恐れないのは誤りだが、環境汚染を恐れすぎるのも誤りだ。どうすれば、よりよい妥協点を発見できるか。これが、私の環境問題に取り組む視点だった。だから、エコロジストが、建設絶対反対の運動を展開したアラスカの石油パイプラインの問題にしても、私は、どういうパイプラインなら、環境から許容されうるかを調査するという方向で取り組んだ。私は環境問題をビジネスにしようとした。行政当局や企業がぶつかる環境問題に、調査、企画、立案で応えていく環境問題コンサルタントになるということだ」

前に述べたように、シラーはNASAをやめた後、ジョン・キングというコングロマリット経営者に見込まれて、その経営陣の一角に入った。いずれ、環境問題に取り組む機関を作って、それをシラーにまかせてくれるということになっていたのである。しかし、シラーとキングの仲は一年ほどしかつづかなかった。

「結局は、あの男がほしかったのは、宇宙飛行士の名声だけだったのだ。投資家から金をかき集めるのに、私を利用しただけなのだ。彼は、石油事業に投資をしてみたいが、自分では油田を買えるだけの資金がないという投資家を集めて、共同出資で油田を買い（アメリカでは油田の売買は日常的におこなわれている）、その儲けを投資家に還元するという甘言で、ものすごい資金をかき集めて事業を拡大した男だ。しかし、集めた資金は自分勝手に使って、投資家にはろくに還元しなかった。金にきたない、強欲そのものの男だった。口を開けば、環境問題がどうしたとか、世界の食糧問題を解決し、地球を飢えから救うための事業を興すとか、後進国の経済開発につくしていきたいだの、いつでも理想主義的なことをしゃべっていたが、それは政治的野心（上院議員か知事の座を狙っていた）を持っていたがためのポーズにすぎなくて、腹の中では、人の金を利用して金儲けをすることしか考えていない男だった。

私は彼の口車に乗せられて、彼の会社に入り、資金集めの手伝いをさせられたが、間もなく彼の正体を見抜くことができたので、彼の会社をやめ、自分で環境問題に取り組む会社を作ったわけだ」

七〇年、シラーは、キングのコロラド・コープをやめて、ECCO（Environmental Control Company）という会社を作った。会社の設立資金を作るために、テレビのコマーシャルに出たりした。

それから四年間、この会社を通じて、さまざまの環境問題プロジェクトに取り組んだ。その例を幾つかあげてみると、インディアナ州政府から依頼された同州の大気汚染に関する環境基準策定、ビール会社から依頼されたアルミ缶のリサイクル策、デラウェア州での生活廃棄物処理設備設計、ジョージア州でのブロイラー処理工場における廃棄物処理装置、東シベリア天然ガスパイプライン敷設にともなう環境への影響調査など、全米各地はもとより、海外にまで進出して仕事をした。

しかし、やがて、この会社は経済的に破綻してしまった。

「結局、こういう事業は、商売としては成りたたないということなんだ。環境への配慮は別に企業に利益をもたらすわけではないから、ろくに金を出そうとしない。我々は私企業だから金を払ってもらわないとやっていけない。一方で、大学の研究室などが、同じことを研究のために無料でやる。行政機関が環境問題研究所のようなものをそれぞれ独自に設立するようになる。我々のようなところに金を払って調査研究を依頼するより、同じことを無料でやってくれるところにどうしても依頼がいく。結局、私は、他の事業で儲けた金をこの会社につぎこむだけという状況がつづいて、どうにもやっていけなくなった」

七四年、環境問題から手を引き、その後、幾つかの企業を転々としながら今日にいたっているわけである。

「事業としてやめたからといって、環境問題に関心を失ったわけではない。私はいま山に住んでいる（コロラド州は山岳地帯である）。毎朝目をさますと、小鳥のさえずりが聞こえる。昨日は鹿の姿を見た。今朝はコヨーテを見た。自然の中に生きていると心がなごむ。この地球の自然なしには人間は生きていけない。というより人間も地球の自然の一部なのだ。地球を離れては、人間は呼吸することすらできない。宇宙人が地球にやってきたらエイリアンだが、宇宙における地球人もまたエイリアンなのだよ。地球以外にいきどころがないのが地球人だ」

この認識が、宇宙体験がシラーに与えた最大のものという。

さて、これまで紹介してきた人々の他にも、実業界入りした宇宙飛行士は何人もいる。というよりは、ごく少数の例外を除くと、NASAをやめた宇宙飛行士は、ほとんどすべて実業界に入っている。そのうち最大の成功者は、フランク・ボーマン（ジェミニ7号、アポロ8号）であろう。ボーマンもまたシラーと同じようにNASAをやめてから、ジョン・キングのコングロマリットに経営幹部として入ったが、やはりキングのうさんくささにいや気がさしてそこをやめ、その後、イースタン航空に移り、いまではそこの社長の座にある。アメリカでも指折りの巨大企業の社長になったわけである。

（左から）ビル・アンダース，ジム・ラベル，フランク・ボーマン

大企業に入った人では、この他に、マグダネル・ダグラス社の副社長になったピート・コンラッド（ジェミ

ニ5号、11号、アポロ12号、スカイラブ2号)がいる。グラマン社に入ったフレッド・ヘイズ(アポロ13号)は、宇宙部門担当副社長になったし、GE社に入ったビル・アンダース(アポロ8号)は、原子力エネルギー担当副社長を経て、現在は航空機装備品担当副社長である。

巨大企業に入った人々はこれくらいだが、それに次ぐものとしては、テキサスの電話会社社長になったジム・ラベル(ジェミニ7号、12号、アポロ8号、13号)、同じくテキサスの石油会社副社長になったジーン・サーナン(ジェミニ9号、アポロ10号、17号)などがいる。サーナンは、私がヒューストンを訪れたとき、それまで勤めていた石油会社をやめて、サーナン・エナジー会社という、自分自身が経営する石油会社を設立する準備中のところだった。

サーナンは、チェコスロバキアからの移民を両親として一九三四年シカゴに生まれ、海軍のテストパイロットを経て、六三年に宇宙飛行士第三期生に選ばれた。ジェミニ9号に乗り組んだときは、まだ三十二歳で、宇宙を飛んだ最も若い宇宙飛行士になった。

これまで月に二度いった男が三人だけいるが、サーナンはその一人である(他の二人はヤングとラベル。ただしラベルはアポロ13号が故障したため、月着陸の経験は一度もない)。宇宙滞在時間でいうと、スカイラブ4号の乗組員が八十四日間、二千時間の記録を持つが、地球軌道を離れての宇宙滞在時間においては、サーナンの五百時間弱がいまも最高記録である。

——宇宙飛行士というキャリアと、いまの商売はあまり関係なさそうに見えるが。

「私は自分の過去の上に乗って生きるのが好きじゃない。過去は過去であり、重要なのは、私が今日どこにいて、明日どこにいこうとしているかだ。私の名前が歴史に残っていると いうことは、私の子供や孫には素晴しいことだろうが、現在の私にとっては重要なことで はない。過去は歴史であって、歴史とは終ったことなのだ」

——すると、現在のあなたに宇宙体験がもたらしたものは何もないというのか。

ジーン・サーナン

「いや、そういうことではない。宇宙体験から私が得たものは大きい。宇宙体験は私を精神的に豊かにした。内面的には、人間は過去の経験から切り離せない。内面的には今の私を宇宙体験から切り離すことはできない。しかし、外面的には、私の人生は宇宙体験とは全く断ち切られている。過去はもうすんだことであり、あるとき何かをしたということによりかかってその後の人生を私は生きたくないのだ」

――その内面のほうについて聞きたいのだが、あなたが得たもので、何が一番大きかったのか。

「神の存在の認識だ。神の名は宗教によってちがう。キリスト教、イスラム教、仏教、神道、みなちがう名前を神にあてている。しかし、その名前がどうあれ、それが指し示している、ある同一の至高の存在がある。それが存在するということだ。宗教はすべて人間が作った。だから神にちがう名前がつけられた。名前はちがうが、対象は同じなのだ。

宇宙から地球を見るとき、そのあまりの美しさにうたれる。こんな美しいものが、偶然の産物として生まれるはずがない。ある日ある時、偶然ぶつかった素粒子と素粒子が結合して、偶然こういうものができたなどということは、絶対に信じられない。地球はそれほど美しい。何らの目的なしに、何らの意志なしに、偶然のみによってこれほど美しいものが形成されるということはありえない。そんなことは論理的にありえないということが、宇宙から地球を見たときに確信となる。この美しさを他の人に見せてやれず、自分だけが見ているということが、ひどく利己的行為のように思えたくらいだ」

――あなた自身は何か宗教を信じているのか。

「私はカトリックだ」

――熱心な信者か。

「熱心な信者というわけではないが、神は信じている」

——諸宗教の神は唯一の神の別の名前にすぎないというのは、カトリックの正統な教義からは外れるが、その考えは、宇宙体験の前から持っていたのか、それとも、宇宙体験を通じて発見したものなのか。

「ぼんやりとは前からそう思っていた。しかし、宇宙から地球を見たとき、それはゆるぎない確信になった。神は唯一の神以外ではありえないと思った。そして、宇宙体験を重ねるたびに、その確信は強められた」

——その唯一の神とは、キリスト教の神ということか。

「どの宗教の神が上位ということではない。我々がいう"God"も、唯一の至高の存在に対してつけられた、一つの名前だ。私はどの宗教も基本的によきものだと思っている」

——すると、ジム・アーウィンが宇宙体験で得た認識などとはちがうのか。

「それはちがう」

——宇宙体験といっても、あなたの場合はジェミニで地球軌道を飛び、アポロ10号で月軌道を飛び、アポロ17号で月面探検をするという、三種類の質的に異なる体験をしている。それぞれの体験から得られた内的インパクトは、それぞれにちがうものだと思うが、そのちがいを説明してもらえまいか。

「三種類の体験といったが、もう一つちがうのは宇宙遊泳体験だ（サーナンは、ジェミニ

9号で、二時間九分の宇宙遊泳をおこなった。その前にアメリカではじめて宇宙遊泳をしたエド・ホワイトの遊泳時間はわずか二十分だったから、本格的宇宙船外活動としては、サーナンの体験がはじめてのものになる。ちなみに、宇宙船は約九十分で地球を一周してしまうから、サーナンは船外で一昼夜以上過ごしたことになる）。宇宙船の中に閉じ込められているのと、ハッチを開けて外に出るのとでは、全く質的にちがう体験だ。宇宙船の外に出たときにはじめて、自分の目の前に全宇宙があるということが実感される。宇宙という無限の空間のどまん中に自分という存在がそこに放り出されてあるという感じだ。そのときのセンセーションにくらべれば、地球軌道を離れて月に向かうとか、月の上を歩くといったことは、そう大したことではないといえるくらい、それは大きなちがいだ」

——そのとき、特に夜の部分に入って真暗闇になったときなど、虚空の中に上下の感覚もなく自分がポカンと浮かんでいて、感覚的におかしくならないものなのか。不安とか、世界喪失感とかが出てこないものなのか。

「私の宇宙遊泳の前に、そういうことを予想した心理学者がいた。宇宙空間には上下というものがないから、長時間の宇宙遊泳によってオリエンテーションが失われ、心理的におかしくなるだろうというのだ。しかし、現実にはそういうことはなかった。

人間の感覚というのは、驚くべき適応能力を持っているものだ。方向感覚の喪失ということは全くなかった。肉体的にも心理的にも、すぐ慣れることができた。人間は自分が置かれた状況をすぐあるがままに受け入れることができる能力を持つものだ。客観的に上下がないという状況においても、その状況に応じて自然に頭の中で上下が措定（そてい）される。地球軌道上であれば、地球の側が下、星がある側が上、月軌道上であれば、月面が下、その反対が上。この上と下は前者の上下と一致しないが、それは問題ではない。上下とは小状況の中での便宜的概念だから、そういうちがいは問題にならない。宇宙船の中では、地上にいるときと同じように上下を考えるし、あるいは自分の頭があるほうが上、足があるほうが下とも考える。この上下も矛盾するが、だからといって、心理的に混乱することは全くない」

——地球軌道を離れて、月に向かうときはどうか。

「その眺めは格別だ。人間がこれまで見たことがない見方で地球を見ることができる。地球を離れるに従って、大陸や大洋が一目で見渡せるようになり、やがて、地球の球体としての輪郭が見えてくる。世界が一目で見える。全人類が私の視野の中に入ってしまう。目の前の青と白の球体の上で、世界で起きているすべてのことが現にいま起きているのだと思うと何とも感動的だ。しかも地球の上で時間が流れていくさまが目で見える。夜明けの地域と日没の地域が同時に見え、地球が回転し、時間が流れていくさまを観察することができる。それはまさに神の眼で世界を見ることだ。生きた世界が、刻一刻と私の目の前でその生を展開しつつある。私もその世界に属している一員ではあるが、私はここにおり、その余の世界のすべては、私に見られてそこにある。私は人でありながら目だけは神の眼を持つ体験をしているのだと思った。そして、地球から離れるに従って、地球は、ますます美しくなる。その色が何ともいえず美しい。あの美しさは生涯にわたって忘れることができない」

――我々も写真ではその美しさを知っているが。

「肉眼で見る地球と写真で見る地球は、全くちがうものだ。そのときそこにあるのは実体だ。実体と実体を写したものとでは全くちがう。どこがちがうのかと問われても、うまく説明ができないが、まず、二次元の写真と三次元の現実というちがいがある。手をのばせば地球にさわることができるのではないかという現実感、即物感が写真には欠けている。それと同時に、これも二次元と三次元のちがいだが、写真で地球を見ても地球しか見えないのに、現実には地球を見るとき同時に地球の向こう側が見えるのだ。地球の向こう側は何もない暗黒だ。真の暗黒だ。その黒さ。その黒さの持つ深みが、それを見たことがない人には、絶対に想像することができない。あの暗黒の深さは、地上の何ものをもってしても再現することはできないだろう。あの暗黒を見たときにはじめて、人間は空間の無限の広がりと時間の無限のつらなりを共に実感できる。永遠というものを実感できる。永遠の闇の中で太陽が輝き、その太陽の光を受けて青と白にいろどられた地球が輝いている美しさ。これは写真では表現できない」

──宇宙の大きさが写真ではわからない。

「その通りだ。そして月の上まできて地球を見るとき、この宇宙の無限の大きさが一層実感される。我々は何日もかけて、超高速のロケットに乗って、やっと月まできた。そして、地球を一つの天体として見ることができるくらい地球から離れることができた。だが、それだけの時間をかけ、それだけ地球から離れてみても、暗黒の宇宙に輝く無数の星のどれか一つに一歩でも近づいたわけではない。宇宙の眺めの中で変ったのは、地球の大きさだけであって、その余の宇宙には何の変化もない。

無限の宇宙の中では、人類史上最長の旅で動いた距離も無に等しいのだ。そして、無限の宇宙を目の前にしているといっても、我々が見ている宇宙は、我々の見る能力を越えてほんとうに無限に広がっている宇宙のごくごく一部分、ほんのちっぽけな部分にすぎない。この先どんなに宇宙飛行をつづけても、いま視野の中にある宇宙の一部を脱して、その向こうが見えるところまでいくことはできない。つまり、我々は無限の宇宙の中にあって、そのほんの微小な部分に閉じ込められてある存在なのだ。それを、はるばる月までいき、月から宇宙を眺めたときに実感することができる。それは、やっとここまできたのに、という、自分の行動の上にたって得られる認識なのだ」

──それと同時に、知的認識でもある。

「その通りだ。宇宙の広がりに関する知識が前提となって得られる知的認識だ。しかし、同時にそれは、知識だけでは得ることができない、実体としての宇宙をその場で感覚的に見ていることが合わさった知的感覚的認識というのが正しいだろう」

——そうやって、無限の宇宙を見、無限の宇宙の中にある地球を見たということが、あなたの宇宙体験の主要部分なのか。

「いや、それよりも、見る対象よりも、もっと重要なのは見る主体である私の存在だ。私がそこにいて、それを見ていたという事実だ。永遠の時の流れの中におけるまさにその時点に、無限の空間の中におけるまさにその場所に私がいてそれを見ていたという、その事実、歴史的存在としてのその事実の主体が私であるということ。その認識、自分の存在の認識が何よりも重要だったのではないか」

——話を聞いていると、やはり地球軌道上における体験より、地球軌道を離れてからの体験のほうから大きなインパクトを受けたようだが。

「それはそうだ。先に宇宙遊泳のインパクトの大きさを強調したのは、宇宙船内体験と船外体験の比較の上でいったことであって、やはり、地球を離れるか離れないかということは、決定的に重要な意味を持つ。地球軌道からは、地球を見るといっても、正確には、地球そのものを見ているわけではない。地表を見ているにすぎない。極端な言い方をすれば、地球軌道から地表を見る体験は、飛行機による超高空飛行から得られる経験と本質的にそう変りはない。それは、地球軌道から離れて地球を見る体験とは次元が一つちがう体験だ。

だから、同じ宇宙飛行士といっても、地球軌道しか体験していない者と、月にいった者とでは、質的にちがう体験をしているのだ。地球軌道だけの体験者は、我々が宇宙体験を通して得たものを想像はできても、実感はできないだろうと思う」

——地球軌道からも、頭をめぐらせば、地表だけでなく、宇宙の無限の広がりを見ることができるはずだが、地球軌道を離れる体験の質的なちがいはどこにあるのだろうか。

「それは何よりも地球をそれだけ離れたという事実そのものの中にある。観念的問題ではなくて、感覚的問題、事実の問題だ。自分が具体的現実においてどういうシチュエイションの中にあるかで認識は変る。感覚的にも、窓から見る地球はどんどん小さくなっていく。地球軌道上から地球を見れば、視野一杯に地表が広がっていて、同時に端から端まで見渡すことはできない。同じ宇宙を見ていても、頭をめぐらせたときに、視野一杯の地球を見るか、暗黒の中に浮かんでいる一つの美しい天体を見るかは、決定的なちがいだ」

——多くの宇宙飛行士が、宇宙から地球を見ると、そのもろさ、はかなさに印象づけられたというが。

「いや、私には、地球が弱々しい存在に見えたことは一度もなかった。いまにもこわれそうという印象はまるでなかった。むしろ堂々として、力強い存在に見えた」

——あなたのいう神についてもう少し聞きたいのだが、それは人格神なのか。

「そうだ。白い服を着ているかどうか、ヒゲを生やしているかどうかは知らないが、それは人格神だ。そして、人間の祈りを聞く神だと思う」

——エド・ミッチェル（アポロ14号）は、あなたが述べたのと近い認識を持っているが（彼の認識については後に述べる）、彼は人格神を否定している。

「そうだ。彼の神は人格神ではなくて精神だ。彼とはその点において決定的にちがう。しかし、結局は、彼の神も、私の神も同じなのだと思う。実体は同じで、私と彼の認識の仕方がちがうというだけのことと思う。宗教によって神の認識の仕方がちがうというのと同じことだ」

——あなたの神は創造神でもあるのか。

「そうだ。この宇宙も、地球も、人間も、生命も神が創造したものだと思う。この存在が単なる偶然によって生まれたとは思えない。これは前にもいったが、宇宙体験が与えた確信だ。そして、多分神は、この地球上だけでなく、宇宙の他の場所においても生命を作っていると思う。地球の上にだけ生命を作り、他には無限の宇宙のどこにも生命を作り出さなかったとは思えない」

——創造神を信じるとなると、進化論は信じないのか。

「論理的には創造神と進化論は両立しないのかもしれないが、私は種の進化も信じている。どんな生物も時間の経過とともに進化してきたと思う。人間も現に進化しつつあるのだと思う。しかし、進化は、神の創造の後に起きたのだと思う。進化にもはじめがあったはずだ。そのはじめは神の創造によると思う」

――科学というものをどれだけ信じているか。科学が発展すれば、いずれすべてが説明されることになると思うか。科学と宗教の間に矛盾はないか。

「科学と宗教というと、いつも思い出すことがある。私はアポロ・ソユーズ計画の準備のためにソ連にいくとき、ローマに立ち寄って、ローマ法王に会った。そのとき法王は米ソ共同宇宙計画を喜ばれて、私の仕事を祝福してくれた。そしてこういった。『あなたは現代におけるイエス・キリストの使徒である。ソ連にいったら、私からのメッセージだといって、こういってもらいたい。〝私は常に宇宙計画に深い関心を払ってきた。私もまた a man of science（これを科学者と訳したら誤りだろう。サイエンスは広義に使われている。広義の科学する人、あるいは学問の人といった感じ）である。サイエンスにも、サイエンスの創造者がいたのだということを忘れないでほしい〟』。私はこれをとてもよいことばだと思う。科学によって、我々の知識は日々に増していく。昨日よりは今日、昨年よりは今年、より多くの発見があり、より多くのことが説明される。宇宙も、地球も、生命も、そして我々人間の存在についても、より多くの知見が加わる。しかし、いつでも無限に多くの未知の領域が残っていて、科学的知識の拡大は無限につづくプロセスとなり、終りがない。つまり、人知は、未来永遠に有限なのだ」

――人類の宇宙進出の未来はどうなると思うか。

「宇宙はいまや人類にとって環境の一つになったと思う。海洋が人類の環境であるというのと同じ意味において、宇宙も人類の環境である。この新しい環境の利用にやっと手をつけはじめたというのが現状だろう。これから先、宇宙における人類のプレゼンスをつづけなければならない。そのためにまずなすべきことは、巨大なスペース・ステーションを作ることだと思う」

——人類の宇宙進出がさらにつづけば、地球上の国家間の対立が宇宙にまで持ち出されることになるだろうか。

「そうはならないと思う。第一に、宇宙に出ると、地球上での国家間の対立抗争がいかにバカげているかという認識が生まれる。そして第二に、宇宙環境の厳しさが、宇宙に進出した人間同士を相互依存させる方向に働き、宇宙では殺し合いより助け合いのほうが必要だということがすぐにわかるからだ」

——ジム・アーウィンは、月にいって神の啓示を受けたといい、宗教活動に入ってしまった。あなたもまた宇宙で神の存在を感じたというが、その内容はアーウィンとはちがうようだが。

「エド・ミッチェルの場合にしても同じことだが、ジム・アーウィンの場合にしても、彼らが宇宙体験によって意識が変えられたのだとは思わない。二人とも、宇宙にいく前から、ああいう考えを持っていた。考えとまではいえなくても、そういう性向というか、フィーリングを持っていた。それが宇宙体験によって強化され、明確な形をとって外部にあらわれるようになったというのが正しいと思う。私の場合にしても同じことだ。私の得た認識も、前から弱い形にしろ内的には私の中にあったものだ。それが強化されたのだ。ということは、宇宙体験の内的インパクトの強さを否定しようとするものではない。人によってそのインパクトのあらわれ方がちがうのは、もともとその人間がどういう人間であったかによって、そのあらわれ方が決定されるからだといいたいのだ」

このサーナンの例に見るように、実業界に入った宇宙飛行士たちがみな俗物であったかというと、決してそうではない。サーナンだけが特別というわけでもない。後に紹介するように、他にも例がある。

シラーが別れぎわにこんなことをいった。

「ソ連の宇宙飛行士は国家丸がかえだから老後の心配は何もないが、アメリカの宇宙飛行士にとって最大の問題は、その後の人生をどうやって生きていくかという問題だ」

日本のように終身雇用制の社会とちがって、アメリカでは誰でも常に将来の人生設計を考えながら生きていかねばならない。アポロ計画が終ったあと、三十代後半から四十代にかけての宇宙飛行士たちが次々とNASAをやめていったのは、宇宙飛行士という珍しい職業から転進してその後の人生で成功をおさめるためには、四十代までに転進しておいたほうが有利との判断にもとづくものだった。

転進するといっても、そのキャリアからいって、転進先は、技術系のビジネスがほとんどだった。ほとんどの人がそれなりの成功をおさめている。しかし、彼らのその後の人生において、宇宙飛行士体験の技術的側面は生かされているが、内的側面は生かされることもなく、個人の胸のうちに蔵されたままになっている。そして、NASA在勤中は、宇宙飛行士たちはお互いの内面を語り合うということをしなかったから、その技術的体験が集められ蓄積されていったのとは裏腹に、内的認識体験のほうは個々バラバラの形で分散して在るだけである。しかし、こうして一人一人当たっていくと、その中には驚くほど共通しているものがあることが、ここまでのところでもわかるだろう。次章では、そこのところをもう一歩踏み込んで分析してみたい。

宇宙人への進化

第一章　白髪の宇宙飛行士

これまでに紹介したように、あるいはこの先も紹介するように、多くの宇宙飛行士たちが、それぞれに宇宙体験から強い精神的インパクトを受けた。しかし、取材した宇宙飛行士の中で、宇宙体験は心理的にも精神的にも自分にいかなる変化ももたらさなかったとキッパリ断言した人が二人いる。

一人は、アポロ・ソユーズに乗り組んだディーク・スレイトン。もう一人は、スカイラブ2号のポール・ワイツである。

ディーク・スレイトンは、宇宙飛行士の中では、最も伝説的な存在である。彼は宇宙飛行士第一期生、いわゆるマーキュリー・セブンの一人として、一九五九年に選抜された。それから二十年余を経て、いまや六十歳近いが、いまだに、ヒューストンのスペース・センターで、宇宙飛行士の長として頑張っている。

一九二四年、ウィスコンシン州スパルタ生まれ。ハイスクール卒業後、陸軍航空隊に入り、第二次大戦中はB25爆撃機のパイロットとしてヨーロッパ戦線で五十六回出撃。その後太平洋戦線に転じて、沖縄基地に移り、日本の本土空爆に七回出撃した。

戦後、ミネソタ大学に進学して、航空工学を修めた後、空軍のテストパイロットになる。三年間のテストパイロット生活を経て、五九年、宇宙飛行士第一期生に選抜された。

六二年、スレイトンはジョン・グレンに次いでアメリカで二人目の人工衛星に乗って地球を周回する宇宙飛行士になるはずだった。ところが、飛行予定日の二ヵ月前、彼の心臓に欠陥があることが発見され、任務を外されてしまった。病名は特発性発作性心臓心房振顫症という。心房の筋肉がときどきピクピクふるえて不整脈が発生する。放っておけば間もなくおさまり、別に害はない。しかし、原因が不明で、この病気がどう進行するかも不明なので、空を飛ぶことは、宇宙船であれ、飛行機であれ、医者から禁止された。宇宙飛行を目前にしてそのチャンスを奪われ、しかも、将来も飛べる可能性がなくなったのだから、スレイトンのそのときの失意落胆ぶりは想像するにあまりある。

これ以後、スレイトンは飛べない宇宙飛行士として、もっぱらデスクワークをするようになる。はじめは宇宙飛行士室次長として、やがて室長として、宇宙飛行士に関係するあらゆる管理業務をその手に握るようになる。これは、宇宙飛行士の中で、最高の権力を持つことを意味した。宇宙飛行士の最大の関心事は、自分がいつ宇宙飛行をできるか、つまり、いつ宇宙船の正式のクルーに選ばれるかにあった。それを誰が決めていたのかといえば、スレイトンだった。形式的には、もう少し上のレベルで決定が下されることになっていたが、実際には、宇宙飛行士全員の性格、能力、訓練状況等をすべて把握しているスレイトンに誰がいいかが諮問され、スレイトンが推薦した通りの人物が選ばれたのである。そして、決定の発表も、スレイトンの口を通じてだった。公式発表があるわけではない。ある日スレイトンからなにげない口調で、「アポロ〇号のバックアップ・クルーはきみにやってもらうことになったよ」といわれる。それで決まりなのだった。クルーの決定だけでなく、宇宙飛行士そのものの採用面接試験にもスレイトンが試験委員の一人として加わっていたし、採用が決まればスレイトンが自ら合格者に一人一人電話して、「おめでとう。ヒューストンにきてくれるかね」とやるのだった。合格した新人がヒューストンにやってきて、宇宙飛行士の仲間入りをしてみると、

ディーク・スレイトン

そこは軍人社会と同じく、先任順の厳然たる階級社会であることを知る。先任順ということは、第一期生のマーキュリー・セブンが一番偉いということだ。第一期生は六〇年代でている間は、彼らの合議による集団指導体制がとられた。しかし、第一期生は六〇年代ほとんど全員がやめてしまい、残ったのは、シェパードとスレイトンの二人だけだった。シェパードはすでに述べたように、後半はもっぱらビジネスに熱中しており、NASA内部の政治はスレイトンまかせだった。七四年には、そのシェパードもやめてしまい、それ以後今日にいたるまで、スレイトンが先任順位一位ということからも、宇宙飛行士の中で絶対的な力を持ちつづけている。

しかし、スレイトンがほしかったのは、権力ではなく、宇宙飛行だった。宇宙に飛びたいという願いに身をやかれつづけていた。そして、ひそかに自分の心臓の欠陥を癒すために、ありとあらゆる努力をしていた。心臓に悪いといわれるものはすべてやめた。タバコ、コーヒー、アルコール。心臓にいいといわれるものは何でも試してみた。生活の全側面で節制を保ち、また肉体をいつでもベスト・コンディションに置いておくために、運動を欠かさなかった。その甲斐あってか、不整脈の出る頻度がだんだん少なくなり、やがて全く出ないようになった。しかし、医者はいつまた再発するかもしれないというので、飛行許可を出すことをしぶった。スレイトンは、専門医のところをあちこち駆けまわり、精密検査を受け、好意的診断をかき集め、NASAの上層部に働きかけ、ようやく飛行許可を得たときは、七二年になっていた。飛行許可を得ても、すでにアポロ計画は終り（七二年終了）、それにつづくスカイラブ計画の乗組員はとっくに全員が決定ずみで、すでに一年以上も訓練をつんでいるところだった。その後の宇宙計画としてはスペース・シャトル計画があったが、これはいつ実現するかわからなかった。スレイトンはすでに四十八歳になっており、せっかく飛行許可はおりたものの、やはり飛べない宇宙飛行士のまま終りそうだった。

しかし、非常に幸運なことには、この年、ニクソン大統領がソ連を訪問してコスイギン首相と会談し、米ソ宇宙船の宇宙ドッキング計画に合意するということが起きた。新たに三人の宇宙飛行士が飛べることになったわけである。このチャンスを逃せば、スレイトンが宇宙にいく機会は二度と訪れないかもしれなかった。実際、この後は八一年のスペース・シャトルまで宇宙ロケットは打ち上げられなかった。スペース・シャトルまで待ったとしたら、そのときスレイトンは五十七歳。いくら何でも年齢的にもう無理だったろう。

スレイトンは残された唯一の機会をつかむために、直ちに宇宙飛行士室長を辞任し、一人の平の宇宙飛行士として飛行訓練に入った。クルーを選ぶ立場から選ばれる立場に身を移したわけである。今度は誰が選択権を行使しようと、同僚、後輩が次々と宇宙に飛び立つのを十三年間横目で眺めてきて、最後につかんだ唯一のチャンスを目の前にしているこの男を外すわけにはいかなかったろう。スレイトンは無事にアポロ・ソユーズのクルーに選ばれた。七五年に実際に飛行したときには、宇宙飛行士になってから十六年目で五十一歳になっていた。白髪が目立つ高年宇宙飛行士だったが、事情を知るアメリカ国民はすべてこの飛行士を暖かい目で見守った。七五年七月十五日、アメリカが打ち上げたアポロとソ連が打ち上げたソユーズは、地球軌道上でドッキングし、互いの宇宙船を訪問し合ったり、両国の首脳と話し合ったり、テレビを通じて国際共同記者会見をしたり、共同で宇宙科学実験をおこなったりと、盛り沢山のスケジュールをこなして、十七日、無事に帰途についた。

任務を終えてから、スレイトンは再び宇宙飛行士室長の任務に戻り、それから七年、いまや五十八歳で、引退を目の前にしている。

会ってみると、スレイトンはいかにもその伝説にふさわしい人物である。なるほどこの男なら、別に役職がなくても、自然に周囲の尊敬を集め、リーダーシップを発揮していくだろうと思われるような、身についた威厳がある。必要なこと以外はしゃべらない。十六年間、普通の人ならとっくにあきらめて目的を放棄しているであろうような状況下にあって、あくまで望みを捨てずに所期の目的を追求し、ついにそれを実現してしまったという鉄のような意志を持つ男にふさわしく、表情は常に厳しく、時に笑うなど表情に変化はあっても頬がゆるむということがない。

そして、こちらの問いに答えて、宇宙で、精神的心理的に特別のことなど何も起こらなかったと、にべもなく否定する。当方のテーマがそこにある以上、何もなかったといわれると、それ以上質問のしようがなくなってしまう。テストパイロット時代に飛行機で超高空を飛んだことが何度かあるが、それと本質的にはあまり変るところがないとまでいう。宇宙体験の結果、精神的に大きな影響を受けて宗教的になったというケースを、ジム・アーウィンの場合など幾つか知っているが、あの連中は別に宇宙にいったから宗教的になったのではなく、いく前から宗教的だったのだ。その他の例にしても、その人に何らかの精神的変化はあったのかもしれない。しかし、それと宇宙体験との因果関係は証明されていない。あの男は前と変った。月にいった後で変った。だから月にいったことが原因で変ったのだろうと、本人も、周囲の人も、時間的先後関係と因果関係を混同している、という見解なのだ。

ディーク・スレイトン
（1981年取材当時）

スレイトンはインタビューに答えるのがいやで、こんなにべもない返事をしているのではない。話題を転じて、宇宙飛行に関するもっと即物的な側面のことになると、いくらでも答えてくれるのである。ところが、話が人間の内面のことになると、困ったような表情を浮かべて、何も答えられなくなってしまう。宇宙飛行士たちに会うときに、私は、神、人間、宇宙、世界、生物と進化、生と死、存在、認識などに関する一連の哲学的質問を用意していって、それを次々に浴びせかけていった。たいていの人は、それにその人なりに答えながら自分の世界観を開陳してくれたのだが、スレイトンは、その手の質問にはすべて、当惑の表情もあらわに、“I don’t know.”という同じ答えをくり返すばかりだった。神はありやなしや。I don’t know. この世界の存在に意味はありやなしや。I don’t know. 人間は死んだらどうなると思うか。I don’t know. 生命の誕生に必然性はあったか、単なる偶然の産物と思うか。I don’t know. 何を聞いても同じである。後出のジェリー・カーは、宇宙体験で精神的インパクトを受けないなどということはありうべからざることだというが、もう一人後出のエド・ギブスンは、スレイトンが精神的インパクトを何も受けなかったというのは理解できるとして、次のようにいう。

「ディークは忙しすぎた。精神的余裕が何もなかった。第一に、現役の宇宙飛行士として十六年間のブランクがあるのを必死で取り戻さなければならなかった。第二に、宇宙でのロシア人との付き合いに全精力を注がなければならなかった。あの計画の成否はロシア人とアメリカ人がいかにうまくやれるかという一点にかかっていたという点において、他の宇宙計画と全く質がちがう。そして、宇宙に通訳を連れていくわけにはいかなかったので、ロシア人は英語を、スレイトンたちはロシア語を必死で詰め込まなければならなかった。

そして第三に、スケジュールがギュウギュウに詰め込まれていて、あれでは任務以外のことは何も考える余裕がなかったはずだ。精神的インパクトを受けるためには、時間的余裕とその中で生まれる精神的余裕とが必要なのだ。我々にしても、軌道に乗って最初の一週間は忙しくて、知的精神的反省の時間などまるで持てなかった。私の場合でも、宇宙とか人間存在とかに関して省察を加えることができたのは、任務を遂行している最中ではなく、仕事を終えて暇な時間ができ、窓から外をボンヤリ見ているようなときだった。そういう時間こそが精神的に実り豊かな時間となる。しかし、ディークの場合や、その他幾つかの飛行では、そういう時間がゼロだったろう。そういう飛行の経験者が精神的インパクトを何も受けなかったとしても、何の不思議もない」

ギブスンのこの観察それ自体は正しいだろう。実際、これまで述べてきたように、その他の人々にしても、精神的照明体験があったのは、ギブスンがいうような条件の下にあったときである。しかし、スレイトンの場合、それを忙しすぎたからという理由に帰すのが妥当だろうか。私はむしろ、それは彼のパーソナリティのためではないかと思っている。世の中には、精神的世界に関心がまるでない人、哲学的命題で頭を悩ませた経験がまるでない人がいるものである。そういう人には、何が起ころうと、そもそも精神的インパクトなどありようはずがない。一時間ばかり会って話した私の印象では、スレイトンはどうやらそのたぐいの人物なのである。彼は地獄を見ても精神的インパクトなど決して受けないだろうと私には思われた。

もう一人、精神的インパクトなど何もなかったと断言したポール・ワイツの場合は、スレイトンとは少しケースがちがう。

ワイツはジム・アーウィンなどと同じ第五期生。海軍のパイロットで、ペンシルヴァニア州立大学航空学科卒業、海軍大学大学院卒業。

他の宇宙飛行士たちは、たいてい自分から宇宙飛行士になりたくてたまらず、そのためにあらゆる努力を惜しまなかった人々であるのに対して、ワイツは自分から宇宙飛行士になりたいなどと思ったことは一度もなかったのに、海軍当局が、海軍の中からもう少し宇宙飛行士を出したいというので、候補者をあれこれ探しているときに声をかけられ、そのときはじめて、宇宙飛行士という職業を意識したという変りダネである。自分から積極的に宇宙飛行士になることを希望した人々が、多かれ少なかれ宇宙飛行というものにロマンチックなあこがれにも似た気持を持っていたのに対して、ワイツにはそういうものがまるでなかった。

ワイツと話した印象を一言で要約するなら、スレイトンがもともと精神世界の問題に関心がない人とすれば、ワイツは関心があっても、そうした問題に意識的に禁欲している人といってよいだろう。

ワイツも普通のアメリカ人と同じく、子供のときはキリスト教の信仰の中で育った。しかし、青年期にキリスト教の教義が信じられなくなって、宗教を捨て、何も信じなくなったという。しかし、無神論者というわけではない。この世界は、物質的なものだけで説明をつけるには、あまりに見事に調和している。秩序だっている。だから、何らか物質を超越しているものがあるとは思うが、その答えを宗教に求めようとは思わない。自分は不可知論者のままにとどまっていようと思うという。後出のギブスンも、自分を不可知論者と規定するが、彼の場合は有神論のニュアンスの不可知論であるのに対し、ワイツの場合は無神論のニュアンスの不可知論である。

ポール・ワイツ

ところでワイツは、こういうことをこれまで誰にも話したことがない。宗教と政治については、人間関係を損わないようにするため、話題としないことにしているからである。宗教も政治も話題としては面白い話題であると思う（そのせいだろう。彼は二日間にわたってインタビューに応じてくれた）。しかし、宗教も政治も、本質はエモーショナルだ。みな自分の持っている固定観念に感情的に固執しようとするから、結局、感情と感情がぶつかりあい、後味が悪い思いをするから話題にしないようにしている。

特にワイツのような考えを持っていればそうだろう。無神論的不可知論というのは、おそらく日本では多数派だろうが、アメリカでは絶対的少数派である。不可知論者たることを公言して、かつ宗教を話題とすることをいとわなければ、年がら年中人といさかいを起こしていなければならないことになる。では黙っていればどうということもないのかというと、どうもそうではないらしい。宗教を信じていることが一般に前提されているアメリカのような社会では、宗教生活が社交の一部ということもあり、たとえその立場を公言しなくても、何かと住みにくいことになる。だからワイツは自分の子供は教会にいかせて、宗教を信じるように奨励している。それが真理だからというのではない。

「この社会では、何か信じていたほうが、何も信じていないより、ずっと生きるのが楽だから」

という理由による。

ワイツがこういう問題に関して精神的に禁欲しているのは、そのほうが生きていく上で楽だというプラグマティクな理由のほかに、自分はあくまでエンジニアであるという職業意識的な自己限定がある。

「我々はプロの飛行士であり、プロのエンジニアである。エンジニアというのは、技術的目的を与えられ、その目的を実現するために全力をふりしぼるプロフェッショナルである。我々がめざすべきゴールは、あくまでテクニカルなゴールだ。それ以外のこと、スピリチュアルなこととか、心理的感情的なことに気を取られているようでは、プロとはいえない。宇宙飛行のそういった精神的側面について知りたいと思うなら、その方面のプロを飛ばすべきなのだ。つまり、作家、詩人、哲学者といった人々だ。これは冗談ではなく、私はほんとに早くそうすべきだと思っている。彼らからは技術的なものは何も期待できないが、精神的なものは沢山期待できるだろう。逆に我々からは技術的なものを期待してくれてもよいが、精神的なものを期待されても困るのだ」

ポール・ワイツ（1981年取材当時）

ということで、ワイツは自分の体験の精神的側面に関しては多くを語ろうとしない。しかし、インタビューの詳細をここに紹介する余裕はないが、丹念に聞いていくと、彼の世界観は、後出のギブスンのそれにきわめて近いものであることがわかった。それにもかかわらず、ギブスンが自分は宗教的人間であるといい、ワイツが非宗教的人間であるというのは、同じものも見る角度によってちがったものに見えるということであろう。

次にギブスンとのインタビューを紹介してみるが、彼の世界観の中では、既成の宗教概念はその意味を失ってしまっている。

第二章　宇宙体験と意識の変化

エド・ギブスンは、一九六五年に選抜された宇宙飛行士第四期生六人のうちの一人である。第四期生は、ミッション・スペシャリストとして、はじめて科学者の間から選抜された。パイロット歴は全く必要とされず、学問上の業績が重視された。選抜は、アメリカ科学アカデミーとNASAの合同委員会によってなされた。約九百人の中から選ばれた六人は、医者が二人、物理学者二人、地質学者一人、電気工学者一人だった。うち二人は飛ぶ前にやめたが、残り四人は、地質学者のハリソン・シュミットがアポロ17号で月にいき、医者のカーウィンがスカイラブ2号、電気工学者のギャリオットがスカイラブ3号、そして、物理学者のギブスンがスカイラブ4号と、全員が宇宙飛行をした。

ギブスンは、ロチェスター大学工学部を卒業後、カリフォルニア工科大学の大学院に進み、ロケット、ジェット推進の研究で学位を獲得。ニューポート・ビーチの航空宇宙研究所で、ロケット、ジェット推進の研究をつづけるうちに、プラズマ推進ロケットの研究に熱中し、やがて、プラズマそのものの研究から、太陽物理の研究に入っていった（太陽はそれ自体一つの巨大なプラズマの球である）。

これはスカイラブの乗組員としては、最適のキャリアだった。なぜなら、スカイラブの主要な研究目的の一つは、太陽の観測だったからである。スカイラブは写真（三一一頁）で見るような形状をしているが、風車の翼のように張り出しているのが動力用の太陽電池（二〇〇〇ワットの出力）で、その中心部にある円筒状の部分が、ATM（Apollo Telescope Mount）と呼ばれる、太陽観測装置である。これは、長さ三メートル、直径二メートルの巨大な円筒で、この中には、八本の太陽観測装置が入っており、これがいつでも太陽をピタリと照準にとらえるように自動追尾装置が付いている。八本のうち二本がX線望遠鏡（それぞれカバーする波長領域がちがう）。X線・極端紫外線カメラが一台、極端紫外線スペクトロ・ヘリオグラフが一台、紫外線スペクトロ

エド・ギブスン

トロ・ヘリオメーターが一台、紫外線スペクトログラフが一台、コロナグラフが一台、アルファ水素望遠鏡が二台という構成になっている。これによって、太陽光線（電磁波）を二オングストロームから七〇〇〇オングストロームまでの波長において完璧に観測できるようになっている。これだけの装置は地上においても超一流の太陽観測所にしかない。スカイラブのATMはいわば太陽観測所を丸ごと打ち上げたようなものなのである。この観測装置で得られた画像とデータは、同時にヒューストンのコントロール・ルームに送られ、モニターされ、記録された。そこには数十人の太陽物理学者が昼夜交代で詰めていて、データを分析し、観測機械をリモコンしたり、宇宙飛行士に指示を下したりした。同時に、世界十七カ国の百五十人の太陽物理学者たちにもデータが転送され、アドバイスを受けたり、注文を聞くなど、国際的同時観測網がはられていた。毎日、主任研究員の会議が開かれ、その日の観測から得られた成果を確認し、さらに研究を深めるためには、次の日どんな観測をおこなうのがよいかを検討し、分きざみの観測プランを作成して、それをスカイラブにテレックスで送るというような作業が、スカイラブが上がっていた九カ月間にわたっておこなわれたのである。

宇宙空間からの観測は、これまで大気層の妨害等で不可能だった波長域からの太陽観測を可能にするなど、画期的な成果をもたらし、これによって太陽物理学は飛躍的に発展した。NASAがこの研究成果をまとめた本には、“A New Sun”というタイトルがつけら

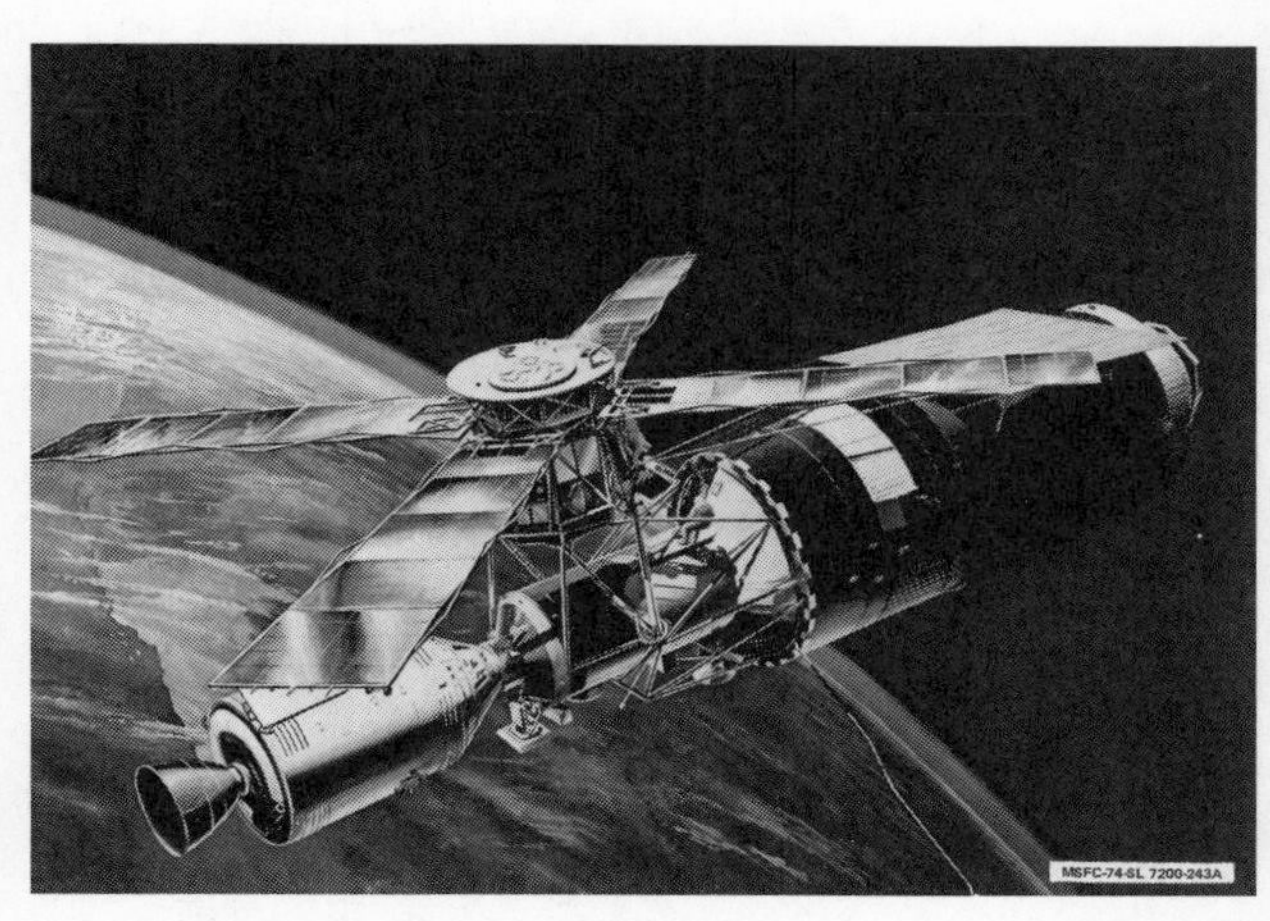

スカイラブ

れたが、実際スカイラブ以後太陽像が全く新しいものとなったことが、その本の写真を眺めるだけでもわかる（スカイラブは、十五万枚の太陽像を撮影した）。この本の邦訳はないが、その写真の幾つかは、科学雑誌等で日本にも紹介されている。ちなみに、この本の序文を書いているギブスンには、"The Quiet Sun" という著書があり、これは『現代の太陽像　太陽物理学序説』（講談社刊）のタイトルで邦訳刊行されている。

スカイラブのあと、ギブスンはNASAをやめて、七五年にエアロスペース社の研究所に入り、そこでさらに太陽物理の研究をすすめた。そこも一年間でやめ、翌七六年には西ドイツに渡り、スペースラブ（アメリカのスペース・シャトルにのせて打ち上げる予定の宇宙実験室）開発計画のコンサルタントとして働いた。翌年、再びＮＡＳＡに戻り、スペース・ステーション開発計画に参加。八〇年にＮＡＳＡをやめて、現在はロスアンゼルスにあるＴＲＷという会社に勤めている。この会社は、自動車部品から人工衛星まで作っているというコングロマリットで、製品にはミサイルなどの兵器もあるので、会社は厳重に警備されている。受付で、誰にどういう用件で会いにきたかをいうと、電話で当人に確認を取る。ここまでは、どこの会社でもやることだが、ここからがちがう。電話で、それはアポイントメントのある訪問客であるということが確認されても、社内に入るわけにはいかない。当人または秘書がやってきて案内されるまで待つ。出るときも同じである。要するに、訪問客が申告した訪問先以外の部屋には絶対に足を踏み入れることがないようにしているわけだ。そして、入るときも出るときも、手荷物の中身を厳重にチェックされる。入るときは危険なものを持ち込まれないように、出るときは機密を持ち出されないようにしているのである。

――この会社では何をしているのですか。

「タールサンドから石油を採取するプロジェクトをやっている。ＴＲＷにはエネルギー部門もあるんです」

――あなたの専門からはずいぶん離れた仕事のようだが。

「そう。しかし全く関係がないわけではない。太陽物理を専攻する前、私は、機械工学を学んでいた。だから何も知らない世界に入ってきたわけではない。ＴＲＷに入るとき、これまでの経験を生かそうと思えば、二つのプロジェクトがあった。一つは、核融合炉の研究開発。私は太陽物理のうち特にプラズマの研究をしていた。核融合炉はプラズマの炉だから、私の研究が役に立つ。そもそも太陽は自然に存在する巨大な核融合炉だから、太陽物理学者はすぐに核融合炉の研究者になれる。それからTRWは、宇宙開発のプロジェクトを沢山手がけており、そちらに進んでも私のキャリアを生かすことができた。七六年以後、私がもっぱらやってきたことは、スペース・ステーションの研究だったからね。

しかし、私はそのどちらも取らず、自分の意志でタールサンドのプロジェクトに参加した。理由は二つある。一つは、私はこれまで純粋科学の研究に従事してきたが、この辺で、科学技術のビジネスの側面に首を突っ込んでみたくなったということがある。純粋の研究者で一生を終るのでなければ、この辺でマネジメントの勉強をしなければと思ったわけだ。この研究をどういう方向に持っていけば、より多くの真理が発見できるかでなく、どうすればビジネスになり、採算がとれるようになるかということを考えていく。その点、タールサンドの研究は非常に有望だ。地球上の化石燃料の

エド・ギブスン
（1981年取材当時）

大半は、石炭でも石油でもなく、実はタールサンドとしてある。これを採算ベースに乗せることができれば、エネルギー問題は解決する。

科学技術のビジネス化ということであれば、宇宙開発でもいいわけだけれど、NASAをやめるときから、宇宙はもうやめたと心に決めていた。というのは、NASAでフラストレイションの極に達していたからだ。NASAでの後半の私の仕事は、スペース・ステーションの開発だった。スペースラブはいわばプリミティブなスペース・ステーションだ。これを発展させて、より巨大でより恒久的なスペース・ステーションを作り、さらには、それを組み合わせて、スペース・コロニーを作っていく。これが宇宙開発の基本的な発展方向だ。そして、そのために必要な技術はすでにある。スペース・ステーションを作ろうと思えば、すぐにでも作れる。金さえあればすぐ作れる。足りないのは資金だけなんだ。技術があり、技術者もいる。アポロ計画なみの資金を投入していれば、今頃とっくに我々はスペース・ステーションを持っていたところだ。金さえあれば、七〇年代のはじめから計画を進行させることができた。ところが七〇年代のはじめから、宇宙計画に税金を使いすぎるという声が強くなり、アポロ計画も削減されることになってしまった。我々のスペース・ステーション開発チームはいいプランを作ったのだが、どう頑張っても、目先数年は何の可能性もないというので、とうとう解散になってしまった。それで私はNASAをやめる決心をした。そして、もう宇宙計画はごめんだと思ったのだ。技術者として、それが価値あることで、しかも実現可能なことなのにやらせてもらえないことより悔しいことはない。この先、宇宙計画はカタツムリにも似た歩みになるだろう。本格的スペース・ステーション計画がはじまるのは、少なくとも三、四年後で、それが実現するまでに十五年はかかる。スペース・コロニーが実現するまでには、おそらく百年かかるだろう」

――しかし、ライト兄弟がはじめて飛行機を飛ばしてからアポロの月着陸までが、わずか六十年だった。そのとき六十年後に人間が月まで飛べるようになると想像した人は誰もいなかったろう。それと同じように、いまは、スペース・コロニーまで百年かかると思っていても、これからの展開は意外に早いのではないか。

「いや、ライト兄弟と宇宙計画の決定的なちがいは、必要な資金だ。ライト兄弟の飛行機は、自分たちの貯めた金と友人知人の金をかき集めれば作ることができた。しかし、宇宙計画は国家的事業として、国家予算の中から巨大な出費をすることなしには不可能なのだ。宇宙開発で投下資本以上の大きな利益が得られるとか、軍事的理由でどうしてもそれが必要ということにでもならなければ、これからの宇宙開発は、遅々とした歩みをつづけざるをえない」

――あなたの宇宙体験に話を戻して、一番印象に残るのは、やはり太陽観測か。

「そうだ。プロの科学者として、プロの太陽物理学者として、それは一番やりたかったことだ。宇宙空間の観測基地から、裸の太陽の姿をじっくり観測できるなどということは、それ以前には夢にも考えられなかったことだ。しかも、観測結果は充分すぎるほど満足すべきものだった。たとえば、太陽フレア（太陽表面で起こるごく短時間の小爆発による火炎）の誕生の瞬間から終りまでをこれまできちんと観測することができなかった。誕生の瞬間をとらえるためには、いつどこでそれが起こるかを予測して待ちかまえていなければならない。それがこれまでどうしてもできなかった。いつも気がついたときにははじまっていた。私の前の2号、3号のクルーも、これを何とかとらえようと頑張っていたのだが、どうしてもダメだった。3号のギャリオットが、〝太陽の極端紫外線像を注意深く見ていて、そこに小さな輝点が生まれたら、それがフレアの予兆だとみなせるようだ〟という手がかりの情報を与えてくれた。それに注意していると、なるほどその説は正しいようだ。そこで、その予兆があらわれると同時に、その地点に各観測装置の焦点を集中させるという操作をおこなったのだが、タイミングが合わなくて失敗ばかりだった。しかし、あと三週間で我々は地球に戻らねばならないというときに、ついに成功をおさめて、完全観測に成功した。そのときは、ほんとに歓声をあげたくなるほど嬉しかった。そのほか、我々のあげた観測成果といったらかぞえきれない。太陽コロナの観測や、太陽プロミネンスの観測においても、これほど厚みのあるデータはいまだかつてないし、観測中にカフテク彗星が接近したため、それと太陽との相互作用を微細に観測できるという思いがけない幸運もあった。

それまでの八年間の私の人生は、すべてこの観測の準備に費されてきた。宇宙空間に出ていくための宇宙飛行士としての準備と、太陽観測のための観測装置の試作改良から観測計画の策定など科学者としての準備と、八年間は長いようだが、毎日毎日の積み上げでそれはやっと果すことができた準備だった。それだけ周到な準備を重ねたことをいま自分の手で実現しつつあるというのは何ともいえない喜びだった。しかも、周到な準備のかいあって、観測計画は大成功をおさめたのだ。八十日間の滞在はそれまでで最長のものだったが、喜びのうちにアッという間に過ぎていったよ」

——専門外のことで心に残っていることは何か。

「それはやはり宇宙そのものの眺めだ。地球から宇宙を見るのと、宇宙空間から宇宙空間を見るのとは、これは全くちがう経験だ。地球にいる人間は、宇宙というものをわかったようなつもりになっているが、実際には観念的にしか理解していない。たとえば、太陽系の構造など、誰でも知っているというにちがいない。しかし、そういうとき誰でも頭の中で思い浮かべているのは、教科書などに出ている、太陽を中心として惑星が同心円の軌道を描いている図解なのだ。図解の中で地球は太陽系の一員であることを理解しても、その地球の姿を見ることはできない。地球の上にいるので地球が見えない。しかし、宇宙に出れば、目の前に地球という天体があり、太陽という天体がある。目の前に太陽系の図解でなく現実がある。太陽系だけでなく、宇宙全体が観念としてでなく現実体験として理解できる。古代から、宇宙像に関しては、天動説や地球平面説などさまざまの珍妙な理論が信じられていた時代がある。そういった宇宙像を作りあげた人々をみんな連れてきて、『ほら、目を開いてよく見ろ、これがほんとの地球の姿で、ほんとの宇宙の姿だ』といってやりたい気がした。あとは何も説明がいらない。誰でも宇宙空間に出れば、現実に圧倒される。その眺めの素晴しさは、いくら味わっても味わいつくせないほどのものだ。

同時に、宇宙というのは気味が悪いところでもある。私は三回のEVA（船外活動）をおこなったが、これがそれぞれ、五時間、六時間、七時間と、きわめて長時間にわたるものだった。スカイラブは九十分で地球を一周してしまうから、この間に何度も夜をむかえる。EVAは、観測装置のフィルムを入れかえるとか、故障を起こした機器の修理とか、それぞれに目的があって、忙しく働かねばならない。しかし、あるとき、何かの手順のちがいで、夜間、船外にポカンと一人で浮いていなければならないときがあった。宇宙の夜の部分の暗さといったら、ほんとの真暗闇で何も見えない。深い淵の中に落ち込んだように何も見えない。そして、たった一人でそこに浮いている。そのとき何ともいえぬ気味の悪さに襲われた。頭のてっぺんから爪先までゾッとするような気味の悪さが全身を浸していた。光がなく、何もなく、私以外何も存在していないという世界の気味の悪さ。これで、私が何か活動していればそうでもなかったのだろうが、何もしないでただそこに浮いているときの気味の悪さ。あれ以上の気味悪さは生涯味わったことがない。しかし、考えてみれば、この地球という世界を失って宇宙空間に放り出されてしまったら、人間にとってこの宇宙というのは、あの気味の悪さしか残らない世界なのだ。そう考えてみると、この地球という星が人間にとっていかに大切なユニークな存在かということがよくわかる。地球という住み処（すか）を宇宙の中で人間が持っていることの幸せさを感じた」

――そういう体験は、あなたの精神の内面にどういうインパクトを与えたか。宇宙飛行士の中には、すっかり宗教的になってしまった人もいるが。

「私の場合も、それは宗教的だった。宇宙は実に美しく、見事に調和している。偶然にこんなものができたはずがないと思う。何か宇宙をかくのごとくあらしめたある存在、ある力があるにちがいないと思う。ではそれは何なのかと問われると、答えようがない。定義の下しようがない。その存在をどう定義しても、その定義は誤りで、定義を下すということ自体が瀆神的であるというような存在としかいいようがない」

――神についてはいかなる肯定命題をもってしても定義は不可能という否定神学もあるが、一般的には、神とは何であるかということがそれぞれの宗教で定義されている。

「その通りだ。あらゆる宗教が神とはいかなる存在で、かつ彼がいかにしてこの世界を作ったかを詳細に語っている。しかし、宇宙で私が感じたのは、そんなことはどうでもいいじゃないかということだ。宗教の細かな教義なぞどうでもよい。目の前に宇宙は美しくある。それだけで充分じゃないか。その美しさにただ堪能せよ。他のものはいらない。だいたい、そういう細かい教義が真理か否かなどわかるはずがない。そういう感じだ」

——すると、具体的に特定の宗教を信じているわけではない。

「教会はルーテル派だ。ルーテル派の家庭で育ち、兄はルーテル派の牧師になった。しかし、私としては、各教派はもとより、各宗教のちがいにあまり重きを置いていない。結局、既成宗教は、同じ宗教心の別の表現だと思う。根にあるものは同じで、表現形態がちがうだけだ」

——ほとんど同じような見解を、あなたと同じスカイラブ4号に乗ったジェリー・カーからも聞いた。彼とは、こういう問題で話し合ったことがあるのか。

「いや、それははじめて聞いた。ジェリーがそんな風に考えているとは知らなかった」

——エド・ミッチェルにしても同じような考えを持っているし、他にも、宇宙体験の結果、各宗教は本質的には同じで、神の名前がちがうだけという同じような見解を述べた宇宙飛行士が何人かいる。

「ほほう。ほんとかね。それは面白い。実をいうと、我々宇宙飛行士は、お互いにこういうことを語り合ったことがない。宇宙船内ではもちろん、地上でもね。いつも仕事の話か、世俗的なことばかり語り合っていたからお互いに心の奥底で何を考えていたかは知らないのだ」

——宇宙飛行士たちの間で、こうした考えを持つにいたった人がこれだけいるというのは、何か理由があるのだろうか。それとも偶然の一致だろうか。

「他の人の場合はともかく、私の場合はこういうことが影響があったろうと思う。宇宙船の窓から見ていると、ものすごいスピードで地球が目の前を回転していく。何しろ九十分でひとまわりしてしまうのだ。いまキリストが生まれたところを通りすぎたと思ったら、すぐにブッダが生まれたところにさしかかっている。国の数と同じくらい多くの宗教や教派がある。どの宗教も、宇宙から見ると、ローカルな宗教なのだ。それぞれの地域が、これこそ我々の精神的指導者、指導原理とあおぐものを持っているが、それはそれぞれの地域ではもっともらしく見えても、宇宙から見ると、それがほんとの普遍的精神的指導者、指導原理であるなら、そんなに地域地域でバラバラのはずがないと思えてくる。何かもっとローカリティを抜きにした共通のものがあるはずだと思えてくる。宇宙から地球を見ると、人為的な国境線というものを全く見ることができず、この下で百幾つの国家が分立して互いに対立抗争しているというのが、全く滑稽に見えるのと同様に、諸宗教間の対立がバカらしく見えてくるのだ」

――そうすると、あなたの場合、宗教というよりは、宗教心を持つというほうが近い。

「そう、その通り。特定宗教の教義を信じているわけではない。自分の外にある特定の教えよりは、自分の経験知と直観知のほうを信じている」

――ところで、あなたはプロの科学者のはずだが、あなたのその宗教心と科学はどう両立させているのか。

「科学にできることは、さまざまの事象がいかにして生起するか説明することだけだ。そして説明というのは、実はあるレベルの無知を別のレベルの無知に置きかえることでしかない。たとえば、ある現象がなぜ起こるかを物質レベルで説明する。さらに、それはいかにしてと問われたときに分子レベルの説明が出てくる。さらに問いが重ねられると、今度は原子レベルの説明がなされ、次には素粒子レベルの説明がなされる。その先はまだ誰も説明できない。現代物理学はこのレベルでは無知なのだ。科学はいつも『なぜ』という問いかけを、『いかにして』に置きかえて、説明をひねりだしてきた。根源的な『なぜ』、存在論的な『なぜ』に、科学は答えることができない。科学はさまざまの法則を発見したと称する。しかし、なぜその法則が成立するのかについては説明できない。なぜ宇宙は存在するのか。科学は答えられない。エネルギー不滅の法則はなぜ成立するのか。そもそもエネルギーなどというものがなぜ存在するようになったのか。物質とはそもそも何なのか。こういった問いに何一つ科学は答えられない。科学にできることは、ただものごとをよりよく定義することだけといってよいのではないか。科学の根本的限界はここにある。もう一つの限界は、知覚の問題だ。人間は外界をいかにして知るか。直接的には感覚器官という自己の持つセンサーを通して知る。自己の五感にふれないものでも、それを知覚できる外部センサーがあれば、その外部センサーを五感で読むことで間接的に知ることができる。

そして、内部センサーにも、外部センサーにもひっかからないものは存在しないものとみなされてしまう。しかし、存在はしているが適当なセンサーがまだないというだけの理由で人間に知覚されていない存在はまだいくらもあるだろう。そういう存在は科学の対象外に置かれてしまう。人間は小屋の中に閉じこもったまま、外にすえつけた何台かのテレビ・カメラの眼を通して外界を眺めているようなものなのだ。それで外界のすべてを知っているなどというのは傲慢（ごうまん）というものだ。科学では答えられない、わからないものがいくらでもあるからこそ、宗教の存立の余地がある」

――しかし、科学にわからぬことを宗教が知っているというのもまた、宗教の傲慢ではないだろうか。

「そう。だから、既成宗教の教義を私は信じていない」

――すると、科学では説明できないことで宗教が説明している幾つかのこと、たとえば、世界の起源あるいは創造の問題とか、物質と精神の問題とかなどについてはどう考えているのか。

「わからない。わからないというほかない。人間の精神作用が、最終的には神経系の電子の運動による生理作用であることが証明されるかといえば、そうではないような気がするが、わからないというほかない。創造の問題についても、このすべてをはじめた存在があるような気がするが、やっぱりわからないというほかない。こういった問題について、人間は誰もそれはこうだと確言できるほどの知識を持っていない。いや自分は何でも知っているという人がいれば、その人はウソつきなのだ。こういった問題は推測でしか語れないたぐいのことだ。個人的に何らかのことを確信しているというなら、それはそれでよい。しかし、それを他人に有効に伝える方法はない」

——すると、あなたの場合は、宗教を信じているというよりは、むしろ不可知論。

「そう。一種の不可知論ではある。しかし、そんなことはわからんと投げ出す不可知論ではなく、わからないとするのが正しいとする積極的不可知論だ。そして私は、この不可知論の中にほんとの宗教性があると思っている。なぜかはわからぬが、この我々の宇宙はとてつもなくよきものである。そういうものとして我々の目の前にある。それでよいではないか。そこから出発しようというのが、私の基本的な立場だ」

ギブスンとのインタビューの中にも出てきたことだが、ギブスンと同じスカイラブ4号に乗り組んでいたジェリー・カーが、同じ船内でほとんど同じようなことを考えていたのである。しかし、二人とも互いに、そんなこととは夢にも知らずに今日まできたのである。

ジェリー・カーは、一九五四年、南カリフォルニア大学卒業後、海兵隊に入り、戦闘機パイロットとなった。五年後、海軍大学に再入学。同大学卒業後さらにプリンストン大学に進み、航空工学で修士号を獲得。一九六六年、宇宙飛行士第五期生に任ぜられた。

カーは、アポロ8号、12号のサポート・クルーを経て、19号のクルーに任命されていたが、アポロ計画の削減（18号、19号、20号は中止）により、月に飛ぶチャンスを失った。一九七三年、スカイラブ4号の船長として、八十四日間、二千時間を越える驚異的長期飛行をやってのけ、宇宙滞在時間の世界記録を作った（その後、ソ連のソユーズ計画でこの記録は破られるが、アメリカではこれが一九八二年現在最高記録）。スカイラブ4号のカー、ギブスン、ポーグの三人の乗組員は、全員が新人で、新人のカーが船長となった。新人が船長になるというのは、きわめて珍しい。二人乗り宇宙船のジェミニでは前例があるが、三人乗りになってから、つまり、アポロ以後では、これがはじめてである。

ジェリー・カー

ジェリー・カーは、一九七七年にNASAを引退して、ヒューストンにあるボベイ・エンジニアという技術コンサルタント会社に副社長として入社して今日にいたっている。

――結局、宇宙飛行士に採用されてからほんとに飛ぶまでに、七年かかったわけですが、そのとき、これは七年待ったかいがあったとほんとに思えましたか。

「もちろんだとも。我々のクルーは全員

(他にギブスン、ポーグ)初飛行で、全員七、八年待ちつづけた組だ。打ち上げ台の上で、秒読みを聞きながら、お互いに顔を見合わせて笑いながら、〝とうとうほんとにオレたちの番がきたんだな〟といって、喜び合ったよ」

——しかし、たった一回の飛行でやめてしまった。

「そう。しばらくして、その後の宇宙計画の行方がはっきりしてきた。そして、次の飛行をするためには、最低でも五年間待つ必要があるということがわかった。そのとき私は四十六歳だった。次の飛行を終えてから新しいキャリアに足を踏み入れるとなると、早くて五十一歳からということになる。それでは遅すぎると私は思った」

——新しいキャリアというのは、ビジネスの世界ということですね。

「そう、何らかのビジネスに入らなければ食べていけない。私の場合は、大学で工学関係の勉強を主としてやってきたので、その知識を生かしたいと思った。この会社は、土木工学、機械工学、電気工学、構造工学、環境工学など、さまざまの分野の専門家を広く擁していて、巨大プロジェクトを手がけるのを仕事としている。たとえば、空港、発電所、鉱山、上水道、下水道、高速道路、橋などといった、巨大構造物、巨大システムだ。たとえば、身近な例でいうと、ヒューストンの国際空港は我々の会社が設計したものだ。アメリカだけでなく、世界中で仕事をしている。私はここの上級副社長として、四つのオフィスの責任者になっている」

――宇宙飛行士が引退してから ビジネス界に入って成功している例が多いが……。

「多分、NASAで受けた訓練の多くが、ビジネス界でも役に立つからだろう。たとえば、巨大プロジェクトをいかに推し進めていくか。巨大システムを管理するのには何が必要か。その過程でいかにすればより能率があげられるか。それをうまくやっていくために、人間関係をどう作っていけばよいか等々、NASAで学んだことは、そのままビジネスの世界でも応用がきく」

――宇宙で体験したことそれ自体の中に、いまの仕事に関連することはあるか。

ジェリー・カー（1981年取材当時）

「いまの仕事に関しては、やはり、環境問題に対する目が開かれたという点が大きい。宇宙から地球を見たとき、誰でも大気層のひ弱さにショックを受ける。環境とエコロジーへの配慮なしには、人間が生きていけないということがよくわかる。しかし、だからといって、私は環境論者やエコロジストの主張を全面的に受け入れているわけではない。環境論者には二種類ある。科学的環境論者と非科学的環境論者だ。前者は科学的根拠にもとづいて環境を心配し、科学的な解決を求めようとする。しかし、後者はまるで迷信を信じると同じように環境を心配し、解決はあらゆる文明活動にストップをかけること以外にないと思っている。アメリカの民話にこういう話がある。ある日、一匹のヒヨコがくるみの木の下で遊んでいた。そこに、くるみの実が一つ落ちてきてヒヨコに当たった。ヒヨコはビックリして叫んだ。〝助けて。助けて。天が空から落ちてくる〟このヒヨコみたいな非科学的環境論者が多いのは困ったものだ」

——シラーによると、宇宙から汚染が肉眼で観察できるということだが。

「その通りだ。我々も事前に環境問題専門家から、どの地域のどういう環境を観察してくれとか、写真を撮ってくれといったことを頼まれていた。地上の人が想像する以上に、軌道上から肉眼で地表をよく観察できるものだ。我々が撮ったどんな写真よりも肉眼のほうがよく見えた。宇宙から見ると、公害といわれる人為的汚染もさることながら、自然汚染が大変なものだということがわかる。公害に関しては事前のレクチュアがあったが、自然汚染については話を聞いていなかったので、余計驚いたのかもしれない。自然汚染というのは、火山の爆発や砂嵐による大気汚染とか、河川による海汚染といったものだ。いままでも記憶に鮮明に残っているものとしては、日本の桜島の噴火とか、中国の黄河、アルゼンチンのラプラタ河の汚泥が海一杯に広がるさまとか、モーリタニアの砂嵐が大西洋にまで吹き出しているところとかがある。規模からいけば、人間の営みより、自然の営みのほうが比較にならないほど大きいものだということがよくわかる。物にしてもそうだ。人間は巨大な建造物、構造物を沢山作り、人々はそれに驚嘆し、あちこち見物にいったりする。しかし、それはいずれも自然が作ったものにくらべればとるに足りない。実際、宇宙から見たら、人間の作ったものはほとんど見えないくらい小さい。見えるものは、海、山、河、森、沙漠、もっぱら大自然のみだ。自然の中における人間の営みの小ささを見ていると、人間というものは、人間が考えているほど大した存在ではないのだということがわかってくる。それだけではない。地球から目を離して、宇宙全体の広がりに目をやると、今度は、宇宙の中における地球の存在が、やはり人間が考えているほどには大したものではないということがわかってくる。大気圏外から宇宙を見ると、地上から宇宙を見るときの五、六倍は多くの星が見える。空一面が銀河のごとくに見え、銀河は星でできた固形物であるかのごとく見える。地球はこの宇宙に充満している無数の天体の一つにすぎないのだ。人間が考えるように地球が何か特別の存在であるというのは、単なる人間の思い込みにすぎない。人間は地球の上で大した存在ではなく、地球は宇宙の中で大した存在ではない。だから、人間は宇宙の中ではとるに足りない存在であるということが、宇宙を眺めているうちに突然わかってくる」

——ということは、生命存在というものも宇宙においては特別のものでないということか。

「生命が地球の上にしか存在しないという考えには全く根拠がない。宇宙に充満している無数の星はすべてもう一つの太陽だ。太陽エネルギーが我々の世界の生命を作ったと同じように、それら無数の太陽がそれぞれに生命体を作った可能性がきわめて高い。その可能性は確率的にしか論じることができない。確率論的には、その可能性の現実への発現は正規分布しているはずだと思う。つまり、宇宙における無数の星の存在と、宇宙創成以来の時間の長さとを考えてみれば、この宇宙には、無数の生命が、あらゆる発展段階において存在すると考えるのが、一番妥当だろうと思う。地球上の生命が最高の発展段階にあるなどというのは、人間の勝手な思い込みにすぎない。宇宙には、地球上の生命を基準にとれば、その何億年前の形態も、その何億年後の形態も、共に等しく存在していると思う」

——話を聞いていると、あなたは宇宙体験によってニヒリスティクな世界観を得たようだが。

「いや、とんでもない。私は長老派のキリスト教徒で信仰が篤いほうだったし、いまでもそうだ。宇宙体験は私の信仰を一層強めてくれた。正確にいえば、強めたというよりは、広げてくれたというほうがいいかもしれない。それ以前は私の信仰内容はファンダメンタリストのそれで偏狭だったが、宇宙体験以後は伝統的教義にあまりこだわらないようになった。はっきりいえば、他の宗教の神も認めるという立場だ。アラーもブッダも、同じ神を別の目が見たときにつけられた名前にすぎないと思う」

——同じ神というとき、それはどういう神なのか。人格神なのか。

「いや、それは天から地上を眺めているというような存在ではない。また、この世に起こるすべてのことを管理しているような存在でもない。だいたい、この世のすべてを支配している全知全能者がいたら、人間に自由はない。人間が自由意志を持つ自由な存在であるということと矛盾するような神は存在しないと思う」

——人格神でないとすると、それはどういう神なのか。

「私は神とはパターンであると思っている。宇宙で私は人間や地球がとるに足りない存在であることを発見したといった。私が発見したことはそれだけではない。同時に、宇宙においては万物に秩序があり、すべての事象が調和し、バランスがとれており、つまりはそこに一つのパターンが存在するということを発見した。昔から人間はそういう秩序、調和、バランス、パターンがあるということに気がつき、その背後に人格的存在を措定して、それにさまざまの神の名前を与えた。つまり、存在しているのは、すべてがあるパターンに従って調和しているという一つの現実であり、あらゆる神はこの現実をわかりやすく説明するために案出された名辞にすぎないということだ。あらゆる宗教の共通項としてあるのが、このパターンの存在だ。人格神の存在、あるいは人格神のメッセージを伝える預言者の存在は必ずしも宗教の必要条件ではない」

——しかし、ほんとうに世界は調和しているのだろうか。世界は永遠に継続するカオスであるという世界観もまた存在する。

「あるとき、ある場所がカオスに満ちているように見えるということはあるだろう。しかし、それはいずれは解消するカオスだ。あるいは全体を見通してみると、カオスと見えたものが実はカオスではなく、全体のハーモニーの一部であるのかもしれない。つまり、カオスは時間的にか、空間的にか、いずれにしろ部分的にのみ存在するものだと思う」

——神はパターンであるという発想がどうも理解しにくい。

「要するに世界は調和して在るということだ。調和して在るあり方がパターンだ」

——そのパターンと人間の関係はどうか。

「パターンに従ってものごとが進行するということは、ものごとが決定づけられているということを意味しない。人間は自由意志を持ち自由に行動している。そのこと自体もパターンの一部ではあるが、パターンは人間を束縛しているわけではない。人間は地球を破壊することも、ひいては自分自身を滅すことも自由で、人間がそうしようとしたときに、その手を神がおさえるということはないだろう」

——そういう考え方は、宇宙体験によってもたらされたのか。だとすれば、宇宙体験のどの部分がもたらしたのか。

「絵画を見るときでも、鼻がぶつかるくらいの距離から見ようとしたら、何も見えない。身を引いて離れて見たときにはじめてその絵のパターンが見えてくる。巨大なパターンであればあるほど、より遠くから見ないとパターンが見えてこない。私が宇宙に出ることでやっと見えるようになった大きなパターンがあったということだ」

——ということになると、地球軌道を離れて月に飛んだ宇宙飛行士のほうがより大きなパターンを見ることができて、より深い洞察を得ることができたといえるだろうか。

「私は片方の経験しかないので両者を比較することができないが、多分、それはそうだろうと思う。しかし、それは程度のちがいで、本質的なちがいではないだろう」

——宇宙に出て、より大きなパターンを見ることによって起きたという意識の変化は、宇宙体験に普遍的なものだろうか。だとすれば、人類の宇宙への進出にともなって、人類全体の意識変化が起きてくるだろうか。

「意識の変化は必ず起こると思う」

——しかし、私が会った宇宙飛行士の中にはディーク・スレイトンや、ポール・ワイツのように、意識の変化なぞ何もなかったという人もいる。

「それは彼らに意識の変化が起きなかったということではなくて、彼らが自分に起きた変化を認めたくないというだけのことだ。変化に気がついていて認めないのか、鈍感だからそれに気がついていないのかは知らないが。いずれにしろ、体験者に必ず意識の変化をもたらさずにはおかないたぐいの体験というものがある。宇宙体験はそうした体験だ。彼らがいくら自分には意識の変化が起きなかったといっても、私はそれを信じないね」

——では、宇宙時代には人類全体の意識が大きく変ってこざるをえないと考えるか。

「人類全体の意識がどうこうというより、私は宇宙に進出した人類と、地球に残った人類との間に生まれてくる意識の乖離(かいり)のほうが問題だろうと思う。将来、宇宙への人類の進出がすすみ、やがて、恒常的に宇宙に人間が住むようになる。宇宙で人間の再生産もおこなわれるようになるだろう」

——つまり、セックスと出産ですね。宇宙でのセックスは可能ですか。

「もちろん可能だ。セックスに重力は必要ではない。食事や排泄と同じように筋肉の力によってなされる運動だから、無重力状態でもさしつかえない。しかし、とはいうものの、二人とも空中に浮いていて、ほんのちょっとした力で動いてしまうから、どこかに体をひもで結びつけておかないと、あっちに飛んだりこっちに飛んだりで大変なことになるだろう。しかし、空中セックスというのは、やってみれば、実に面白いと思うよ。人類で誰が最初にそれをするかは知らないが。セックスの結果、子供が生まれる。宇宙出産ももちろん可能だ。しかし、宇宙で育てられた子供は、地球上の子供と生理的にちがう肉体を持った子供になる。無重力状態では、重力に抗して人間が直立したり、運動したりするような必要がないから、骨も、筋肉も弱くなる。血液によるエネルギー補給も少なくてすむから、心臓血管系統が弱化する。我々くらいの短い滞在でも、そうした生理的変化が顕著に認められたのだから、生まれたときから無重力状態で育ったら、地球人とはちがう肉体を持つようになるのは必定だ。何世代か後には、人類とは別の生物と思えるくらいに、形質上の変化があらわれてくるかもしれない。そして、彼らが地球に戻ってくるためには、ちょうど我々が宇宙に進出するために厳しい肉体的訓練を何年にもわたって受けたと同じように、相当厳しい訓練が必要ということになるのではないだろうか。肉体がそれだけ変化するくらいだから、意識も大きく変化する。宇宙人は地球人とは別の価値体系を持ち、別の文化を持つようになるのは、ほとんど避けられないと思う。地球上の生活習慣、伝統、法体系、倫理など、文化の基底をなしている要素の幾つかのものが、環境の変化とともに、必要なくなって消えてしまうからだ。文化というのは、相当部分環境に支配されているのだからね」

——人間というのは、結局のところ何なのだろうか。物質以外に人間の実体があるだろうか。永遠不滅の魂といったような。

「人間は死んだらどうなるのか。それはよく考えてはみるのだが、よくわからない。よくわからないが、死とともにすべてが終ってしまうのだとは思えない。人間には何か死を超越しているものがあるような気がする。キリスト教ではそれを魂（ソウル）といい、他の宗教では別の名前で呼んでいる、何らかそれ的なものがあるという気がする。個人の意識が死後もそのまま残るということはないと思うが、人間がまだよくわかっていない何かがあると思う。エネルギー不滅の法則というものがある。エネルギーは形は変えるが、決して消失するということはない。人間の生エネルギーも、形を変えて存続する。生きている間は個々人が個別に持っている生エネルギーの場が、死後は、宇宙全体のエネルギーの場に吸収され一体化するといったことでもあるのではないだろうか」

ジェリー・カーとエド・ギブスンの世界観を比較してみると、大部分が重なり合いながら、微妙にズレている部分もあることに気づかれるだろう。あるいは、先に紹介したジーン・サーナンのそれと比較しても同じようなことがいえるだろう。ズレは若干大きくなるが、やはり相当部分が重なり合う。それ以前に紹介した宇宙飛行士たちの世界観にしてもそうである。重なる部分、似た部分に着目してならべていくと、彼らの世界観によって一種のスペクトルを作れそうな気がする。そして、その中から、地球人たることの自己認識、調和（ハーモニー）が内在している宇宙、地球上での政治、宗教、思想上の対立抗争の愚しさなどなど、幾つかの共通認識を取り出すこともできそうである。精神的インパクトは何もなかったというワイツにしても、実はこんなことを告白している。

「暇さえあれば地球を見ていた。地球はいくら見ても見あきなかった。地球はあまりに美しかった。それを見ていると、ボクは地球の一員だという、地球への帰属意識が、きわめて強烈に生まれてきた。ボクはアメリカ国民だとか、テキサス人だとか、ヒューストン市民だとか、そういう意識は全く出てこなかった。ひたすら地球への帰属意識だ。最近読んだSFの中で、地球をはるかに離れて移住した連中の三代目、四代目になり、地球を全く知らない、地球を見たこともない世代の強烈な地球への帰属意識をテーマにしたものがあったが、それを読んでいて、あ、これだ、と思った。そういう意識がものすごくよくわかるのだ。我々はどこにいっても結局は地球人なのだ」

共通項のくり出しという点では、エド・ギブスンのこんな表現もある。

「これは特筆すべきことだと思うんだが、宇宙体験の結果、無神論者になったという人間は一人もいないんだよ」

宇宙体験は人間の意識にどんな変化をもたらすだろうか。宇宙飛行士個々人の変化を通して、我々は人類全体の意識の変化の方向を見通すことができるだろうか。実をいうと、宇宙飛行士たちの中に、そういう問題意識を持って、自分たちの経験を総括しようとした宇宙飛行士がいた。彼らの思索はやがて一種の新しい進化論に向かおうとする。

第三章　宇宙からの超能力実験

アポロ14号のアル・シェパードが、宇宙飛行士の中で経済的には最も成功をおさめ、百万長者となったことは前に紹介した。シェパードとともにアポロ14号の月着陸船に乗り組み、月にその足跡をしるす六人目の男となったエド・ミッチェルは、シェパードとは対照的な男だった。

ミッチェルは一九三〇年、テキサス生まれ。子供のときから飛行機乗りにあこがれ、近くの飛行場でアルバイトをしながら、十三歳のころから飛行機の操縦を学んだ。カーネギー工科大学を卒業後、海軍に入り、テストパイロットになる。ソ連の人工衛星打ち上げ成功を知るや、自分も宇宙飛行士になろうと決心する。そのためには学問がもっと必要だと思い、海軍大学で航空工学を学ぶ。さらにMITに進学して、航空宇宙工学の博士号を取得。一九六六年、第五期生の一員として宇宙飛行士に採用される。それから五年後の一九七一年一月（アポロ11号の成功の約一年半後）、アポロ14号に、アル・シェパード、スチュ・ルーサとともに乗り組み、フラ・マウロ地帯に着陸。三十三時間三十一分滞在。このフライト時、シェパードは四十七歳。ミッチェルは四十歳。ルーサの三十七歳をいれてもそれまでのクルーの中で平均年齢が最も高く、〝中年の宇宙船〟といわれた。

アポロ14号は、出発後、次々に故障に見舞われ、何度も計画中断かと危ぶまれた。まず打ち上げが四十分三秒も遅れた。これがフライト・スケジュールに大きな支障をもたらした。地球も月も動いている天体である。四十分もたてば、その位置関係は当然ちがってくる。すべてのフライト・スケジュールは四十分前の位置関係を前提としてプログラムされていた。だから、そのまま飛んだのでは、目的地に着陸できないことになる。プログラムを書き直すか、スピードアップして遅れを取り戻すか、どちらかの手段を取らざるをえない。技術的にはより簡単な後者の手段が取られ、ロケットは遅れを取り戻した。しかし、それだけではすまない。前に述べたように、宇宙船内で用いられる（コンピュータのプログラムを含めて）時間は、すべて「打ち上げ後時間」なのである。スピードアップによって、絶対的時間の遅れは取り戻し、四十分前に打ち上げられたと同じ位置に達したが、このままでは、やはり、打ち上げ後時間に従ってプログラムされたスケジュールと合わなくなる。そこで船内の時計を、四十分三秒だけすすませた。つまり、打ち上げがスケジュール通りにおこなわれ、飛行もスケジュール通りであったと仮定し、その仮定に現実を合わせたのである。宇宙飛行ならではの調整の仕方である。

エド・ミッチェル

アポロ宇宙船は、打ち上げ後三時間して、月への軌道に乗ったところで、使用ずみの三段目ロケットを切り離し、その中に入っている月着陸船を引き出して、司令船と接続させなければならない。具体的には、切り離し後に司令船が反転して、円錐形の頭頂部を月着陸船の頭頂部の凹部に突っ込む。そうすると自動的に十二個のラッチがかかって、ドッキングが完了する。その後、もう一度反転して、司令船と月着陸船は、頭と頭をくっつけたままの形で月への飛行をつづけるという手順になっている。

ところがアポロ14号の場合、司令船が月着陸船に頭を突っ込んでドッキングしようとしても、自動的におりるはずのラッチがなぜかおりなかった。何度やってもダメなのである。手動式なら、なんとか工夫の余地もあるのだろうが、自動式の仕掛けがうまく働かないとあっては、どうしようもない。とにかく、トライしつづけるほかない。四度も、五度も、頭を突っ込み直してみたが、やはりダメである。月着陸船とドッキングできなければ、無論計画は中止である。とにかくもう一度やってみようということでやってみたら、六度目の正直でようやく、ラッチがおりた。なぜそれまでダメで、なぜそのときうまくいったのか、原因は不明のまま終った。

ドッキング完了後、またも原因不明の故障が起きた。月着陸船の動力スイッチを入れて点検してみると、二つある燃料電池の一方がどうしても定格電圧にまで達しない。これまた計画中止が迫られるたぐいの故障だった。しかし、これまた原因不明のまま、いつの間にか正常に戻った(こういった故障が原因不明のままに終るのは、司令船以外は地球に戻ってこないため、事後点検による原因追究ができないからである)。

月軌道に達し、シェパードとミッチェルが月着陸船に乗り組み、司令船から切り離され、二時間後に降下を開始しようというときに、さらに危機的な故障が起きた。月着陸船のコンピュータ・パネルに、突然、「計画中止」のシグナルがついたのである。何が起きたのか。宇宙飛行士たちも、ヒューストンもあわてふためき、あらゆる計器類を点検してみたが、計画を中止すべき何らの状況も発生していない。だいたい、「計画中止」のシグナルは、あらゆる警告シグナルの最終段階のシグナルである。このシグナルがつくと、降下は自動的に不可能になり、コンピュータはその位置から司令船へ月着陸船を戻すための航法計算を直ちに開始する。「計画中止」に先行するいかなる警告シグナルもなしに、このシグナルが出るということは、よほどの緊急事態以外考えられない。そして、客観的にそういう事態は生じていないのである。

コンピュータが誤判断を下しているのは明らかだった。しかし、コンピュータのどこがどうおかしくなったのか。月着陸を目前にして、コンピュータの故障のために、それを断念しなければならないとは。ミッチェルは、ふと、子供のころ、昔のラジオが故障したときによくやったように、コンピュータの横腹を手でドンと叩いてみた。

すると、なんと「計画中止」のシグナルが消えたではないか。

ヒューストンと状況を分析しあった結果、次のような結論に達した。この故障は、月着陸船の製造段階で、工員が金属片か何か導電性のゴミをパネルの内部に残したままにしておいたので、それが無重力状態で浮かび上がり、どこかにひっかかって、コンピュータの警告指示回路をショートさせてしまったことが原因であるのにちがいないというのだ。

月着陸船の他の機能は全部正常に働いているのだから、誤れる警告を無視して計画はゴーにする。しかし、このままではいつまたゴミが動いて、「計画中止」になるかもしれない。だから、コンピュータのプログラムを変えて、「計画中止」のシグナルが出ても、それを無視して着陸プログラムを働かせるようにしなければならない。しかし、プログラムをそう変更してしまった場合、ほんとうに計画を中止して司令船に戻らねばならぬような緊急事態が生じた場合、その操作はコンピュータの助けなしにすべてマニュアルでおこなわなければならない。それは可能だし、その操作はすでに地上で訓練ずみであったから、そう心配はいらない。これでいこうということになった。ヒューストンとボストンのMITのコンピュータ技術者が直ちに集められ、大あわてで新しいプログラムが開発された。それに費された時間が一時間半あまり。そのプログラムをすぐに月着陸船に送信し、ミッチェルがそれをインプットした。それが終ったのは、降下開始予定時刻のわずか三十秒前だった。

予定通り降下が開始された。髪の毛一筋のところで危機を脱したわけである。しかし、致命的な故障がまたも発生した。高度三万フィートまで降下したところで、突然レーダーが働かなくなったのである。月面着陸はレーダー観測によっておこなわれる。レーダーなしでは、着陸不可能である。もし一万フィートまで降下する間にレーダーが作動を開始しなければ、計画を中止するほかない。レーダー・スクリーンが消えたまま、月着陸船はどんどん降下していく。ミッチェルは、レーダーをぶったり叩いたり、それに関連するあらゆるスイッチを入れ直してみたり、必死になって動きまわった。そして、二万二〇〇〇フィートまで降下したときに、また理由はわからぬが、レーダーは作動しはじめた。

こうして、ほんとうにやっとの思いでアポロ14号は月着陸に成功したのである。

アポロ計画は九九・九九九パーセントの確実性をもってシステムが働くように設計されたといわれている。それなのに、これほど原因不明の故障が頻発したのは、アメリカの自動車産業の衰退と同じ要因が働いたためではないだろうか。つまり、設計等にあたる上級技術者の技術力は申し分なくても、現場の製造段階での技術がズサンで、品質管理がともなっていなかったのではないだろうか。

さて、アポロ14号は、以上のような数々の危機を克服し、与えられた任務のすべてを果して、成功裡に帰還した。だが、シェパードとミッチェルは、それぞれに与えられた任務以外のことをやってのけ、それ故に一層有名になった。シェパードは、月面探検をすべて終えて、いよいよ帰還というときになって、宇宙服のポケットからゴルフボールと、六番アイアンのヘッドの部分を取り出し、それを手近の棒にくくりつけると、力一杯スイングしてボールを打った。こうして彼は人類唯一の月でゴルフをした男になったのである。月面上では地球の六分の一しか重力がないので、ボールははるかかなたに飛び去り、どこに落ちたかわからなかった。

ミッチェルは、宇宙船と地球の間で、テレパシーの実験をやってのけた。シカゴ在住の設計家で超能力者として有名なオロフ・ジョンソンとあらかじめ打ち合わせをし、二十五枚のESPカード（星形、波形、丸、四角、十字の五種類が各五枚ずつ）を持参して、打ち合わせた時間に、毎日六分間ずつミッチェルがこれを一枚ずつめくりながら念をこらして送信し、ジョンソンがこれを受信するという実験を六日間にわたっておこなったのである。出発前、ケープ・ケネディとシカゴの間でおこなった実験では、五〇パーセントの確率でこれが当たった（あてずっぽうなら二〇パーセントの確率であるから、これは統計的にきわめて有意の確率といえる）。

宇宙からの交信では、出来不出来の差が大きかったが、それでもテレパシーの存在を証明するに足る成功をおさめたという。そしてまた、それとは別に、ジム・アーウィンの項で述べたように、アーウィンと同様、月面上で自分が現にESP能力を行使していることを発見した。アーウィンがスコットとの間でそうであったように、ミッチェルもシェパードとの間で、彼が何もいわないのに、彼が考えていることが直接わかったというのだ。

アーウィンの場合は、その体験が何の心的準備もない状態であらわれたのに対し、ミッチェルは、出発前からテレパシーの実験を準備していたことでもわかるように、かねてから人間のESP能力に大きな関心を寄せていた。だから、この体験のインパクトは大きく、翌年、NASAをやめると、サンフランシスコに移り住んで、ESP研究所を設立した。これは人間の持つESP能力を科学的に研究することを目的とする研究所である。

日本ではESP研究などというと、怪しげなエセ科学の代名詞のように思われているが、世界各国で、特にアメリカとソ連では科学的研究が真面目につづけられている。この両国が特に熱心なのは、ESP能力に軍事的利用の可能性を見ているからで、両国ともその研究に軍事予算の一部が支出されている。最も有名な例としては、一九五八年に国防総省の委託研究として、ウェスチングハウス社がおこなった、大西洋を航行中の原子力潜水艦ノーチラス号と二〇〇〇キロ離れたアメリカ本土との間のテレパシー実験がある。この実験には、前述のESPカードが用いられ、七五パーセントの確率で通信に成功したとされている。

日本では一流の研究機関がESP能力を科学的に研究したという話はきかないが、アメリカではランド研究所、スタンフォード研究所、ベル研究所など、超一流の研究機関までESP研究を手がけている。その最も有名な例は、スタンフォード研究所が例のユリ・ゲラーを被験者として一九七二年に五週間にわたっておこなった実験である。この実験では二人の物理学博士が主任研究官となり、薬効の実験でよく用いられる二重盲検法（被験者はもちろん、実験者も何が正解かわからぬようにしておいて実験する）を用いるなど、トリックの入り込む余地のないような科学的手法を用いて、ゲラーの持つ能力をあらゆる角度から研究した。その実験結果は、イギリスの国際的に有名な科学雑誌『ネイチャー』に掲載されたが、科学的に説明不可能な現象がたしかに起こっており、ゲラー効果は科学的研究の立派な対象たるものであると結論している。

実をいうと、スタンフォード研究所がおこなったこの実験には、ミッチェルも研究官の一人として招かれて参加していたのである。

ESPに興味を持った宇宙飛行関係者はミッチェルがはじめてではない。ロケットによる宇宙飛行が可能であることをはじめて理論的に立証し、宇宙ロケットの父と呼ばれているソ連のツィオルコフスキー自身が実はテレパシーの研究者でもあった。彼はテレパシーの事例を自分で収集検討し、これは疑いもなく自然に存在する現象であるから、これを非科学的な超自然現象などといって科学の領域の外に押しやってしまう態度こそ非科学的であると批判して、

「やがて宇宙飛行の時代がくるころ、人間のテレパシー能力もなくてはならないものとして、人類の全般的な進歩に役立つだろう」

との予言を残しているのである。宇宙飛行士の中からESP研究家が生まれたのも、因縁があるといえばいえるのである。

そのミッチェルに会って話を聞いてみると、日本のESP研究家にしばしば見られるような、あらゆる非科学的なことを止めどなく信じて狐つきになったようなタイプの人間と

はまるで対極にいるような人物である。宇宙飛行士時代、彼は最も思索的で最もインテレクチャルな宇宙飛行士といわれていたそうだが、なるほど、陽気なヤンキー・タイプが多い宇宙飛行士の中ではいかにも目立っただろうと思われるほど、重厚な学者タイプの人物である。

現在、フロリダ州のパーム・ビーチという金持の保養地として名高い町に住み、社員十五人ばかりの小さな広告宣伝会社（年商は一〇〇万ドルを越す）を経営するかたわら、経営コンサルタント業を営んでいる。

エド・ミッチェル（1981年取材当時）

「ビジネスのほうは、まあ、食べるためにやっているわけで、私がほんとに力を注いでいるのは、NASAをやめて以来、一貫して、人間の意識の研究だ。年もとってきたので、これからはより一層そちらのほうにエネルギーを注ぎたいと思っている。いま新しい本（すでに数冊著書がある）を書く準備をすすめているところだ。これまでの研究成果をこれから二年がかりで一冊にまとめてみようかと思っている」

——ESP研究所のほうは今どうしているのか。

「ESP研究所というのは正確でない。正しくは、

Institute for noetic sciences という」

ノエティク・サイエンスというのは訳しにくいことばである。ノエティクというのは、ギリシア語のノエシスからきており、純粋思惟、純粋知性の働きをいう。あえて訳語をあてれば、純粋思惟学研究所とでもなろうか。しかし、こういう訳語からは、彼がこの研究所の名前に与えた含みを理解できないだろう。

このインタビューで次第に明らかになっていくように、彼の世界観は、アリストテレスのそれにきわめてちかい。アリストテレスは、世界を、可能態たる質料が形相を求め獲得して（あるいは形相が質料を得てといってもよい）現実態に転化していくダイナミックなプロセスとして把握した。このプロセスの頂点には、完全なる現実態としての形相の形相＝純粋形相がある。この純粋形相が究極の原理（アルケー）であり、真に永遠の実体であり、万物の目的因であり、運動因でもある。すなわち、これが神である。万物は神をめざして進む。しかし神はこの万物の運動の究極点であるから、自らは不動である。自らは不動で万物を動かすから「不動の動者」と呼ばれる。万物は自己がめざすべき目的としての神を思惟する。しかし神は究極の目的であるから、自己以外の目的を持たない。従って神は自己自身を思惟する「思惟の思惟」である。

万物は神にたどりつかないかぎりにおいて、すなわち可能態を残しているかぎりにおいて、神以外のものなのであり、可能態がすべて現実態になれば、そこに存在するのは神のみである。すなわち、いいかえれば、存在するもの一切は神と神の可能態である。この意味において、神は一者であると同時に一切の者である。一にして全である。質料の側から見ればダイナミックな世界も、純粋形相たる神の側から見れば、神の自己認識過程、神の自己思惟にすぎないともいえる。

こうしたアリストテレス的世界観は、さまざまのバリエーションをともないながら、人類の思想史上くり返しあらわれてくる。ミッチェルとのインタビューもその辺のところを頭に入れておいていただくとわかりやすいだろう。

「この研究所は、人間が持っている精神能力を総体的に研究するための機関で、ＥＳＰもその研究の一環だが、ＥＳＰだけを研究しているわけではない。私がこういう研究所を作ったのは、科学と技術はこれほど進歩したのに、それを活用する人間の叡智のほうにはまるで進歩がないために、科学技術が人類の幸せのためというより、人類に災禍をもたらすような方向に利用されつつある現状をうれえたからだ。これは、人類の叡智の発達のためにさかれているエネルギーが、科学技術の発達のためにさかれているそれにくらべてあまりに少なすぎることに原因があると思い、ＮＡＳＡをやめるときに、これからしばらくの間は、人間の精神能力の研究に身を捧げようと思ったわけだ」

――ＥＳＰも人間の叡智につながる重要な精神能力だと……。

「その通り。ＥＳＰは潜在的には万人が持っている能力だ。ＥＳＰだけではなく、サイコ・キネシス（念力）、心霊医療、予言などといったいわゆる超能力も、人間の精神能力の一環だ。超能力のプリミティブな形態のものは、誰でも日常生活で体験しているはずだ。何かが閃くようにわかったとか、念じつづけていることが普通の確率以上で実現するとか、気の持ちようで病気が治るとか、予感とか虫の知らせとか、こういうことは誰でも経験することだ。

超能力といわれるものは、こういう日常的な人間の精神能力が特別に発達したものといってよい。大部分の人は足し算引き算程度の算数しかできないが、高等数学をスラスラ解く大数学者も何人かはいる。バイオリンに弓をあてれば、誰でも音は出せるが、名演奏できる巨匠はほんの少ししかいない。それと同じように、そうした能力を通常人の何十倍、何百倍と発達させた超能力者が何人かはいるわけだ。

いわゆる超能力というのは、結局、人間がその環境とコミュニケイトするときに、物質的コミュニケイションだけではなく、精神的コミュニケイションもするということ、環境に働きかけるときに、物質的に働きかけるだけでなく、精神的に働きかけることもできるということを意味している」

――あなた自身もそういう能力を持っているのか。

「大したものではないが、ある程度は持っている」

――ESP、超能力の研究などというと、日本では、エセ科学扱いされていて、まともな人はほとんど相手にしないが……。

「アメリカでも似たような状況が一般には十五年前くらいまであったといえるだろう。しかし、近年大きく事情が変って、特に若い優秀な科学者が続々この領域の研究に入ってきている」

――誰でもが潜在的には超能力を持っているとして、それを誰でも開発していくことができるのか。

「基本的にはできる。しかし、あらゆる能力の開発と同じように努力と修練が必要だ。それに天分の問題もあるだろう。しかし、何より大切なのは、懐疑心を持たず確信してやることだ。できると信じなければできない。例のユリ・ゲラーのスプーン曲げの実験がテレビを通じておこなわれたとき、テレビを見ていた子供たちが同じことをやってのける例が続出して大騒ぎになるということが世界中で起きた。子供たちは、自分もできると素直に信じたからできたのだ」

――しかし、超能力者を自称する人の中にはインチキも多い。

「その通りだ。真面目な研究の最大の障害がそれだ。特に心霊医療などにはインチキが多い。超能力現象の報告は数千年以前からあるが、数千年前からホンモノとニセモノが入りまじっている。それが問題を複雑にしている。ただ、超能力現象を否定しようとする人々は、インチキの例ばかりに目を向けるが、あらゆる科学的検査に耐えて、超能力現象と認定せざるをえない現象が存在することもまた事実なのだ」

——いまも超能力現象の研究に力を注いでいるのか。

「いや、私自身はここ数年それから離れている。超能力をテクニカルに求めることは誤りであることに気づいたからだ。超能力はきわめてパワフルな能力だから、面白半分にそれを扱うことは危険なのだ。それを熱心に探求するあまり、精神に異常をきたした人が昔から少なからずいる。

超能力を扱うには、まず、それにふさわしい精神の安定と感性の安定を得ることが必要だ。心の中からあらゆる日常的世俗的雑念を払いのけ、さざ波一つない森の中の静かな沼の水面のように、心を静寂そのものに保ち、透明な安らぎを得なければならない。精神を完全に浄化するのだ。精神を完全に浄化すれば、とぎすまされた鋭敏な感受性を保ちながら、それが外界からいささかも乱されることがないという状態に入ることができる。仏教でいうニルヴァーナだ。そこまでいけば、人間が物質的存在ではなく精神的存在であることが自然にわかる。

人間は物質レベルでは個別的存在だが、精神レベルでは互いに結合されている。ESPの成立根拠はそこにある。さらに進めば、人間のみならず、世界のすべてが精神的には一体であること（spiritual oneness）がわかるだろう。超能力現象は、このスピリチュアル・ワンネスの証明なのだ。スピリチュアル・ワンネスがあるから、スピリチュアルになりきった人間は、物理的手段によらず外界とコミュニケイトできる。古代インドのウパニシャドに、〝神は鉱物の中では眠り、植物の中では目ざめ、動物の中では歩き、人間の中では思惟する〟とある。万物の中に神がいる。だから万物はスピリチュアルには一体なのだ。しかし、神の覚醒度は万物において異なる。だから、万物の一体性はなかなか把握できない。眠れる神をも見ることができるだけスピリチュアルになることができた人間にしてはじめて、この一体性を把握できる。そして、充分にスピリチュアルになりえた人間には、超能力がおのずから生まれる。

イエスのことばに、〝まず神の国を求めよ。そうすれば、すべてはそれにともなって与えられる〟とある。まず超能力を求めてはいけない。まず、神の国を求めるべきなのだ。超能力とは、より大きな精神世界の一部であると知るべきだ」

——あなたが神というとき、それは何なのか。あなたが信じているのは、キリスト教の神なのか。

「いや、私はキリスト教の神を信じていない。キリスト教が教える人格神は存在しないと思っている。神というのは、この世界で、この宇宙で現に進行しつつある神的な（divine）プロセスを表現するために用いられていることばにすぎない」

——あなたは、はじめからクリスチャンではなかったのか。

「いや、私は熱心なクリスチャンだった。私は南部バプティストのファンダメンタリストだった。ファンダメンタリストの教義は、ご承知のように、科学が教えることより、聖書に書いてあることのほうがすべて正しいという立場だ。しかし、私は一方で科学者であり、技術者だった。だから、私の人生は四十年間にわたって、科学的真理と宗教的真理の対立を何とか解消できないかと悩みつづけた人生だった。そのため、哲学や神学をずいぶん勉強したがダメだった。結局、ある日、どちらの真理も、より高次のレベルの真理を、より低次のレベルで部分的にしかつかんでいないことから対立が生じているのだと考えれば、問題はすべて解消してしまうではないかということがわかって、悩みを脱することができた」

——しかし、ファンダメンタリストの教義と科学の間には、そんなことでは解決ができないほど深刻な対立があるのではないか。

「宗教の側には部分的真理という以上の問題がある。それは教団として組織化されることから生じた、真理の道の踏み外しだ。すべての宗教は偉大なスピリチュアルな真理をつかんだ指導者の教えにはじまる。しかし、信者は、その教えの本質を充分には理解しない。各宗教の教祖となったような人々は、イエスにしても、ブッダにしても、モーゼにしても、モハメッドにしても、あるいはゾロアスターや老子にしても、みな人間の自意識の束縛から脱して、この世界のスピリチュアル・ワンネスにふれた人々なのだ。だから、彼らはみな同時に超能力者でもあった。彼らはみな奇蹟を起こした。奇蹟というのは超能力現象の別の表現だ。しかし、その教えを受けて、追随した人々のほうは、自意識の束縛から逃れきれていないために、教えられた真理をそこまでの深みにおいて把握していない。だから、指導者が世を去ると、信者集団はスピリチュアルな真理から人間的自意識の側に引き戻されてしまう。そして教団が組織され、教団全体としてますます原初の真理から離れていくことになる。教団化された既成宗教はどれをとっても、いまや真のリアリティ、スピリチュアルなリアリティから離れてしまっている。私がいう宗教的真理というのは、教団教義のことではない」

――あなたはいかにして科学的真理と宗教的真理の対立を克服したのか。それは宇宙体験と関係があるのか。

「まさしくその通りだ。私は二つの真理の相剋（そうこく）をかかえたまま宇宙にいき、宇宙でほとんど一瞬のうちに、この長年悩みつづけた問題の解決を得た」

――それは、宇宙体験のどの部分なのか。

「宇宙から地球を見たときだ。正確にいえば、月探検を終えて、月軌道を脱し、地球に向かって帰路について間もなくだった。それまでは休みなく働きつづけており、落ち着いてものを考える暇がなかった。しかし、地球に向かう軌道に宇宙船を乗せてしまうと、これという作業もなくなり、時間的余裕ができた。

月探検の任務を無事に果し、予定通り宇宙船は地球に向かっているので、精神的余裕もできた。落ち着いた気持で、窓からはるかかなたの地球を見た。無数の星が暗黒の中で輝き、その中に我々の地球が浮かんでいた。地球は無限の宇宙の中では一つの斑点程度にしか見えなかった。しかしそれは美しすぎるほど美しい斑点だった。それを見ながら、いつも私の頭にあった幾つかの疑問が浮かんできた。私という人間がここに存在しているのはなぜか。私の存在には意味があるのか。目的があるのか。人間は知的動物にすぎないのか。何かそれ以上のものなのか。宇宙は物質の偶然の集合にすぎないのか。宇宙や人間は創造されたのか、それとも偶然の結果として生成されたのか。我々はこれからどこにいこうとしているのか。すべては再び偶然の手の中にあるのか。それとも、何らかのマスタープランに従ってすべては動いているのか。こういったような疑問だ。

いつも、そういった疑問が頭に浮かぶたびに、ああでもないこうでもないと考えつづけるのだが、そのときはちがった。疑問と同時に、その答えが瞬間的に浮かんできた。問いと答えと二段階のプロセスがあったというより、すべてが一瞬のうちだったといったほうがよいだろう。それは不思議な体験だった。宗教学でいう神秘体験とはこういうことかと思った。心理学でいうピーク体験だ。詩的に表現すれば、神の顔にこの手でふれたという感じだ。とにかく、瞬間的に真理を把握したという思いだった。

世界は有意味である。私も宇宙も偶然の産物ではありえない。すべての存在がそれぞれにその役割を担っているある神的なプランがある。そのプランは生命の進化である。生命は目的をもって進化しつつある。個別的生命は全体の部分である。個別的生命が部分をなしている全体がある。すべては一体である。一体である全体は、完璧であり、秩序づけられており、調和しており、愛に満ちている。この全体の中で、人間は神と一体だ。自分は神と一体だ。自分は神の目論見(もくろみ)に参与している。宇宙は創造的進化の過程にある。この一瞬一瞬が宇宙の新しい創造なのだ。進化は創造の継続である。神の思惟が、そのプロセスを動かしていく。人間の意識はその神の思惟の一部としてある。その意味において、人間の一瞬一瞬の意識の動きが、宇宙を創造しつつあるといえる。

　こういうことが一瞬にしてわかり、私はたとえようもない幸福感に満たされた。それは至福の瞬間だった。神との一体感を味わっていた」

——その神というのはつまるところ何なのか。神的プロセスを表現する概念ということだが、もう少し説明するとどういうことなのか。

「神とは宇宙霊魂あるいは宇宙精神（コスミック・スピリット）であるといってもよい。宇宙知性（コスミック・インテリジェンス）といってもよい。それは一つの大いなる思惟である。その思惟に従って進行しているプロセスがこの世界である。人間の意識はその思惟の一つのスペクトラムにすぎない。宇宙の本質は、物質ではなく霊的知性なのだ。この本質が神だ」

——では、この肉体を持った個別的人間存在は何なのか。人は死ねばどうなるのか。

「人間というのは、自意識を持ったエゴと、普遍的霊的存在の結合体だ。前者に意識がとらわれていると、人間はちょっと上等にできた動物にすぎず、本質的には肉と骨で構成されている物質ということになろう。そして、人間はあらゆる意味で有限で、宇宙に対しては無意味な存在ということになろう。しかし、エゴに閉じ込められていた自意識が開かれ、後者の存在を認識すれば、人間には無限のポテンシャルがあるということがわかる。人間は限界があると思っているから限界があるのであり、与えられた環境に従属せざるをえないと思っているから従属しているのである。スピリチュアルな本質を認識すれば、無限のポテンシャルを現実化し、あらゆる環境与件を乗りこえていくことができる。

人が死ぬとき、前者は疑いもなく死ぬ。消滅する。人間的エゴは死ぬのだ。しかし、後者は残り、そのもともとの出所である普遍的スピリットと合体する。神と一体になるのだ。後者にとっては、肉体は一時的な住み処であったにすぎない。だから、死は一つの部屋から出て別の部屋に入っていくというくらいの意味しかない。人間の本質は後者だから、人間は不滅なのだ。キリスト教で人が死んで永遠の生命に入るというのも、仏教で、死して涅槃(ねはん)に入るというのも、このことを意味しているのだろう。だから、私は死を全く恐れていない」

——そういう認識が一瞬にして生まれたということだが……。

「そうなのだ。瞬間的だった。真理を瞬間的に獲得するとともに歓喜が打ち寄せてきた。

その感動で自分の存在の基底が揺すぶられるような思いだった。より正確にいえば、いまことばであれこれ説明しているように、論理的に真理を把握したわけではない。ことばでは表現できないが、とにかくわかった、真理がわかったという喜びに包まれていた。いま自分は神と一体であるという、一体感が如実にあった。それからしばらくして、今度はたとえようもないほど深く暗い絶望感に襲われた。感動がおさまって、思いが現実の人間の姿に及んだとき、神とスピリチュアルには一体であるべき人間が、現実にはあまりにあさましい存在のあり方をしていることを思い起こさずにはいられなかったからだ。

現実の人間はエゴのかたまりであり、さまざまのあさましい欲望、憎しみ、恐怖などにとらわれて生きている。自分のスピリチュアルな本質などはすっかり忘れて生きている。そして、総体としての人類は、まるで狂った豚の群れが暴走して崖の上から海に飛び込んでいくところであるかのように行動している。自分たちが集団自殺しつつあるということにすら気づかないほど愚かなのだ。人間というものに絶望せずにはいられない。私の気分はどんどん落ち込んでいった。ところが、またしばらくすると、先ほどの神との一体感がよみがえってきて、感動的な喜びに包まれる。するとまたしばらくして絶望感に打ちひしがれる。こうして無上の喜びと、底知れぬ絶望感と、極端から極端へ心が揺れ動きつづけた。それが三十時間にもわたってつづいたのだ。その後は、地球への帰還の準備で忙しくなり、忙しさにとりまぎれて、そういうことは考えなくなった。

しかし、地球に戻ってから、この体験を反芻し、哲学書、思想書、宗教書などを読みふけるようになった。もともと哲学、神学に興味をもって読んではいたが、やはりそれまではキリスト教の立場からのものが中心だった。しかし、今度は心をもっと広く開いて、あらゆる宗教、あらゆる思想に偏見なく接するようになった。私が持ったあの神との一体感、あれが特定宗教の神との一体感であって、その神だけが真実の神であり、他の宗教の神は虚妄であるとは私には思えなかったからだ」

——ジム・アーウィンの場合は、あなたと似たような神秘的体験を持ちながら、そこからキリスト教の神こそが唯一の真実の神であるという結論をひき出して、伝道者になったわけだが。

「ジムとそう深く話し合ったわけではないが、たしかにジムの体験は私の体験と質的には非常に近いものだったと思う。彼はその体験を伝統的キリスト教の枠組の中で表現している。それが彼にとっては最上の表現方法だったからだろう。しかし、キリスト教の枠組は狭い。あまりにも狭い。あらゆる既成宗教の枠組は狭い。硬化している。既成宗教の枠組の中で語ろうとすると、その宗教の伝統の重みにからめとられてしまう。伝統による人間の意識の束縛は大きすぎるほど大きい」

——すると、あらゆる宗教の神は、本質的には同じということか。

「そういうことになる。つまり、宗教はすべて、この宇宙のスピリチュアルな本質との一体感を経験するという神秘体験を持った人間が、それぞれにそれを表現することによって生まれたものだ。その原初的体験は本質的には同じものだと思う。しかし、それを表現する段になると、その時代、地域、文化の限定を受けてしまう。しかし、あらゆる真の宗教体験が本質的には同じだということは、その体験の記述自体をよく読んでいくとわかる。宗教だけに限定する必要はない。哲学にしても同じことだ。真にスピリチュアルな体験の上にうちたてられた哲学は、やはり質的には同じものなのだ」

——その質的同一性の本質はどこにあるのか。

「人間的エゴから離脱すると、この世界が全くちがって見えてくる、ということだろう。エゴの目からは見えない知覚の向こうにあるスピリチュアルな世界が見えてくる。自分がこれまで真理だと思っていたことが、より大きな真理の一部でしかないことがわかってくる。この意識の変革、視点の転換がすべてのカギであることを、あらゆる宗教が語っている。イエスが、『悔い改めて神の国に入れ』『生まれかわれ』というとき、意味していることはそれなのだ。ギリシア語で『悔い改め』とは、『メタノイア』という。それは、何か悪いことをしてそれを反省すれば天国にいけるという意味ではなく、世界を全くちがった視点から見れば神的世界がすでにここにあるということなのだ。ヒンズーの伝統でソマティというのも、仏教のニルヴァーナも、あるいは神秘思想でいう照明体験もすべて同じことなのだ」

——すると、あなたが宇宙体験で得たものも、それが宇宙体験であったが故に得られたというものではないということか。

「そうだ。どんな神秘体験にも引き金になるものがある。私の場合は、たまたまそれが宇宙から地球を見るという体験だったということだ。同じ体験を別の人は高い山に登って地上を見たときに得られるかもしれない。私が山の高さではなく、何万マイルもの高みに登らなければ、その体験が得られなかったのは、多分、私の精神がかぶっていた殻が固すぎたからだろう」

——宇宙体験なるが故という要素は別にないのか。

「こういうことはいえる。神秘的宗教体験に特徴的なのは、そこにいつも宇宙感覚（cosmic sense）があるということだ。だから、宇宙はその体験を持つためには最良の場所なのだ。歴史上の偉大な精神的先覚者たちは、この地上にいてコスミック・センスを持つことができた。これは凡人にはなかなかできることではない。しかし、宇宙では凡人でもコスミック・センスを持つことができる。何しろそこが宇宙だからだ。宇宙空間に出れば、虚無は真の暗黒として、存在は光として即物的に認識できる。存在と無、生命と死、無限と有限、宇宙の秩序と調和といった抽象概念が抽象的にではなく即物的に感覚的に理解できる。歴史上の賢者たちが精神的知的修練を経てやっと獲得できた感覚を、我々は宇宙空間に出るという行為を通して容易に獲得できたのだ。だから私は、私の体験が個人的体験にとどまらず、人類にとって大きな意味があると思っている。私の体験は人類の進化史における転回点だといってもよいと思う」

——それはどういう意味か。

「人間は宇宙に進出することによって地球生物から宇宙生物に進化した。人間の地球生物時代は、宇宙生物としての人間の前史にすぎない。前にもいったように、宇宙は創造的進化の過程にある。サルから進化した人類が誕生したところで、進化はその頂点に達し、ストップしてしまったわけではない。人類の時代になってから、進化は人間の意識の拡大という面で急速に進んできた。そしていま、宇宙生物となり、コスミック・センスを獲得するようになった。ここから人類の新しい時代がはじまる」

——壮大な進化論だが、その進化はどういう方向に向かっているのか。

「進化の方向ははっきりしている。人間の意識がスピリチュアルに、より拡大する方向にだ。つまり、イエスとか、ブッダとか、モハメッドとかは、早くからこの進化の方向を人類に指し示していた先導者なのだ。どんな進化でも、種全体が大きく変る前から、進化の方向を先取りして示す個体があるのと同じことだ」

——つまり、未来の人類は誰でも、イエスらのように高度にスピリチュアルな人間になるということか。

「そういうことだ。そして、この宇宙をより正しく、つまり、よりスピリチュアルに理解するようになる」

――あなたの進化論は、ティヤール・ド・シャルダンのそれに非常に近いように思われる。

「その通りだ。ティヤールから私は大きな影響を受けている」

――しかし、ティヤールは進化のたどりつく究極点であるオメガ点にキリストを置いた。そこはあなたとちがう。

「その通りだ。ティヤールはキリスト教の枠組の中にいた。私も進化の方向は、神との同一性に無限に近づいていく方向にあると思っているが、私の考える神は、キリスト教の神ではない。ちなみに、ユングからも私は影響を受けている。人間が集団的無意識を共有しているという彼の考えは正しいと思う。しかし、その集団的無意識の根拠は人間が原始時代から蓄積した経験の集積に求められるべきではなく、エゴから離れた意識の面においては、すべての人間がそれぞれに神につらなっているのだということに求められるべきだろうと思う」

――その神が、精神であり、知性であり、思惟であるというとき、そのイメージがもう一つつかみにくい。

「それはそうだろうと思う。我々の意識が伝統的なものの見方に縛られてしまっているからだ。天動説を信じ込んでいた人々は、コペルニクスが地動説をとなえたとき、それをイメージすることができなかった。この不動の大地が動いているだって、バカなことをいうなと怒ったのだ。地球が平面であることを信じきっていた人々は、地球が球体であるという説を聞いたとき、地球が球体なら、地球の下側にいる人がなぜ落ちないのか、どうしても理解できなかった。

私がよく用いるたとえ話でこういうものがある。地球が平面で、その上に生きている人間も、二次元の生物であったとする。三次元の物体は、彼らは見たことも考えたこともない。そういうものが存在することすら知らない。そこに、宇宙からヤリが飛んできて、地球を貫いたとする。地球人はそのとき、ヤリを三次元の物体として認識できるか。地球人は二次元の生物だから地球平面上にはないヤリの三次元の部分が見えない。従って、ヤリを円柱状の細長い物体とは思わず、平面上の小さな円としか思わない。宇宙のスピリチュアルな構造を知らず、それをマテリアルの側面からしか見ない人は、二次元の世界に生きているが故に三次元の世界が見えず、見えないが故にそれが存在しないと思っている二次元地球人のようなものだ。

あるいはこうもいえる。我々現代人はみなアインシュタインの理論を一応は知っている。時間と空間は絶対的なものでなく、相対的なものであるという相対性理論を常識として知っている。しかし、それをイメージとしてつかんでいる人間がいるだろうか。人間がイメージできる世界は、依然としてニュートン的世界にとどまっている。現実の知覚の対象として入ってこなければ、人間にはイメージがわくものではない。

宇宙時代に入って、ようやく人間はほんのチラリとだけアインシュタイン的世界を現実にかいま見るようになった。しかし、それが一般的にイメージされるようになるのは、まだまだ先のことだろう。イメージできなくてもわかればよい。アインシュタイン自身、自分のとなえる世界像をどれだけ具体的にイメージできていたかは疑問なのだ。しかし、イメージできなくても、彼は理論を作ることができ、その理論を通して人間の意識の地平を一挙に拡大した。そして、これまでのニュートン的世界を構成していた概念とそのイメージの関係を徹底的に破壊した。物質、質料、時間、空間、エネルギーなどなどに関して我々がいだいてきたイメージは、その概念が真に意味するところのもののほんの一側面についいて作りあげたイメージでしかないことを暴露したわけだ。では、それに代る真のイメージがあるかといえば、ない。

より深い認識にすすむと、プリミティブな認識では有効であったイメージが有効でなくなる。神についても同じことだ。プリミティブな認識にはそのイメージがあったろうが、より高次の認識ではイメージが成りたたなくなる。面白いのは、物質的世界の理論をあくまで追究していったアインシュタインが晩年になって、宇宙は機械仕掛けの物質というよりは、むしろ一種の思惟のごときものではないかと考えるにいたったことだ。物質に対するより深い認識を求めていくうちに物質観がどんどん変貌し、ついにそこまでいたったわけだ」

——あなたの神がそうしたものであるとすると、宇宙のはじめはどうだったのか。人格神でないなら創造神でもなかったろう。人格神の存在を支持する人々の根拠は、「はじめ」の問題にある。はじめは誰かがこの宇宙を創造したにちがいないと考える。

「『はじめ』はわからないというほかない。誰にもわからないだろう。神秘体験によって神との合一体験を得た人にすら、ほんとのところは、『はじめ』はわからないだろう。あるいは、『はじめ』というのは、そもそもなかったのかもしれない。『はじめ』があるはずだというのは、誤れる前提かもしれない。この問題は時間の概念と関係がある。時間が、古典的なニュートン的世界像にあるような、絶対的なものであるなら、『はじめ』を考えなければならないのかもしれないが、いまでは、時間というものがかつて考えられていた以上に、相対的で、フレキシブルであることがわかっている。私はまだその答えを得ていないが、時間の解釈によって、『はじめ』の問題は解消するのではないかと思っている」

第四章　積極的無宗教者シュワイカート

前に述べたように、ミッチェルの到達した世界観は、アリストテレス、特に神秘主義的に解釈されたアリストテレスのそれに近いものである。しかし、それだけにとどまらず、彼の世界観においては、進化の概念が大きな意味を持っている。もう一人、宇宙空間への人間の進出を進化論的にとらえる点で面白かったのは、前にも登場したラッセル・シュワイカートである。

シュワイカートは、一九三五年、ニュージャージー州のベイレイズ・コーナーという小さな町（住民が十人、牛が五十頭、ニワトリが数百羽いるだけの町と彼は表現している）に生まれた。MITを卒業したあと、空軍の戦闘機パイロットになり、その後、宇宙飛行士をめざして再びMITに戻り、航空宇宙工学の修士号を取る。さらに博士課程に進み、超高層物理学を学んでいる間に、宇宙飛行士の第三期生募集に応募して合格。六九年三月、アポロ9号に乗って、地球を百五十一周した。

最初のアポロ宇宙船、アポロ7号は打ち上げロケットと宇宙船のテストが目的で、地球軌道を周回しただけ。次のアポロ8号は、月まで飛び、月軌道を十周して帰ってきた。月往復の飛行テストである。次のアポロ9号が目的としたのは、月着陸船のテストである（アポロ7号、8号は月着陸船を積んでいない）。これは地球軌道においておこなわれた。だから、アポロ9号は、7号とともに、月にいかなかったアポロである。

シュワイカートは、アポロ9号の飛行後、しばらくワシントンのNASA本部勤めをしたあと、カリフォルニア州のブラウン知事に見込まれて、七九年にNASAをやめ、同州のエネルギー委員会委員長となって今日にいたっている。

シュワイカートは、前に述べたように、宇宙飛行士の中では珍しく無宗教者だった。それも積極的無宗教者なのである。

「私の家庭はルーテル派だったから、私もルーテル派として育てられた。そして、高校を卒業して、カレッジに入るときまでは、将来ルーテル派の牧師になるつもりだった。カレッジでも、そのつもりで勉強していた。しかし、勉強するにつれ、私はどんどんリベラルになっていった」

ラッセル・シュワイカート（1981年取材当時）

英語でリベラルというとき、政治的自由主義とともに、宗教的自由主義、つまり伝統的キリスト教の教えから離れることを意味することが多い。ここでは彼は後者を意味しているが、彼の場合は後にブラウン知事（民主党のリベラル派）のブレーンになったことでもわかるように、同時に政治的にもリベラルになっていった。軍人が大半であった宇宙飛行士社会では、政治的には保守主義の空気が強かったから、この点においても彼はユニークだった。ちなみに彼の奥さんもウーマン・リブの運動に参加する政治的リベラリストである。

「哲学や神学の本を読み進んでいくにつれ、キリスト教の伝統的教えに疑いを持ちはじめた。そして、二十二、三歳のころだったと思うが、牧師になるのはやめようと決心した。そして、自分をクリスチャンと称するのもやめにした。宗教がいやになったというのではない。私は依然として私なりに宗教的であるつもりだった。しかし、私の信条は伝統的立場からは、異端とみなされざるをえないものになっていた。つまり、私はイエスが神の子であり、キリストであるとは信じられなくなったのだ。イエスも人間であると思った。この点において、キリスト教の最も基本的教えから外れるわけだから、クリスチャンを名乗るわけにはいかなくなった。私にとって宗教が大切だったのは、宗教が与える責任倫理性だった。しかし、哲学を勉強するにつれ、無神論の立場からも、非キリスト教的宗教の立場からも、責任倫理の根拠づけが可能であることを知り、悔いなくキリスト教を離れた」

――すると、いまは神の存在を信じていないのか。

「神というのは、天の上にいるヒゲを生やしたジイさんのことかね。それなら、ノーだ。信じていない。五〇年代の後半に私はキリスト教から離れた。その時点では、まだ相当に宗教的だったと思うが、その後、さらに離れた。宗教的というより、むしろ、哲学的になっていった。つまり、何かしら神的なものを仮定する必要を認めなくなっていった。そして、結局、こう考えるようになっていった。宗教というのは、一つの言語体系の問題であるということができる。つまり、宗教を含めて、この世界を観る体系的見方がいろいろある。自然科学もその一つだ。人間中心主義もあれば、理性中心主義もある。イズムは沢山ある。そして、それぞれに独特の言語体系を作ってしまっている。

視野が狭い人は、一つの立場を取り、他の立場のものの見方に目を向けようとしない。つまり、一つの言語体系を取り、他の言語体系を理解しようとしない。その言語体系を通してのみ、世界を認識し、考察する。そして、それだけが真理であり、他は真理でないと思う。しかし、視野が広い人はいろいろの言語体系を学んでみる。そして、やがて、どの言語体系も、対象としているリアリティは同じなのだということに気がつく。例の盲人象をなでる話と同じなのだ。それぞれの言語体系を通して、みな同じ象をなでながら、ちがったことを認識し、ちがったことを考えているのだ。しかしこのたとえ話の重要なポイントは、みなちがう認識を持つという点にあるのではない。それにもかかわらず、みな同じものにさわっている、同じものを対象としているという点にあるのだ。そう考えると、他の見方に対して寛容になる。

私も、キリスト教から離れてすぐは、伝統的神学の立場に立つ見解に反撥していたが、こう考えるようになってからは、反撥せずに語り合えるようになった。それも一つの象の見方であることにはまちがいないからだ。それとともに、東洋の宗教思想により一層目を向けるようになった。それまではどうしても学ぶものが西洋思想に偏っていた。しかし、西洋の宗教は、セクトはいろいろあるが、基本的言語体系は同じである。それに対して、東洋の宗教は全く次元のちがう言語体系を持ち、新しい精神の地平が開かれる思いがした」

――いまのたとえで、象にあたるのは何なのか。

「一言でくくるとすれば、人間の生命生活体験とでもいえるだろう。そして、私は神が存在するとは思わないが、生命が進化しつつあること、進化には一つの方向があるだろうということ、そして、生命にはあるパターンがあるということは信じている」

――神が存在しないとすると、創造の問題についてはどう考えるのか。

「創造などというものはなかったと考えることもできる。しかし、そういうと、創造神を要求する立場の人は、存在は存在以前は無であり、存在がどこかでスタートしていなければならない、だからスタートとしての創造があったはずだという。しかし、ほんとうに存在以前というものが存在するかどうか疑問なのだ。この考えは、時間が過去にも未来にも直線的に等質に無限に延長されているということを前提にしている。その前は、その前はと時間を無限にさかのぼっていけば、どこかに存在のはじまりがなければならないという。しかし、時間が過去に無限にのばせるなら、創造以前にも無限の時間があったことになり、そのときは何がどうなってたんだ、創造神が創造もしないで何をしてたんだということになる。要するに、この前提からは、パラドックスに導かれるだけだ。

前提を変えて、時間は過去と未来に無限にのびる直線ではなくて、円環状をなしているのだと考えれば、スタートの問題は消える。円にはどこにもはじまりも終りもない。それはそこにあるだけだ。時間はそういうものかもしれない。科学的言語体系の世界創造理論に、ビッグ・バン仮説がある。しかし、これについても、では、ビッグ・バンの前はどうであったのかと問うことができる。その前には、膨脹した宇宙があって、それが収縮してビッグ・バンになったともいう。では、その前はどうか。やはりそのくり返し。そしていまの膨脹をつづける宇宙もやがては再び収縮をはじめ次のビッグ・バンとなる。そのあともそのくり返しということになる。結局、無限のくり返しで、世界のはじめと終りについては何も説明していない。

世界創造の問題は、存在以前、無限の時間といったことを考えることから生まれてくる。しかし、これは、存在とか時間とかいう概念の不当拡張の結果として生まれた問題なのではないか。考えなくてよい問題、考えるにしても考える手段を持たない問題ではないかということだ。私自身は、この問題に解答がなくても、何ら問題はないと思っている」

――あなたのこういう考え方は、宇宙体験と何かかかわりがあるのか。宇宙体験があなたのものの見方を変えたというような側面があるか。

「基本的には宇宙体験と関係がない。学びかつ思索することから得たものだ。私の宇宙体験は、ジム・アーウィンのそれのように、精神的に劇的な体験、一種の啓示体験のようなものではなかった。宇宙に出て、宇宙から地球の姿を見ると、そのとたんに、アーラ不思議、あなたはいままでのあなたと全くちがった人になっているといったことがいつでも起こるというのなら面白いのだが、そういうものではない。それにもかかわらず、私にとって宇宙体験は、私の生涯で体験した最も深い体験であり、その影響が私の残りの生涯を決定づけるような性質の体験であったとはいえる」

——どういう意味において、それは深い体験だったというのか。

「それを語るのは非常に難かしい。それは本質的に語って人に伝えることができないような体験。語ること自体がそれを台なしにしてしまう恐れが強い体験。偉大な作家でもないかぎり、とうてい真の意味では語ることが不可能なような性質の体験なのだ。しかし一方で、この体験は、ぜひとも全人類にわかちあってもらいたいと願うような体験でもある。願うというよりは、私はそれが義務だと思っている。この強い義務感が、宇宙体験の与えた重要な精神的インパクトの一つなのだ。つまり、その体験をしながら、私は、それが個人的な体験だとは思わなかった。おこがましい言い方になるかもしれないが、人類を代表してというか、人間という種を代表して、自分がそこにいると思った。自分を自分という一個人と見ることができなかった。何か体験をしている最中に、その体験している自分を意識が客観視して見るということがあるだろう。まるで、意識だけがちょっと離れたところにいって、そこから他人を見るように自分を見るという感じだ。誰でもよくあることだと思う。

宇宙体験でそれが起きた。そのとき普通は、『ラッセル・シュワイカートがそこでこんなことをしている』という風に、自分を他人のように客観視する。ところが宇宙ではそのとき、ラッセル・シュワイカートがそこにいると、個人的自分を見ることができず、『人間がそこにいる、そこで人間がこんなことをしている』と、個人ではなく、人間という種が見えたのだ。そしてそのとき、人間という種に対して、自分の体験を伝えねばならないという義務感が生じた。

それはこういうことだ。たとえば、私がいま指で何かにさわるとする。そうすると、私の指先は、私の肉体の一部であるが故に、自分が受け取った情報を私の肉体全体に伝えなければならない義務を負わされているからその通りにする。私の指先がその義務を果した結果、私の肉体は正しい行動を選択することができる。肉体全体を人間という種に置けば、私は自分がその指先であるかのように義務感を意識したのだ。だから、それ以来、あらゆる与えられた機会をとらえて自分の体験を誰にでも語るようにしているのだが、必ずしも自分の体験がうまく伝えられているとは思わない」

――まず、具体的な体験に即して語ってもらえまいか。

「宇宙体験といっても、それほど驚くべきことが数々あったわけではない。宇宙船の中にいるかぎり、それは、超高空を飛ぶ飛行機の中とそれほどちがうものではない。そして、宇宙船の中で起ることは、ほとんど、シミュレーターで経験ずみのことだ。たしかに、地球の眺めは素晴しい。全くファンタスティクだ。しかし、それはそれだけのことだ。それに、宇宙船の中では与えられた任務を次々にこなすことに忙しく、ものを考えている暇がなかった。

衝撃的な体験は、宇宙船の外に出たときに起きた。アポロ9号は月着陸船の機能をさまざまの角度からチェックする任務を与えられていた。任務の一つにこういうものがあった。司令船と月着陸船がドッキングしたあとで、何らかの原因で両者を結ぶ通路が使用不能におちいった場合、月着陸船から船外に出て、船腹にあるハンドレイルを伝いながら司令船に移動する(あるいはその逆の移動)ことができるかどうかを実験してみるということだった。その実験は私がすることになっていた。そのため、出発前に握力の強化訓練をさんざんやったものだ。

宇宙に出て四日目にその実験がおこなわれた。私が船外に出て、ハンドレイルを伝い歩きしている間、船長のデイブ・スコットが司令船から身を乗り出して映画を撮り、それを研究資料とすることになっていた。ところが、いよいよ開始というときになって、カメラが故障を起こした。スコットは司令船に引込んで、カメラの調整をはじめた。それが直るまでの間、私はたった一人で、何もなすことなく宇宙空間に取り残された。それは時間にして、わずか五分くらいのことでしかなかった。しかし、その五分間が私にとっては人生において最も充実した五分となった。

宇宙船の中にいるのと、宇宙服を着て宇宙空間に浮かんでいるのとでは、同じ宇宙体験といっても、全く質のちがう体験だ。宇宙船の中はモーターのうなりとか、人の声とか、さまざまの雑音がある。しかし、宇宙空間に浮かんでいる間の宇宙服の中は完璧な静寂だった。そのとき以外全く経験したことがない無音の世界だった。無線が入れば別だが、それが切れているときは全く無音なのだ。そして、宇宙船の中からは、小さな窓を通してしか外を見ることができないが、宇宙服のヘルメットは、透明な球体だから、視野をさえぎるものが何もない。自分が宇宙空間のまっただ中にポツンと浮いていることがわかる。下を見ると、地球がそこに在る。えもいわれず美しく在る。自分はいま時速一万七〇〇〇マイルで飛んでいるはずなのに、そのスピードを実感させるものは何もない。完全な静寂が宇宙を支配していて、宇宙が丸ごと見えるのだ。自分はそこに一人ぼっちでただ浮いている。その感じ、これをどうしてもうまく伝えることができない。いってみればそれだけのことになってしまうのだが、これは実に深みのある体験だった」

――そのときあなたは何を考えていたのか。

「私はその五分間が滅多なことでは得られない五分間であることを知っていた。スケジュールが詰め込まれている宇宙飛行では、無為が許される時間はほとんどないからだ。そして、宇宙船の外に出て、ほんとの宇宙空間を体験できるのは、その実験をおいてなかったからだ。私は自分に与えられたその自由な五分間を最大限に活用しようとした。宇宙をあちこち見まわしながら、意識的にいろいろなことを考えた。お前はなぜここにいるのか。なんのためにここにいるのか。お前が見ているものは何なのか。お前と世界はどう関係しているのか。この体験の意味するところは何だ。人生とは何だ。人間とは何だ。

この意識的な問いかけがよかったのだと思う。どんな体験をしても、その体験が体験者にとって有意味である場合もあれば、無意味になることもある。そのちがいは、その体験に対して心を開くかどうか、この体験の持つ意味を全部吸収してやろうと思って心を開くかどうかにかかっている。体験に対して心を開かなければ、どんな体験もメカニカルにすませ、無意味に終らせることができる。自動車を運転しているときのことを考えてみればよい。運転を終えてから、運転そのものはほとんど無意識のうちにメカニカルにやってきたために、運転そのもののことはよく覚えていないが、運転しながら車中で考えていたことのほうをよく覚えているということがよくある。そのとき、意識の上では、運転を体験していたというより、考えごとを体験していたのだ。考えごとのほうは有意味だが、運転のほうは無意味だったのだ。宇宙飛行も同じことだ。

せっかく宇宙を飛ぶという体験を持ったのに、それを全く無意味のうちに終らせた宇宙飛行士も沢山いる。彼らの宇宙飛行は、フライトプランと実験計画だけで終っている。スイッチ、ダイヤル、計器、エンジン、そういったものをいじっただけで終りなのだ。すべてはメカニカルなものに終り、意味づけなどは考えたことがない」

――それで、意識的に考えた結果はどうだったのか。

「一つはさっきいったような、人間という種に対する義務感を強く感じたということだ。この体験の価値は、私にとっての個人的価値ではなく、私が人類に対して持ち帰って伝えるべき価値だ。私は人間という種のセンサーだ、感覚器官にすぎないと思った。それは私の人生において、最高にハイの瞬間だったが、エゴが高揚するハイの瞬間（ハイの瞬間はたいていそうなのだが）ではなくて、エゴが消失するハイの瞬間だった。種というものをこれほど強烈に意識したのは、はじめてだった。そして種を前にした、自分個人の卑小さを強く感じた。

それとともに、人間という種とこの地球との関係をもっと深く考えなければいけないと思った。私の目の下では、ちょうど、第三次中東戦争がおこなわれていた。人間同士が殺し合うより前にもっとしなければならないことがある。人間と人間の関係も大切だが、人間という種と他の種との関係、人間という種と地球との関係をもっと考えろということだ。そのとき、それをもっと具体的に説明しろといわれたら、必ずしもうまく説明できなかったかもしれないが、その後、ラブロックが『ガイア』という本を書き、それを読んで、これだと思った。これが私がぼんやりと考えつつ、うまくいえなかったことだと思った」

彼が言及しているのは、J.E.Lovelock "Gaia: a new look at life on Earth"（Oxford Univ. Press）である。ラブロックは生物学者で、ＮＡＳＡのヴァイキング計画に参加して、地球以外の宇宙に生命があるとすれば、それをいかにして探査できるか、探査方法の開発にあたったりした学者である。

ガイアというのは、ギリシア語で地母神に対して与えられた名前。古代人の神話的世界観においては、太陽神と地母神が人間の父であり母であった。大地は人間の母なる大地であり、生ける存在であった。ラブロックは、この古代人の世界観は、現代科学の観察と一致するという。地球全体が、一つの生きた有機体であるという。この場合、「生きた有機体」というのは、比喩的にではなく、文字通りに使われている。地球は一つの巨大な生物(またしても比喩的にではなく文字通りに)であるというのだ。地球は人間をはじめとするさまざまの生物が生きている「場」にすぎないのではなく、それ自体が一つの生物であり、他の生物はこの巨大生物にいわば寄生している微小生物にすぎないというわけである。この巨大生物にラブロックは「ガイア」の名前を与えた。

「ラブロック」に従えば、人間と地球の関係は、人間と人間の体内にいるバクテリアのようなものだ。地球は二つの循環系を持つ。大気と水と。これが人間における血液循環系のような役割を果している。大気と水が循環し、生物はその中で生きているということ自体は、これまでも生物学、生態学の常識だったが、彼のユニークなところは、その循環の精緻な科学的分析から、これが物質の物理的循環ではありえず、巨大な有機体の体内循環としなければ解釈できないということを科学的データをもとに示したところにある。そして、この有機体が生きて進化しつつあり、あらゆる進化と同じように複雑化の過程をたどっていることを示したことにある。人間は自分が最高の生物であるなどとこれまで誇っていたが、それは、人間の体内のバクテリアが、人間という巨大な生物存在が見えずに、人間の肉体を単なる物質的環境にすぎないと思い、自分たちこそ最高の生物であると誇るようなものであるということだ。

こういう認識を得てはじめて、自分の宇宙体験の意味づけがよりよくできるようになった。宇宙から地球を見たとき私の受けた精神的インパクトは、ちょうど、人間の体内にいたバクテリアが体外に出て、はじめて人間の姿全体を目にして、それが生きて動いていることを知ったときに受けるであろうようなインパクトだったのだ。

人間はガイアの中で生きている生物であることを自覚して生きていかなければならない。ガイアにとって、人間は何ものでもないが、人間はガイアなしでは生きられない」

実際、ラブロックは『ガイア』の中で、核戦争が起きて人類が絶滅しても、ガイアはそれに全く痛痒を感じずに生きていくであろうことを科学的根拠をもって示している。公害にしても同じことだ。人間は自分の首を絞めることはできるが、ガイアを殺すことはできない。

「『ガイア』を読む前から考えつづけ、それを読んだあとさらに考えをふくらませるようになったのは、進化の問題だ。宇宙体験以来、私は人間という種の運命を考えの中心にすえるようになった。人類の進化はこれからどんな道筋をたどろうとしているのか。人類はどこに向かっているのかという疑問だ。

人類の進化史という観点から見たとき、私はいまの時代が最もユニークな転回点だろうと思う。我々はいわばいままでは母なるガイアの胎内にいたわけだ。胎児のようなものである。それがおそらく妊娠九ヵ月近くになっている。やがて月満ちれば陣痛がきて人間はガイアの外に産み落とされる。それはおそらく人間より進化した新しい種の誕生という形をとるだろう。何億年もの昔、それまで海にしかいなかった生物がはじめて陸に上がった。それまでの生物は海でしか生きられず、海の外は生物にとって死を意味する環境であったのに、新しい種は海の外に出て、死の環境の中で生きる手段を身につけた。これが生物の進化史の中で、これまでは一番大きな転回点だった。それに匹敵するような、何億年に一回あるかないかという進化史の一大転換点が目の前にきている。つまり、生物にはこれまで死の環境でしかなかった大気圏外の宇宙空間に、人間という生物が進化して進出していくのだ。

我々の宇宙飛行はその前段階なのだ。はじめは我々のように、一人、二人がポツリ、ポツリと宇宙に出てはまた地球に戻っていく。やがて、それが何十人、何百人という規模になり、ついには宇宙に定住することを選んだ人間たちのコミュニティができあがっていく。宇宙に進出していく人間のモチベーションには様々のものがあるだろう。ある人間は科学的探求のために、ある人間は金儲けのために。ある人間は単なる冒険心と好奇心のために。あるいはそのうち税金逃れのために宇宙に出ていくという人も出てくるかもしれない。いずれにしろ、宇宙進出のモチベーションはより多様になり、ますます多くの人が出ていく。宇宙コミュニティはふくれあがる。

そして、はじめのうちは、いまの宇宙探検がそうであるように、宇宙での生活は、もっぱら地球からの資源持ち出しによってまかなわれる。しかし、やがて、宇宙空間における自給自足が可能になる。要は物質資源とエネルギー資源の問題だ。物質資源は、月か、他の惑星や、星間物質などを利用するようになる。エネルギーはとりあえずは太陽熱だろう（いまも宇宙船や人工衛星は宇宙空間でそれを利用している）。その他、磁場の利用とか、さまざまの宇宙エネルギー利用法が開発されるだろう。宇宙において自給自足しながら人間が生きていくことは、理論的に充分可能なのだ。それが現実に技術的に可能になるまで、五十年かかるか、百年かかるか、それはわからない。しかし、そのときが人間がガイアの胎内から出るときだといえるだろう。そのとき、人類は宇宙空間で種としての再生産をはじめるわけだが、その結果、生まれてくる人間は、地球環境と宇宙環境のちがいから、新しい種とならざるをえないだろう。

いま人類は地球の上で核戦争による絶滅の危機にさらされている。そのことと、我々がちょうど時を同じくして、地球の外に出る能力を身につけつつあることは、私には偶然の一致とは思えない。子供を生んだ親は死に、新しい種を生んだ古い種は滅びる。これは生物界をつらぬく法則だ。死のうとしている古い種が、生存本能から新しい種を生み出すのかどうか知らないが、とにかくそうなっている。

核戦争が起こらないとしても、地球の上に人類のあまりよい未来はない。というのは、人間という種の内部で、画一化がどんどん進行しているからだ。これは交通・通信の発達と、環境の画一化といういずれも文明のもたらした現象によるものだ。一つの種が健全な生命力を保っていくためには、多様性が必要なのだ。多様性のためには、多様な環境が必要だ。特に、穏健な環境ではなく、苛酷な環境が必要だ。それなのに地球上の人間の環境は、画一的に穏健になりつつある。こういう種は種としてひ弱になっていく。いつどんなことが原因で大絶滅が起きるかもしれない。

それに対して、宇宙に進出した人間は、宇宙という苛酷な環境の中で、きたえられ、より強い種として発展していくだろう。もちろん、宇宙のどちらの方面に進出していくかによって、風に吹かれて飛んだタンポポの種子が、土の上に落ちたものは花咲き、岩の上に落ちたものは死に絶えるように、ある方面にいった人類は生きのび、ある方面にいった人類は死に絶えるだろう。しかし、人類全体としては、多様な発展を宇宙でとげるだろう。百年単位で見たときの人類の未来が、宇宙への進出にかかっていることは疑いのないところだと思う。しかし、人間がいまのようにバカげた生活をつづけていれば、つまり、エネルギーを浪費し、資源を浪費し、環境を害し、しかもお互いに殺し合うという愚行をつづけていれば、人類の持つ最大の可能性である宇宙への進出を不可能にしてしまうということも起こりうると思う。

それにもう一つ、宇宙への進出がおこなわれたとしても、その進出の仕方に問題がある。宇宙へ進出した人間集団同士が、レーザー兵器や核兵器を持ち、軍隊を持ち、スパイし合ったり、戦争し合ったりしながら進出していくという可能性もある。地球上でくり広げてきた愚行を、宇宙規模に拡大するという形での宇宙進出だ。

どういう形の進出になるかは、これから先数年にどういう宇宙政策がとられるかに大きくかかっている。そういう意味で、私は現在のレーガン政権の政策を心配しながら見守っている」

最後にシュワイカートは、次のような、E・E・カミングズの詩を示した。

I thank you God for most this amazing
day: for the leaping greenly spirits of trees
and a blue true dream of sky; and for everything
which is natural which is infinite which is yes

神よ、私はあなたに感謝を捧げます

まず、この最高に素晴しい日について感謝します
元気に跳びはねている木々の精霊について感謝します
空の青い真実の夢について感謝します
そして、自然で、無限で、『然り』と肯定できるすべてのものについて感謝します

「なぜか知らぬが、宇宙体験で私が得たものが何かというとき、この詩のフィーリングが一番ピッタリするのだ。神を信ずるものではないが、ナチュラルで、無限で、そして『イエス』といえるすべてのものについて、神に感謝を捧げたいという気持になるのだ」

むすび

本書はここで終る。はじめは、ここまでに紹介した宇宙飛行士たちのさまざまな考えを筆者なりにあれこれ分析し、総括して、結論めいたものを付け加えようかとも思っていた。しかし、ここまでのところを何度か読み返しているうちに、そんなことはしないほうがよいと思うにいたった。ここで語られていることは、いずれも安易な総括を許さない、人間存在の本質、この世界の存在の本質（の認識）にかかわる問題である。そして、彼らの体験は、我々が想像力を働かせれば頭の中でそれを追体験できるというような単純な体験ではない。彼らが強調しているように、それは人間の想像力をはるかに越えた、実体験した人のみがそれについて語りうるような体験なのである。そういう体験を持たない筆者が彼らを論評することは、いささか無謀というものだろう。

彼らにインタビューしながら、私は自分も宇宙体験がしたいと痛切に思った。彼らと話せば話すほど、写真やテレビや活字で伝えられている宇宙体験と実体験がどれほどどちがうかがよくわかるのだ。そして、私が宇宙体験をすれば、自分のパーソナリティからして、とりわけ大きな精神的インパクトを受けるにちがいないだろうと思う。そのとき自分に何が起きるだろうか。私はそれを知りたくてたまらない。

その希望をもらすと、何人かの宇宙飛行士は、きみにもまだチャンスがあると慰めてくれた。私が生きている間に、ジャーナリストに宇宙飛行のチャンスが与えられるかもしれない。あるいは、金さえ出せば（もちろんきわめて巨額なものであろうが）、誰でも宇宙飛行ができるようになるかもしれない。年齢はあまり問題ではない。すでに五十代の宇宙飛行士が飛んだのだし、もっと年をとっても、健康でありさえすれば、宇宙飛行士でなくお客さんとして飛ぶぶんにはいっこうにさしつかえないだろうという。それにしても、私はすでに四十歳を越えてしまった。宇宙飛行に要求される健康をあと二十年保てるかどうか。その間に私にもチャンスがあるかどうか。可能性はほとんどあるまいと思いつつも、望みは捨てないで待ってみるつもりだ。

私の生きている間はともかく、若い読者諸君の生きている間には、ほとんど確実に（つまり、人類が大規模な戦争をひき起こすとか、世界経済を破綻させるとかの愚行をおかさぬかぎり）、人類の宇宙への本格的な進出時代がはじまるだろう。だからといって、ここで宇宙飛行士たちが語ったような進化論的規模の未来を現実的に見通すことはまだまだできないだろう。しかし、少なくとも、次のようなことはいえるだろう。人類の肉体がこれまで知らなかった宇宙という新しい物理的空間に進出することによって、人類の意識がこれまで知らなかった新しい精神的空間を手に入れるであろうことは確実であるということだ。その中身については、確かなことはまだ何一ついえなくとも、確からしいことはいろいろいえそうだということが、宇宙飛行士たちとのインタビューから汲み取れるだろう。私が個人的に確信していることは幾つかある。しかし、そんなことを書きつらねてみるより、これらのインタビューをじっくり読んでいただいたほうがはるかによいだろう。

私がこれまでにしてきたさまざまの仕事の中で、この宇宙飛行士たちとのインタビューほど知的に刺激的であった仕事は数少ない。これだけのインタビューをものにするために、大変な苦労を積み重ねなければならなかったが、その苦労をすべて忘れるほど、一つ一つのインタビューが面白かった。

宇宙飛行士たちにとってもそうであったらしい。かなり多くの人が、「こんな面白いインタビューははじめてだ」「こんなことを聞かれたのははじめてだ。よく聞いてくれた」「いままで人に充分伝えられなかったことをやっと伝えられたような気がする」などといってくれた。宇宙飛行士たちから本書にあるような内容の話をこれだけまとめて聞き出したのは、世界でもこれがはじめてである。従って、本書の読者は、宇宙飛行士たちが長く胸に秘めておいた本音のメッセージの世界最初の受け取り手となるわけである。宇宙飛行士たちのメッセージはメッセージとして練り上げられたものではない。だから、つい読みすごしてしまうような軽いタッチの短いセンテンスの中に、驚くほど深く、スケールの大きなメッセージが込められていたりする。私自身、校正のために二度読み、三度読みしているうちにそういう発見を何度かした。彼らのメッセージができるだけ多くの人のもとにとどき、できるだけ深い所でその人を刺激することを私は願っている。

最後に、この仕事を実現するにあたって、中央公論社、アメリカ国際交流局（ICA）、NASA当局の各セクションの方々に大変お世話になった。東京のジョン・ルイス氏には企画段階から完成まで、終始貴重な助言をいただいた。ワシントンのフランク・馬場氏には、宇宙飛行士のアポ取りで格別のお力添えをいただいた。いずれも深くお礼を申し上げたい。そして、長時間のインタビューに快く応じていただいた、宇宙飛行士の方々には最大の感謝を捧げたい。なお、本書で使用した写真は、NASAから提供していただいたものである。

参考文献

○英文雑誌類

Aviation Week '59.4.20.～'80.3.4.
Bulletin of The Atomic Scientists '71.3. '72.2. '78.7.
Christianity Today '69.7.18.
Esquire '70.9. '73.1.
Life '61.8.4.～'72.3.24.
Look '62.9.11.
Missiles & Rockets '65.7.5. '68.10.28.
National Geographic '69.11.
Nations Business '70.4. '70.5.
Newsweek '59.4.20.～'71.2.15.
Saturday Review '70.5.16.
Science News '66.4.9.～'78.6.10.
Space World '68.11.～'77.5.
Time '62.9.28.～'75.7.21.
U.S.News & World Report '59.4.8.～'81.3.30.

○宇宙飛行士が書いたもの

Michael Collins, "Carrying The Fire," Farrar Straus Giroux.
Michael Collins, "Flying to The Moon," Farrar Straus Giroux.
Walter Cunningham, "The All American Boys," Macmillan Publishing Co.
"Buzz" Aldrin, Jr., "Return to Earth," Random House.
James B. Irwin, "To Rule The Night," Spire Books.
"We Seven," by The Astronauts Themselves, Simon & Schuster.
『大いなる一歩』(First on The Moon) N・アームストロング、M・コリンズ、E・オルドリン 早川書房
『ジェミニよ永遠に』 V・G・グリソム 早川書房
『現代の太陽像』 E・G・ギブソン 講談社

○NASA提供の資料

"Apollo Over The Moon: A View From Orbit."
"Apollo Expeditions To The Moon."
"Analysis of Apollo 8."
"Apollo Terminology," August 1963.
"Apollo 13: Houston, We've got a problem."
"Apollo."
"Skylab, Outpost On The Frontier of Space."
"Outlook For Space."
"NASA Fact Sheet" 各号
"Space News Roundup" 各号
"Skylab, Our First Space Station."
"Moonport U. S. A."
"Kennedy Space Center Story."
"Skylab, A Guidebook."
"Pocket Statistics."
他未刊行ドキュメント若干

○英文単行本

Arthur Carl Piepkoen, "Profiles In Belief," Vol I, II, III. Harper & Row.
Joseph W. Bell, "Man Into Orbit," Hawthorn Books.
Gene Gurney, "Americans Into Orbit," Random House.
Larry Geis, Fabrice Florin, Peter Beren, Aidan Kelly, "Moving Into Space," Harper & Row.
Jerome Clayton Glenn, George S. Robinson, "Space Trek," Warnar Books.
Richard P. Hallion, Tom D. Crouch, "Apollo: Ten Years Since Tranquillity Base," Smithsonian.
T.A. Happenheimer, "Colonies in Space," Stackpole Books.
Paul A. Hanle, Von Del Chamberlain, "Space Science Comes of Age," Smithsonian.
John H. Leith, "Creeds of The Churches," John Knox Press.
Patrick Moore, "The Next Fifty Years In Space," Taplinger Publishing Company.
"The Next Whole Earth Catalog," Random House.
"Current Biography Yearbook," The H. W. Wilson Co.

○和文単行本

『宇宙船「地球」号』 R・バックミンスター・フラー ダイヤモンド社

『宇宙空間の科学』リチャード・A・クレーグ　河出書房新社
『ザ・ライト・スタッフ』トム・ウルフ　中央公論社
『スペースシャトル』ロバート・M・パワーズ　毎日新聞社
『宇宙』　東京大学出版会
『宇宙線』　早川幸男　筑摩書房
『宇宙開発』　岸田純之助　筑摩書房
『宇宙とはなにか』　宮本正太郎　講談社
『宇宙への道標』　木村繁　共立出版
『宇宙像と生命像』　早川幸男・島津康男・大沢文夫・岡崎令治　NHK市民大学叢書
『太陽からの風と波』　桜井邦朋　講談社
『宇宙旅行と人間』　大島正光・新田慶治　講談社
『銀河旅行』『銀河旅行　PARTⅡ』　石原藤夫　講談社
『NASA　宇宙船野郎たち』　野田昌宏編著　早川書房
『NASA　これがアメリカ航空宇宙局だ』　野田昌宏編著　CBS・ソニー出版
『全記録・スペースシャトル』　筑紫哲也監修　講談社
講座アメリカの文化Ⅰ『ピューリタニズムとアメリカ』　大下尚一編　南雲堂
『激動するアメリカ教会』　古屋安雄　ヨルダン社
『アメリカ教会史』　曽根暁彦　日本基督教団出版局
『アメリカ宗教の歴史的展開』　フランクリン・H・リッテル　ヨルダン社
『アメリカの宗教』　S・E・ミード　日本基督教団出版局

巻末対談

『宇宙からの帰還』と出会って、私は宇宙を目指した

野口聡一×立花　隆

立花　二年五ヵ月ぶりに宇宙飛行を再開したNASA（アメリカ航空宇宙局）が二〇〇五年七月にスペースシャトル・ディスカバリーを打ち上げました。ディスカバリーはISS（国際宇宙ステーション）にドッキングして建造資材を輸送するなど、さまざまな任務をこなし、約十五日間のフライトを終えて無事に帰還しました。野口さんはそのディスカバリーにクルーとして搭乗され、ISS組み立てのための船外活動など、いろいろな宇宙体験をされてきた。帰還直後のカリフォルニア・エドワーズ空軍基地内での記者会見は、インターネットで見ていたんですよ。

野口　そうですか。嬉しいような恥ずかしいような気持ちです。（笑）

立花　野口さんはシャトルの一号機（コロンビア）打ち上げを見て、宇宙飛行士になろうと決心されたのが、十六歳でしょ？

撮影・和田直樹

野口　十六歳です。はい。

立花　それで、チャレンジャー爆発を見たのは十八歳ですか、十九歳？

野口　二十歳になっていました。立花さんの『宇宙からの帰還』を高校三年生の時に読みました。今でも実家にその初版を大事に取ってあります。

立花　いやあ、それはどうも。（笑）

野口　今でも折に触れてよく読んでます。高校一年生の時に、一号機打ち上げがあって、三年生で進路を考える時期に、『宇宙からの帰還』を読んだことで、宇宙飛行士っていう仕事がある、そういう仕事をする人間がいるんだ、ということを知りました。

立花　でも、普通だったらチャレンジャーのような大事故を見たら、何か心が揺らぐでしょう？

野口　私はあまり揺らがなかったんですね（笑）。宇宙を知りたい、行きたいということで、そのまま大学に進学しました。

立花　『宇宙からの帰還』を高校時代に愛読してくださり有難うございました。そのころ、あの本のどのあたりに一番心惹かれたのでしょうか？

野口　高校三年の時に読んで以来、『宇宙からの帰還』は私が宇宙飛行士を目指すようになったうえで忘れられない本です。子供の頃に『宇宙からの帰還』を読んで宇宙飛行士を目指した世代は私が初めてではないでしょうか。毛利さんたちは子供の頃ガガーリン、あるいはアポロを見て宇宙飛行士になったようです。

いま読み返してみるとけっこうネガティブな描写もあり、なぜ思春期の私がこれを読んで宇宙飛行士を目指すようになったのか、ちょっと疑問に感じますが、おそらく「生身の人間の職業」の一つの例として宇宙飛行士が取り上げられていることが新鮮だったのではないでしょうか。子供の頃から好きだったSFが現実になったような、宇宙を仕事場としてすごい体験ができそうだ、というような認識だったかと思います。それから、口絵の"earth rise"(月面から見た「地球の出」の写真)は強烈な印象でした。こういう景色を見てみたいと感じたのを覚えています。

立花　『宇宙からの帰還』に書いたように、アポロ時代のアメリカ人宇宙飛行士の多くが宇宙で一種の意識の変容体験をしていました。それも宇宙船の中にしかいなかった人より、EVA(船外活動)体験をした人、月体験をした人の意識の変化のほうがずっと多かったようです。野口さんがEVA体験をした時、その印象を「自分は今地球のてっぺんにいる」と感じたと語っていました。あの時にそれに近い状態にあったのかな、と思いました。あのEVA体験中、何を感じていたのでしょう?　それ以外の場面を含めて、何らかの意識の変容体験(あるいは特別の洞察のようなものが生まれた瞬間)があったでしょうか?

野口　宇宙飛行士になってからも何度も読み返していますが、『宇宙からの帰還』の真の価値は、現実として引退後の宇宙飛行士がほとんどNASAや航空宇宙産業にとどまり、内面的な変容体験を語る機会はおろか、自分でも意識しないことが多いなか、宇宙体験を語る過程で精神的な影響をくっきりと浮き彫りにさせてルポしている点にあると思います。

宇宙飛行黎明期のパイオニアたちと、物心つく頃には人類が月面に到達していた現代っ子飛行士では、宇宙に行くこと自体のインパクトが違うかもしれません。結論から言うと、私の宇宙飛行の前後ではドラスティックな宗教的な目覚め、神の啓示といったものとは縁がありませんでした。しかし宇宙に行き外から地球を見るという経験は人を変えずにはいられません。とくに船外活動で真空の宇宙に出るのは、地球との接近体験としては質的な違いがあると思います。窓越しに景色としての地球を「見る」のと、EVAで目の前にある地球を物体として「感じる」のとでは、リアリティが違う。何しろ自分が生まれて以来見てきたすべての人々、すべての生命、すべての景色、すべての出来事は、目の前にある球体で起きたことなのですから。地球と一対一で対峙しながら考えたことは、見渡す限りの星空の中で生命の輝きと実感に満ちたこの星は地球しかないということでした。それは知識ではなく実感です。天啓と呼んでもいいかもしれない。それが私にとっての人生観の変化と言えるものかもしれません。

（『中央公論』二〇〇六年二月号より抄録）

野口聡一（のぐち・そういち）
一九六五年横浜市生まれ。九一年東京大学大学院工学系研究科修士課程修了後、石川島播磨重工業入社。航空宇宙事業本部に勤務。九六年、NASDA（現JAXA）の宇宙飛行士候補者に選定され、入社。同年、NASAの第一六期宇宙飛行士養成コースに参加する。二〇〇五年七月、スペースシャトル・ディスカバリーに搭乗し、宇宙初飛行。日本人として初めてISSで船外活動を行う。〇九年十二月にソユーズ宇宙船でISSへ。宇宙に通算一七七日滞在した。

巻末エッセイ

選抜試験で上京する際は必ず旅行鞄に忍ばせていた

毛利 衛

予想外にわずか十一カ月違いで二人目の息子が生まれた。私は昼食をとるために、研究室から徒歩十分の自宅へしばしば帰宅した。一九八三年夏のことである。育児に忙しい妻とラジオを聞きながら昼食の準備をする頃、NHK「私の本棚」で立花隆著『宇宙からの帰還』の朗読が流れていた。ゾクゾクする内容だった。宇宙体験することによって、自分が毎日生きているのとは全く別の価値観、意識が存在する世界があるのだという。それからは研究室の仲間には育児に忙しいことを理由に、毎日決まった時間に朗読を聞くために一時帰宅した。シリーズが終了した時、妻はこの著書を手に入れてくれた。あまりに面白くて、私はすっかり若者にありがちな熱病にも似た状態になっていた。

ひと月もたたない頃、なんと日本初の宇宙飛行士を募集するという記事が新聞に載った。『宇宙からの帰還』を何度も読んだおかげで、私はその募集に応募できるだけでうれしかった。一年半にもわたる選抜試験で上京するたびに、この本を旅行鞄に忍ばせて臨んだ。

私が選抜試験で話を交わした、ほとんどの受験者たちがこの本を読んでおり、同じ思いを抱いていることに驚かされた。

八五年六月、米国ヒューストンにあるNASAジョンソン宇宙センターで七人の日本人候補の一人として最終試験を受けた。初めて本物の宇宙飛行士たちと直接話をする機会があった。この本に出てくるアポロ宇宙飛行士が訓練した施設も見学した。立花さんの知識の深さに驚くとともに、命をかける有人宇宙開発技術の緻密さと現実の厳しさを垣間みた。運よく最終試験に合格し十一月から訓練を開始した。その三カ月後スペースシャトル・チャレンジャー号が打ち上げ直後に爆発し宇宙飛行士全員が死亡、日本人最初の飛行スケジュールは白紙になった。アポロ飛行士たちがこの本のインタビューで語っている、「宇宙飛行は個人より人類としての挑戦である」という意味を初めて考えさせられた。その約七年後、実際に宇宙で仕事をし、地球に帰還する時心底その意味を理解した。

この本が出版された当時、本格的になった国際宇宙ステーション計画が、ソ連崩壊後の新生ロシアをも巻き込んで二〇一一年完成した。十五カ国が参加し、六人の宇宙飛行士が常駐しているものの、宇宙飛行士でさえ宇宙からの視点の重要さを的確に答えられる人は少ない。しかし、三十年以上にわたりこの著作が読み継がれたおかげで、地球人が宇宙に命をかける意味が多くの人々に理解されるようになった。宇宙という地球環境と全く異なる空間へ人類が自ら挑戦すること。それが、地球人として将来持続的に生存するための鍵になる。そのことを、この本は二十一世紀に生きる私たちへのメッセージとして送っていたのである。

（『中央公論』二〇一七年四月号）

毛利衛（もうり・まもる）
一九四八年北海道生まれ。理学博士。北海道大学助教授から日本人初の科学者宇宙飛行士に選抜される。一九九二年九月と二〇〇〇年二月の二度にわたりNASAスペースシャトル・エンデバーに搭乗。宇宙実験、世界初の宇宙からの授業生中継、立体地図作成とハイビジョンカメラによる地球観測を行う。その後、潜水艇しんかい6500に搭乗しての深海実験や、二度にわたる南極ミッションを遂行。日本科学未来館初代館長。『モマの火星探検記』『宇宙から学ぶ　ユニバソロジのすすめ』ほか著書多数。

写真提供・NASA

（七九頁、二四一頁、二六三頁、二七三頁、三〇一頁、三〇七頁、三一三頁、三二七頁、三四七頁、三六九頁の写真を除く）

宇宙からの帰還
初　出　『中央公論』一九八一年十一月号、八二年
一～四月号、六月号、七月号
単行本　中央公論社　一九八三年一月刊
文　庫　中公文庫　一九八五年七月刊

編集付記

一、本書は中公文庫版『宇宙からの帰還』（三九刷　二〇一七年三月）を底本とし、巻末に新たにエッセイを収録したものである。

一、底本中、明らかな誤植と考えられる箇所は訂正し、難読と思われる語には新たにルビを付した。

中公文庫

宇宙(うちゅう)からの帰還(きかん)
——新版(しんぱん)

1985年7月10日　初版発行
2020年8月25日　改版発行
2024年5月30日　改版7刷発行

著　者　立花(たちばな)　隆(たかし)

発行者　安部順一

発行所　中央公論新社
〒100-8152　東京都千代田区大手町1-7-1
電話　販売 03-5299-1730　編集 03-5299-1890
URL https://www.chuko.co.jp/

DTP　平面惑星
印　刷　三晃印刷
製　本　小泉製本

Published by CHUOKORON-SHINSHA, INC.
Printed in Japan　ISBN978-4-12-206919-0 C1136

中公文庫既刊より

各書目の下段の数字はISBNコードです。978－4－12が省略してあります。

ま-34-3
花鳥風月の科学　松岡正剛
花鳥風月に代表される日本文化の重要な十のキーワードをとりあげ、歴史・文学・科学などさまざまな角度から日本的なるものを抉出。〈解説〉いとうせいこう
204382-4

ま-34-4
ルナティックス　月を遊学する　松岡正剛
月的なるものをめぐり古今東西の神話・伝説・文学・芸術を縦横にたどる「月の百科全書」。月への憧れを結晶化させた美しい連続エッセイ。〈解説〉鎌田東二
204559-0

や-60-1
宇宙飛行士になる勉強法　山崎直子
未来の宇宙飛行士に伝えたい94の「学び」のエッセンス。幼少時代の家庭教育、受験勉強、英語の習得法まで。『宇宙兄弟』小山宙哉氏との特別対談も収録。
206139-2

た-95-1
すごい宇宙講義　多田将
空前絶後のわかりやすさ、贅言不要のおもしろさ！ブラックホール、ビッグバン、暗黒物質……異色の物理学者が宇宙の謎に迫る伝説の名著。補章を付す。
206976-3

た-95-2
すごい実験　多田将
空前絶後のわかりやすさ、驚天動地のおもしろさ！地球最大の装置で、ニュートリノを捕まえる⁉　文庫化に際し補章「我々はなぜ存在しているのか」を付す。
207005-9

の-4-11
新星座巡礼　野尻抱影
日本の夜空を周る約五十の星座を、月をおって巡礼する、著者の代表的天文エッセイ。大正十四年に刊行された処女作をもとに全面的に改稿した作品。
204128-8

の-4-12
星戀　野尻抱影／山口誓子
山口誓子の句に導かれ、天体民俗学者・野尻抱影が紡いだ星の随筆。星を愛する二人の思いが天空で交差する、珠玉の随想句集。
206434-8

の-4-13
日本の星　星の方言集
野尻抱影
星の文人・野尻抱影がライフワークとして収集した星の和名七百種の集大成。四季の夜空をいろどる珠玉の星名を紡ぐ。〈巻末エッセイ〉松岡正剛〈解説〉石田五郎
206672-4

い-107-1
天文台日記
石田五郎
岡山天体物理学観測所の副台長であった著者による天文台日記。星に憑かれた天文学者たちの天文台での観測生活が、その息遣いとともに感じ取れる一冊。
204318-3

ケ-7-1
ジョージ・F・ケナン回顧録Ⅰ
ジョージ・F・ケナン
清水俊雄
奥畑稔　訳
封じ込め政策を提唱し冷戦下の米国政治に決定的な影響を与えた外交官ケナン。米国外交形成過程を活写した本書はその代表作にして歴史的名著である。
206324-2

ケ-7-2
ジョージ・F・ケナン回顧録Ⅱ
ジョージ・F・ケナン
清水俊雄
奥畑稔　訳
本書はケナンの名を一躍知らしめた「X-論文」とそれがトルーマン政権下で対ソ政策の基調となり冷戦が始まる時代を描く。日本問題への考察も重要だ。
206356-3

ケ-7-3
ジョージ・F・ケナン回顧録Ⅲ
ジョージ・F・ケナン
清水俊雄
奥畑稔　訳
最終Ⅲ巻は冷戦が激化を迎える一九五〇-六三年が対象。ケナンはモスクワ等での経験を描きつつ冷戦下世界へ根源的な分析を加える。〈解説〉西崎文子
206371-6

あ-85-1
増補改訂版　追跡・アメリカの思想家たち
会田弘継
保守、リベラリズム、ネオコン、ポピュリズム……。戦後アメリカの支柱となり、現実政治をも動かした数々の思想の本質に迫る意欲作。
206273-3

マ-10-3
世界史（上）
W・H・マクニール
増田義郎
佐々木昭夫　訳
世界の各地域を平等な目で眺め、相関関係を分析しながら歴史の歩みを独自の史観で描き出した、定評ある世界史。ユーラシアの文明誕生から紀元一五〇〇年までを彩る四大文明と周縁部。
204966-6

マ-10-4
世界史（下）
W・H・マクニール
増田義郎
佐々木昭夫　訳
俯瞰的な視座から世界の文明の流れをコンパクトにまとめ、歴史のダイナミズムを描き出した名著。西欧文明の興隆と変貌から、地球規模でのコスモポリタニズムまで。
204967-3

各書目の下段の数字はISBNコードです。978－4－12が省略してあります。

マ-10-5
戦争の世界史（上）技術と軍隊と社会
W・H・マクニール
高橋　均　訳
軍事技術は人間社会にどのような影響を及ぼしてきたのか。大家が長年あたためてきた野心作。上巻は古代文明から仏革命と英産業革命が及ぼした影響まで。
205897-2

マ-10-6
戦争の世界史（下）技術と軍隊と社会
W・H・マクニール
高橋　均　訳
軍事技術の発展はやがて制御しきれない破壊力を生み、人類は怯えながら軍備を競う。下巻は戦争の産業化から冷戦時代、現代の難局と未来を予測する結論まで。
205898-9

い-104-1
近代科学の源流
伊東俊太郎
四～一四世紀のギリシア・ラテン・アラビア科学を統一的視野で捉え、近代科学の素性を解明。科学史の忘れられた一千年の空隙を埋める名著。〈解説〉金子　務
204916-1

い-128-1
ウソとマコトの自然学　生物多様性を考える
池田清彦
メディアと政治の言葉と化した「生物多様性」の現状を問いただし、イキモノの興味深い事実を数多く紹介しながら、自然を守る本当の手だてを直言する。
206549-9

も-32-1
数学受験術指南　一生を通じて役に立つ勉強法
森　毅
人間は誰だって、「分からない」に直面している。「分からない」とどう付き合って、これをどう味方にするか。受験数学を超えて人生を指南する一書。
205689-3

も-32-2
数学の世界
森　毅
竹内　啓
教育者でもある数学者と、数学の社会的役割に注目する統計学者による対談から、人間の文化を豊かにする数学の多面的な魅力が浮かび上がる。〈解説〉読書猿
207201-5

と-38-2
数学と人間
遠山　啓
数学おそるるにたらずと唱える著者による数学入門。『数学は変貌する』に「数学と人間」ほか二篇を増補し改題。大岡信の弔詩、森毅「異説遠山啓伝」を収録。
207284-8

た-77-1
シュレディンガーの哲学する猫
竹内　薫
竹内さなみ
サルトル、ウィトゲンシュタイン、ハイデガー、小林秀雄――古今東西の哲人たちの核心を紹介。時空を旅する猫とでかける、「究極の知」への冒険ファンタジー。
205076-1

各書目の下段の数字はISBNコードです。978－4－12が省略してあります。

に-21-1
本で床は抜けるのか
西牟田靖
「本で床が抜ける」不安に襲われた著者は、解決策を求めて取材を開始。「蔵書と生活」の両立は可能か。愛書家必読のノンフィクション。〈解説〉角幡唯介
206560-4

き-6-21
どくとるマンボウ航海記 増補新版
北杜夫
アジアから欧州をめぐる船旅を軽妙に綴った、戦後ユーモアエッセイの記念碑的作品。写真、エッセイ「傲慢と韜晦」等を増補した決定版。〈解説〉なだいなだ
207320-3

き-6-18
どくとるマンボウ医局記 新版
北杜夫
『どくとるマンボウ航海記』前夜、白い巨塔の片隅で怪気炎を上げるマンボウ氏の新人医師時代。新たに武田泰淳との対談「文学と狂気」を増補。〈解説〉なだいなだ
207086-8

き-6-19
静謐 北杜夫自選短篇集
北杜夫
三島由紀夫賞賛の表題作ほか初期の純文学作品、SF、随筆など全一〇篇を収録。多才な作家のエッセンスが一望できる自選短篇集。〈巻末エッセイ〉今野敏
207093-6

き-6-20
人間とマンボウ 新版
北杜夫
三島、川端からトーマス・マン、斎藤茂吉まで。北文学の原点となる作家や人物との交流をユーモラスに綴る文学エッセイ。〈エッセイ〉三島由紀夫／佐藤愛子
207197-1

き-3-7
ものぐさ精神分析 増補新版
岸田秀
日本を精神分裂病質であると診断した「日本近代を精神分析する」以下、歴史、性、そして自己についての問いに迫る五章。〈解説〉伊丹十三〈対談〉橋本治
207482-8

き-3-4
続ものぐさ精神分析
岸田秀
人間の精神の仕組を「性的唯幻論」という独自の視点からとらえ、具体的な生の諸相を鮮やかに論じる岸田心理学の実践的応用篇。〈解説〉日高敏隆
202519-6

か-54-1
中空構造日本の深層
河合隼雄
日本人の心の深層を解明するモデルとして古事記神話における中空・均衡構造を提示し、西欧型構造と対比させ、その特質を論究する。〈解説〉吉田敦彦
203332-0

え-3-2
戦後と私・神話の克服
江藤　淳

癒えることのない敗戦による喪失感を綴った表題作ほか「小林秀雄と私」など一連の「私」随想と代表的な文学論を収めるオリジナル作品集。〈解説〉平山周吉

206732-5

こ-14-2
小林秀雄 江藤淳 全対話
小林　秀雄
江　藤　淳

一九六一年の「美について」から七七年の大作『本居宣長』をめぐる対論まで全五回の対話と関連作品を網羅する。文庫オリジナル。〈解説〉平山周吉

206753-0

こ-14-3
人生について
小林　秀雄

名講演「私の人生観」「信ずることと知ること」を中心に、ベルグソン論「感想」（第一回）ほか、著者の思索の軌跡を伝える随想集。〈解説〉水上　勉

206766-0

よ-15-9
吉本隆明 江藤淳 全対話
吉本　隆明
江　藤　淳

二大批評家による四半世紀にわたる全対話を収める。『文学と非文学の倫理』に吉本のインタビューを増補し改題した決定版。〈解説対談〉内田樹・高橋源一郎

206367-9

よ-15-10
親鸞の言葉
吉本　隆明

名著『最後の親鸞』の著者による現代語訳で知る親鸞思想の核心。鮎川信夫、佐藤正英、中沢新一との対談を収録。文庫オリジナル。〈巻末エッセイ〉梅原　猛

206683-0

の-12-3
心と他者
野矢　茂樹

他者がいなければ心はない。哲学の最難関「心」にどのように挑むか。文庫化にあたり大森荘蔵が遺した書き込みとメモを収録した。挑戦的で挑発的な書。

205725-8

の-12-4
ここにないもの　新哲学対話
野矢茂樹　文
植田　真　絵

いろんなことを考えてはお喋りしあっているエプシロンとミュー。二人の会話に哲学の原風景が見える。川上弘美「『ここにないもの』に寄せて」を冠した決定版。

205943-6

み-39-1
哲学ノート
三　木　清

伝統とは？　知性とは？　天才とは何者か？　指導者はどうあるべきか？　戦時下、ヒューマニズムを追求した孤高の哲学者の叫びが甦る。〈解説〉長山靖生

205309-0

各書目の下段の数字はISBNコードです。978－4－12が省略してあります。

ウ-10-1
精神の政治学
ポール・ヴァレリー
吉田健一 訳

表題作ほか「知性に就て」「地中海の感興」「レオナルドと哲学者達」の全四篇を収める。巻末に吉田健一の単行本未収録エッセイを併録。〈解説〉四方田犬彦

206505-5

ケ-1-4
ファウスト 悲劇第一部
ゲーテ
手塚富雄 訳

あらゆる知的探究も内心の欲求を満たさないと絶望したファウストは、悪魔メフィストフェレスと魂をかけた契約を結ぶ。〈巻末エッセイ〉河盛好蔵・福田宏年

206741-7

ケ-1-5
ファウスト 悲劇第二部
ゲーテ
手塚富雄 訳

巨匠ゲーテが言葉の深長な象徴力を駆使しつつ自然と人生の深奥に迫った大作を、翻訳史上画期的な名訳で贈る。読売文学賞受賞作。〈巻末エッセイ〉中村光夫

206742-4

テ-2-2
方法序説・情念論
デカルト
野田又夫 訳

私は考える、ゆえに私はある——デカルトの学問的自叙伝ともいうべき「方法序説」に、情念制御の道について考察した「情念論」を加える。國分功一郎氏推薦。

206804-9

ニ-2-3
ツァラトゥストラ
ニーチェ
手塚富雄 訳

近代の思想と文学に強烈な衝撃を与え、今日なお予言と謎に満ちたニーチェの主著を格調高い訳文と懇切な訳注で贈る。〈巻末対談〉三島由紀夫・手塚富雄

206593-2

ハ-2-2
パンセ
パスカル
前田陽一
由木康 訳

時代を超えて現代人の生き方に迫る、鮮烈な人間探究の記録。パスカル研究の最高権威による全訳。年譜、索引付き。〈巻末エッセイ〉小林秀雄

206621-2

フ-4-2
精神分析学入門
フロイト
懸田克躬 訳

近代の人間観に一大変革をもたらした精神分析学の全体系とその真髄を、フロイトみずからがわかりやすく詳述した代表的著作。〈巻末エッセイ〉柄谷行人

206720-2

ホ-1-7
ホモ・ルーデンス
ホイジンガ
高橋英夫 訳

人間は遊ぶ存在である——人間のもろもろのはたらき、生活行為の本質は、人間存在の根源的な様態は何か、との問いに対するホイジンガの結論が本書にある。

206685-4

モ-1-2
ユートピア
トマス・モア
澤田昭夫 訳
十六世紀の大ヒューマニストが人間の幸福な生き方と平和な社会のあり方を省察し、理想を求め続ける全ての人々に訴えかける古典の原典からの完訳。
201991-1

キ-5-6
死ぬ瞬間 死とその過程について
キューブラー・ロス
鈴木晶 訳
死とは、長い過程であって特定の瞬間ではない。二百人におよぶ末期患者への直接面接取材で、〝死に至る〟人間の心の動きを研究した画期的ロングセラー。
206828-5

キ-5-7
「死ぬ瞬間」と死後の生
キューブラー・ロス
鈴木晶 訳
大ベストセラーとなった『死ぬ瞬間』の著者が語る、少女時代、医学生時代。どうして著者が死を迎える患者たちの話を聞くに至ったか等、白熱の講演を再現。
206864-3

キ-5-3
死、それは成長の最終段階 続 死ぬ瞬間
キューブラー・ロス
鈴木晶 訳
無為な人生を送ってしまう原因の一つは死の否認である。明日があると思ってやるべきことを先延ばしにする人間は成長しない。好評「死ぬ瞬間」続編。
203933-9

キ-5-4
「死ぬ瞬間」をめぐる質疑応答
キューブラー・ロス
鈴木晶 訳
死を告知された患者と、介護する家族の心構えを、簡潔な質疑応答のかたちでまとめた必読の書。「どうして私が」という当惑と悲しみをいかに克服するのか。
204594-1

テ-3-2
ペスト
ダニエル・デフォー
平井正穂 訳
極限状況下におかれたロンドンの市民たちを描いて、カミュの『ペスト』以上に現代的でなまなましいと評される、十七世紀英国の鬼気せまる名篇の完訳。
205184-3

ハ-11-1
細菌と人類 終わりなき攻防の歴史
ウィリー・ハンセン
ジャン・フレネ
渡辺格 訳
古代人の鋭い洞察から、細菌兵器の問題まで、〈見えない敵〉との闘いに身を投じた学者たちのエピソードとともに、発見と偏見の連綿たる歴史を克明にたどる。
205074-7

マ-10-1
疫病と世界史（上）
W・H・マクニール
佐々木昭夫 訳
疫病は世界の文明の興亡にどのような影響を与えてきたのか。紀元前五〇〇年から紀元一二〇〇年まで、人類の歴史を大きく動かした感染症の流行を見る。
204954-3

各書目の下段の数字はISBNコードです。978－4－12が省略してあります。

マ-10-2
疫病と世界史（下）
W・H・マクニール
佐々木昭夫 訳
これまで歴史家が着目してこなかった「疫病」に焦点をあて、独自の史観で古代から現代までの歴史を見直す好著。紀元一二〇〇年以降の疫病と世界史。
204955-0

と-18-1
失敗の本質 日本軍の組織論的研究
戸部良一／寺本義也
鎌田伸一／杉之尾孝生
村井友秀／野中郁次郎
大東亜戦争での諸作戦の失敗を、組織としての日本軍の失敗ととらえ直し、これを現代の組織一般にとっての教訓とした戦史の初めての社会科学的分析。
201833-4

い-108-6
昭和16年夏の敗戦 新版
猪瀬直樹
日米開戦前、総力戦研究所の精鋭たちが出した結論は「日本必敗」。それでも開戦に至った過程を描き、日本的組織の構造的欠陥を衝く。〈巻末対談〉石破 茂
206892-6

い-108-7
昭和23年冬の暗号
猪瀬直樹
東條英機はなぜ未来の「天皇誕生日」に処刑されたのか。敗戦国日本の真実に迫る『昭和16年夏の敗戦』完結篇。新たに書き下ろし論考を収録。〈解説〉梯久美子
207074-5

や-8-3
本の神話学 増補新版
山口昌男
自分だけの「知の見取り図」は、いつの時代も蔵書（アーカイヴ）から生まれる。著者の代表作に「図書館」に関する講演録・随筆を増補。〈解説〉山本貴光
207408-8

や-9-8
柔らかい個人主義の誕生 増補新版
山崎正和
不確実性の時代から顔の見える大衆社会へ。消費文化を美学的見地から捉えた第16回吉野作造賞受賞作。「日本文化の世界性」他一篇を増補。〈解説〉福嶋亮大
207460-6

オ-4-1
原子力は誰のものか
オッペンハイマー
美作太郎
矢島敬二 訳
「原爆の父」は戦後、水爆開発に反対して公職を追放された。科学者の信念と国家の戦略が対立するとき天才物理学者は何を思ったのか。〈解説〉松下竜一・池内 了
207512-2

ゆ-7-1
科学者の創造性 雑誌『自然』より
湯川秀樹
物理学を志した学生の日の回想から国際科学史会議の講演まで。科学雑誌『自然』掲載の随筆と講演を集成。文庫オリジナル。〈巻末対談〉水上 勉・湯川秀樹
207131-5